中等职业教育“十三五”规划教材
模具制造技术专业创新型系列教材

数控车削技术与技能训练

蒋翰成　主　编

科 学 出 版 社
北　京

内 容 简 介

本书依据教育部2014年颁布的《中等职业学校专业教学标准（试行）》，参照《数控车工国家职业标准》而编写。全书主要内容包括数控车削的基本知识、内外轮廓的编程与加工、内外螺纹的编程与加工和综合零件的自动编程与加工。本书配有丰富的视频资源，并采用二维码技术将教学配套视频与智能手机等移动终端相结合，增强了与学生的互动和学习体验。

本书可作为中等职业学校模具制造技术专业和数控技术应用专业的教材以及数控车工（中级）实训与考级教材，也可作为制造业相关行业岗位的培训教材和有关人员的参考用书。

图书在版编目(CIP)数据

数控车削技术与技能训练/蒋翰成主编. —北京：科学出版社，2016

（中等职业教育“十三五”规划教材·模具制造技术专业创新型系列教材）

ISBN 978-7-03-048722-3

Ⅰ. ①数… Ⅱ. ①蒋… Ⅲ. ①数控机床-车床-车削-中等专业学校-教学参考资料 Ⅳ. ①TG579.1

中国版本图书馆CIP数据核字（2016）第129204号

责任编辑：胡晓阳 张振华/ 责任校对：王万红
责任印制：吕春珉 / 封面设计：曹 来

科学出版社出版
北京东黄城根北街16号
邮政编码：100717
http://www.sciencep.com
新科印刷有限公司 印刷
科学出版社发行 各地新华书店经销
*
2016年12月第 一 版 开本：787×1092 1/16
2021年 1 月第二次印刷 印张：15 1/2
字数：360 000

定价：49.00元

（如有印装质量问题，我社负责调换〈新科〉）
销售部电话 010-62136230 编辑部电话 010-62135120-2005

前　言

教育信息化进程的快速推进，深刻地改变着教学观念与教学方法。教育部加大重点专业教学资源建设，启动了一系列以专业和课程为单元的数字化教学资源的建设工作。在这个基础上，我们进行了数控车削技术与技能训练课程的创新型教材开发。

本书依据教育部2014年颁布的《中等职业学校专业教学标准（试行）》，并参照《数控车工（中级）国家职业标准》编写而成。本书选取的案例贴近生产实际，将创新理念贯穿于内容的选取、教学的形式等方面。

本书具有以下特点：

1．编写模式新颖，体现中职特色。贯彻“以服务为宗旨，以就业为导向”的职业教育方针，打破“章、节”编写模式，建立了“以工作项目为引导，工作任务为驱动，行动体系为框架”的教材体系。本书紧紧围绕学生关键能力的培养组织内容，在确保理论知识实用、够用的基础上，融合加工工艺、工量夹具的使用等知识，以培养学生数控车削操作岗位的工作能力。

2．在项目的选取上以生产实际的零件或数控车工国家职业资格鉴定的零件为原型进行设计，任务围绕项目，由易到难，层层分解，帮助学生掌握和理解项目实施中的核心知识点，注重“做、学、教”的密切结合和学生在技能训练方面的能力培养。

3．为便于学生的理解，本书配有丰富的教学视频。全书采用二维码技术将配套视频与智能手机等移动终端相结合，增强了课程的可视性和拓展性，增强了学生的学习体验。

本书共3个项目、9个任务，参考学时为120课时，各任务参考课时如下表所示：

参考课时分配表

序号	课程内容	理论课时	实践性课时	合计
1	课程导入 0.1　数控车床的基本知识	2	2	4
2	课程导入 0.2　数控车削加工工艺的基本知识	2	4	6
3	课程导入 0.3　数控车削的基本编程指令	2	4	6
4	任务 1.1　电动机转轴零件的编程与加工	1	7	8
5	任务 1.2　内外圆锥形瓶塞的编程与加工	1	7	8
6	任务 1.3　沟槽回转零件的编程与加工	1	7	8

续表

序号	课程内容	理论课时	实践性课时	合计
7	任务 1.4　球头手柄零件的编程与加工	1	7	8
8	任务 2.1　普通螺纹配合零件的编程与加工	1	7	8
9	任务 2.2　梯形螺纹配合零件的编程与加工	1	15	16
10	任务 2.3　内外管螺纹接头零件的编程与加工	1	15	16
11	任务 3.1　综合零件 1 的自动编程与加工	1	15	16
12	任务 3.2　综合零件 2 的自动编程与加工	1	15	16
合计		15	105	120

本书由江苏省武进职业教育中心校蒋翰成担任主编，王小飞担任副主编。在编写本书过程中，得到了常州亚兴数控设备有限公司、新瑞集团，以及江苏省常州技师学院、无锡机电高等职业技术学校等单位的大力支持，同时参考了 FANUC 0i-TD 用户手册，在此一并致谢。

由于编者水平有限，书中难免存在疏漏之处，敬请读者批评指正。

目　录

课程导入

数控车削的基本知识

本项目主要介绍常见的数控车床种类、数控车削的加工特点和应用场合、数控车削加工工艺、数控车削基本编程指令、数控车削的基本操作和安全文明生产操作规程等内容。

知识目标

- 了解数控车床的基本结构和常见种类。
- 了解数控车削的加工特点和应用场合。
- 掌握数控车削的基本编程指令。
- 熟悉数控的安全文明生产操作规程。

技能目标

- 能运用基本编程指令完成简单零件加工程序的编制。
- 能完成数控车床的基本操作。
- 能完成数控车床的日常保养。

0.1 数控车床的基本知识

数控车床（图 0-1）是一种高精度、高效率的自动化机床。它配备多工位刀塔或动力刀塔，具有广泛的适应性，可加工直线圆柱、斜线圆柱、圆弧和各种螺纹、槽、蜗杆等复杂工件，具有直线插补、圆弧插补等各种补偿功能。通过本节内容，我们将了解数控车床的相关知识。

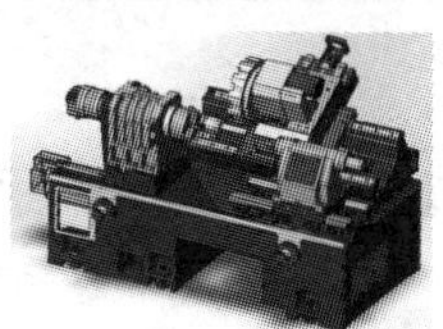

图 0-1 数控车床

学习目标

1．了解数控车床的型号标记、种类。
2．了解数控车床的组成。
3．了解数控车床加工的特点。
4．了解数控车床的加工范围。

0.1.1 数控车床的相关知识

1．数控车床的型号

数控车床采用与普通车床相类似的型号表示方法，由字母及一组数字组成。例如，数控车床 CKA6140 各代号含义如下：

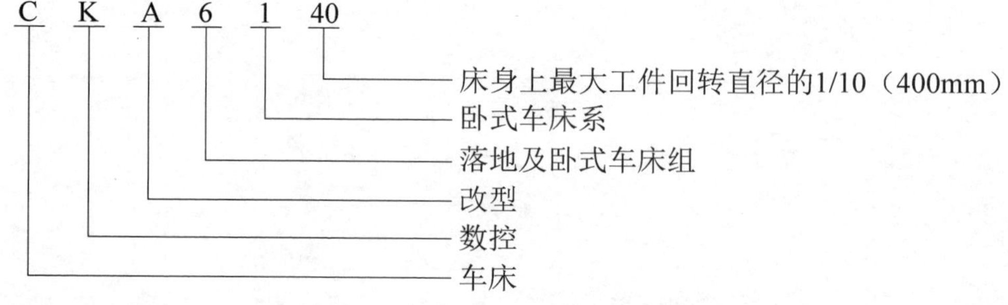

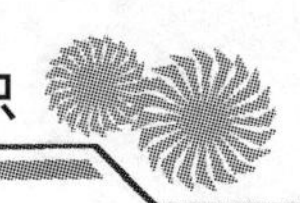

2. 数控车床的种类

数控车床按不同分类方式可分为不同的种类，现分别按所配置的数控系统、数控车床的功能、主轴的配置形式进行分类。

（1）按数控系统分类

目前工厂常用的数控系统有 FANUC（法那克）数控系统、SIEMENS（西门子）数控系统、华中数控系统、广州数控系统、三菱数控系统。

每一种数控系统又有多种型号。例如，FANUC 系统从 0i 到 23i，SIEMENS 系统从 SINUMERIK 802S、802C 到 802D、810D、840D 等。各种数控系统指令各不相同，同一系统不同型号，其数控指令也略有差别，使用时应以数控系统指令说明书为准。

（2）按数控车床的功能分类

按数控车床的功能划分，数控车床可分为经济型数控车床、全功能数控车床和车削加工中心三大类。

1）经济型数控车床（图 0-2）。经济型数控车床是在卧式车床基础上进行改进设计的，一般采用步进电动机驱动的开环伺服系统，其控制部分通常采用单板机或单片机。经济型数控车床成本较低，自动化程度和功能都比较差，车削加工精度也不高，适用于要求不高的回转类零件的车削加工。

2）全功能数控车床（图 0-3）。全功能数控车床是根据车削加工要求，在结构上进行专门设计并配备通用数控系统而形成的数控车床。其数控系统功能强，自动化程度和加工精度也比较高；可同时控制两个坐标轴，即 X 轴和 Z 轴；应用较广，适用于一般回转类零件的车削加工。

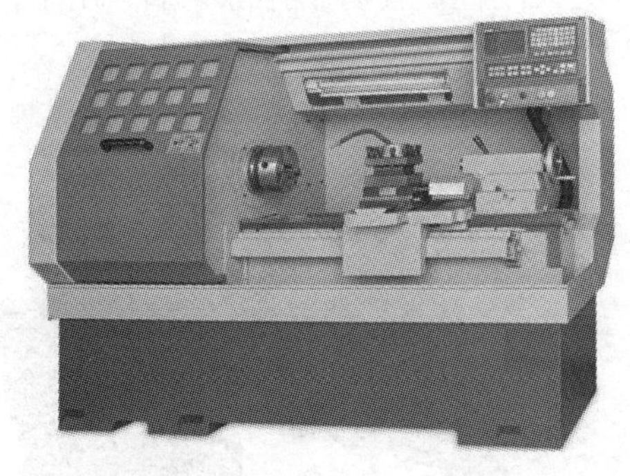

图 0-2　经济型数控车床

图 0-3　全功能数控车床

3）车削加工中心（图 0-4）。车削加工中心在普通数控车床的基础上，增加了 C 轴和动力头。更高级的数控车床带有刀库，可控制 X、Z 和 C 三个坐标轴，联动控制轴可以是（X、Z）、（X、C）或（Z、C）。由于增加了 C 轴和铣削动力头，这种数控车床的加工功能大大增强，除可以进行一般车削外，还可以进行径向和轴向铣削、曲面铣削、中心线不在零件回转中心的孔和径向孔的钻削等加工。

（3）按车床主轴配置形式分类

按车床主轴配置形式划分，数控车床可分为立式数控车床、卧式数控车床两种。

1）立式数控车床。立式数控车床的主轴处于垂直位置，有一个直径很大的圆形工作台，供装夹工件用；主要用于加工径向尺寸大、轴向尺寸相对较小的大型复杂零件。立式数控车床如图 0-5 所示。

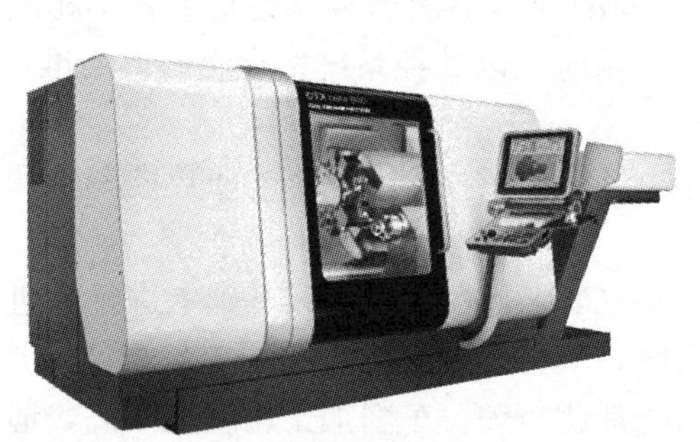

图 0-4　车削加工中心

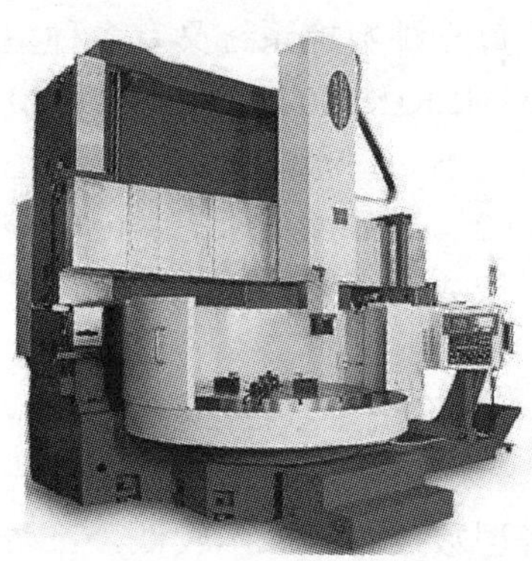

图 0-5　立式数控车床

2）卧式数控车床。卧式数控车床的主轴轴线处于水平位置，生产中使用较多，常用于加工径向尺寸较小的轴类、盘类、套类等复杂零件，它又有水平导轨式和倾斜导轨式两种。水平导轨式用于一般数控车床、经济型数控车床，外形如图 0-6 所示。倾斜导轨式数控车床上的倾斜导轨结构可以使车床具有更大刚性，且易于排除切屑，用于档次较高的数控车床及车削加工中心，外形如图 0-7 所示。

图 0-6　水平导轨式数控车床

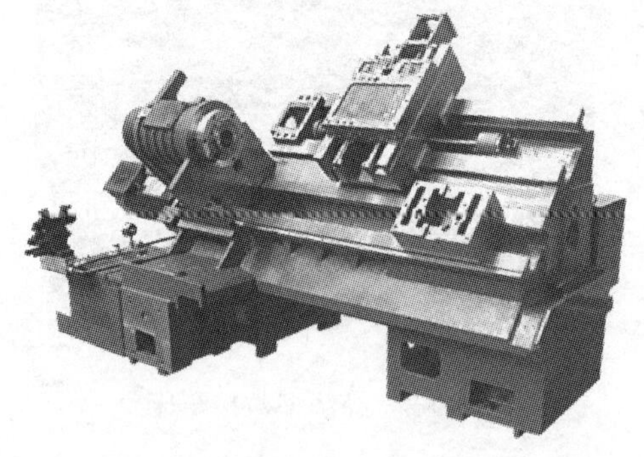

图 0-7　倾斜导轨式数控车床

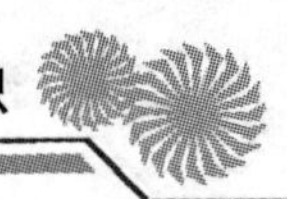

3．数控车床的加工特点

1）能加工复杂型面。数控车床能实现两坐标轴联动，所以容易实现许多普通车床难以完成或无法加工的曲线、曲面构成的回转体加工及非标准螺距螺纹、变螺距螺纹加工。

2）具有高度柔性。使用数控车床，当加工的零件改变时，只需要重新编写（或修改）数控加工程序即可实现对新零件的加工；不需要重新设计模具、夹具等工艺装备，多用于对多品种、小批量零件的生产，适应性强。

3）加工精度高、质量稳定。数控车床按照预定的加工程序自动加工工件，加工过程中消除了操作者人为的操作误差，能保证零件加工质量的一致性，还可以利用反馈系统进行校正及补偿加工精度，因此可以获得比机床本身精度更高的加工精度及重复精度。

4）自动化程度高，工人劳动强度低。在数控车床上加工零件时，操作者除了输入程序、装卸工件、对刀、关键工序的中间检测等，不需要进行其他复杂手工操作，劳动强度和紧张程度均大为减轻。此外，机床上一般具有较好的安全防护、自动排屑、自动冷却等装置，操作者的劳动条件也大为改善。

5）生产效率高。数控车床结构刚性好，主轴转速高，可以进行大切削用量的强力切削；此外，机床移动部件的空行程运动速度快，加工时所需的切削时间和辅助时间均比普通机床少，生产效率比普通机床高 2～3 倍；加工形状复杂的零件时，生产效率可达普通机床的十几倍至几十倍。

6）经济效益高。在单件、小批量生产的情况下，使用数控车床可以减少画线、调整、检验的时间，进而减少生产费用，节省工艺装备，减少装备费用等，从而获得良好的经济效益。此外，加工精度稳定，减少了废品率。数控机床还可实现一机多用，从而节省厂房、节省建厂投资等。

7）有利于生产管理的现代化。用数控车床加工零件，能准确地计算出零件的加工工时间，有效地简化了检验和夹具、半成品的管理工作。其加工及操作均使用数字信息与标准代码输入，最适于与计算机联系在一起，目前已成为计算机辅助设计、制造及管理一体化的基础。

4．数控车床的结构

（1）车床主体

车床主体如图 0-8 所示。

（2）控制系统

控制系统如图 0-9 所示。

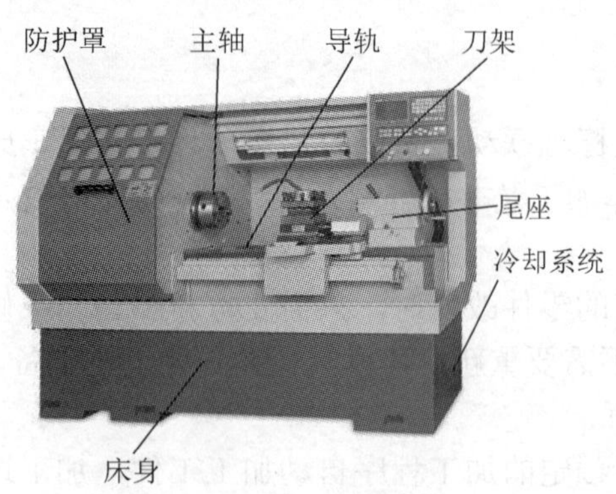

图 0-8　车床主体

图 0-9　控制系统

（3）驱动系统

驱动系统如图 0-10 所示。

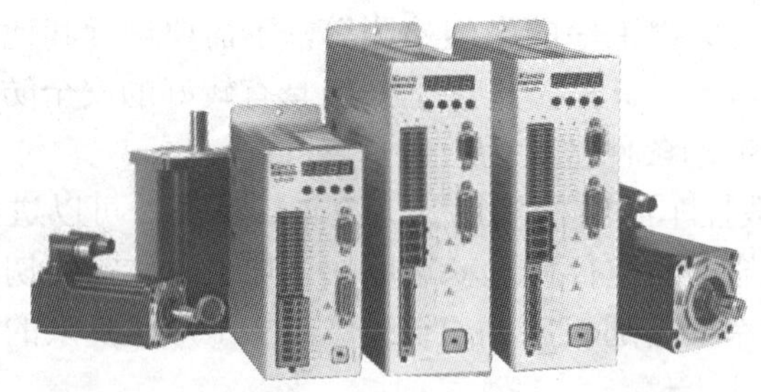

图 0-10　驱动系统

（4）辅助系统

辅助系统包括液压系统和润滑系统等，如图 0-11 所示。

（a）液压系统

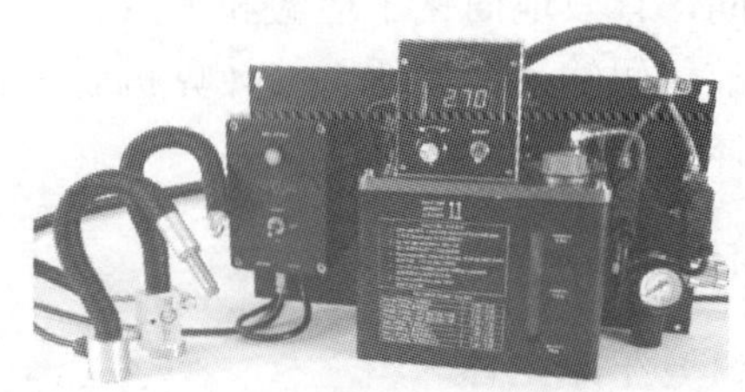

（b）润滑系统

图 0-11　辅助系统

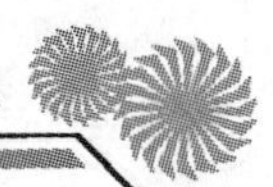

0.1.2　机床面板的功能及操作

FANUC 是较早进入中国市场的数控系统品牌，我国在 20 世纪 70 年代后期，即“六五”期间就开始引进。通过二三十年的消化、吸收、合作及生产，大大推动了我国数控机床的发展，并得到了推广和应用，曾在我国数控系统市场中占有很大比例。由于其编程及维护技术支持保障较好，已经被社会所普遍接受。此外，FANUC 系统的指令系统与国际标准的兼容性较好，更方便学习使用。

FANUC 0i Mate-TB 的操作面板由系统操作面板和控制操作面板两部分组成。

1. FANUC 0i Mate-TB 的系统操作面板

FANUC 0i Mate-TB 的系统操作面板由 7.2in（1in=0.0254m，下同）单色液晶显示器（LCD）和 MDI 键盘按横向方式排列，如图 0-12 所示。

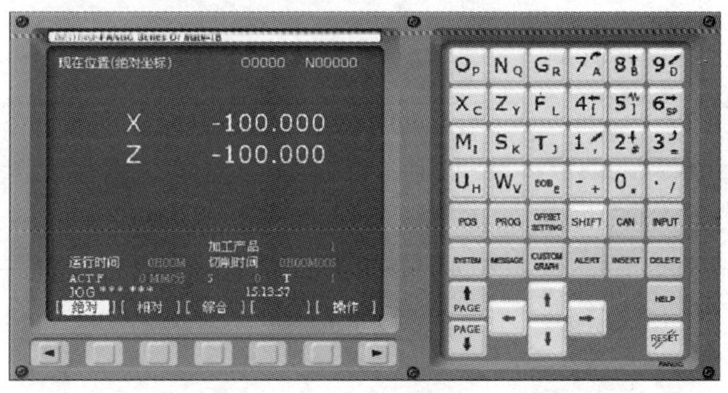

图 0-12　FANUC 0i Mate-TB 的系统操作面板

MDI 键盘各按键说明见表 0-1。

表 0-1　MDI 键盘各按键说明

图标	按键名称	功能
RESET	复位键	可使 CNC 复位，以解除报警等
HELP	帮助键	用来显示操作机床的方法，如 MDI 键的操作方法。可在 CNC 发生报警时提供报警的详细信息（帮助功能）
F L　4	地址键和数字键	用于输入字母、数字等字符
INPUT	输入键	用于参数、偏置等的输入及用于 I/O 设备的输入开始，MDI 方式指令数据的输入
CAN	取消键	清除输入到缓冲寄存器中的文字或符号。如输入缓冲寄存器显示为 G00X80Z，按下该键后显示为 G00X80

续表

图标	按键名称	功能
ALERT	程序编辑键	替换字符
INSERT		插入字符
DELETE		删除字符
SHIFT		上挡字符的选择
POS	功能键	显示当前位置
PROG		显示程序
OFFSET SETTING		显示刀具参数、偏置量等
SYSTEM		显示参数
MESSAGE		显示报警号
CUSTOM GRAPH		显示图形
↑ ← → ↓	光标移动键	可向上、下、左、右四个方向移动光标
↑ PAGE PAGE ↓	翻页键	可切换屏幕信息
◄ ►	软键	根据显示的菜单选择对应的软键，可实现不同的功能

2. FANUC 0i Mate-TB 的控制操作面板

车床生产厂家不同，车床控制操作面板上的按钮或旋钮的设置位置也不相同。下面以大连机床厂生产的 CKA6150 车床为例，介绍数控车床的控制操作面板，如图 0-13 所示。

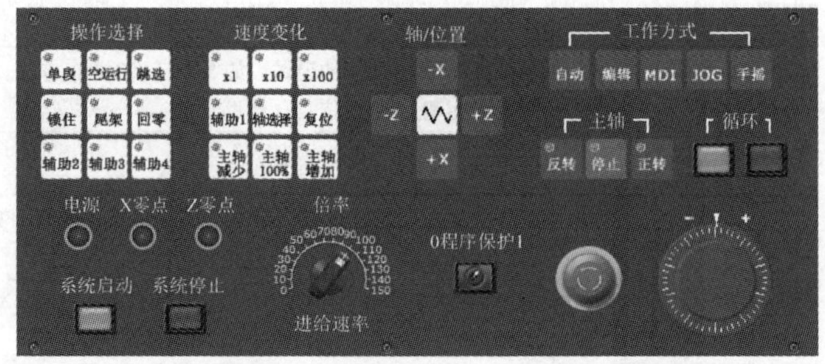

图 0-13　FANUC 0i Mate-TB 车床的控制操作面板

车床控制操作面板说明如表 0-2 所示。

表 0-2　车床控制操作面板说明

名称	功能
电源指示灯	开机后，电源指示灯亮
“X 零点”指示灯	*X* 轴方向回参考点完成后，*X* 零点指示灯亮
“Z 零点”指示灯	*Z* 轴方向回参考点完成后，*Z* 零点指示灯亮
系统启动按钮	按下该按键后，LCD 显示初始画面，等待操作
系统停止按钮	按下该按键后，LCD 关闭，同时关闭系统电源
工作方式按钮	有自动、编辑、MDI（手动数据输入）、JOG（手动）、手摇五种工作方式可供选择
主轴按钮	有反转、停止、正转三种方式控制主轴
循环按钮	用于自动加工或 MDI 方式加工时的循环运行启动或停止
操作选择按钮	有单段、空运行、跳选、锁住、尾架、回零等方式
速度变化按钮	可用来修调主轴转速和 *X*、*Z* 轴按增量方式移动的倍率
轴/位置按钮	可用来控制 *X* 轴或 *Z* 轴的移动方向
进给速率旋钮	用来控制 *X* 轴或 *Z* 轴的进给速度
程序保护开关	用钥匙开或关，可对程序进行写保护的操作
手轮	通过选择的 *X* 轴或 *Z* 轴方向，进行轴的移动
急停按钮	须紧急停止时按下此按钮

FANUC 0i Mate-TB 车床的基本操作主要由控制操作面板上的操作按钮来完成。

3. 开机、回参考点和关机

（1）开机

1）进行开机前各项检查，确定没有问题后，打开数控车床的总电源，电源指示灯亮。

2）按系统启动按钮，启动系统。

3）检查控制操作面板上的各指示灯是否正常，屏幕显示是否正常，各按钮开关是否处于正常位置，是否有报警显示。如有报警显示，系统可能发生故障，须立即检查，并设法排除故障。

（2）回参考点

回参考点也称回零。回零前需左旋打开机床控制操作面板上的急停按钮。

操作步骤：

1）将当前工作方式设置为JOG方式，按操作选择按钮中的“回零”按钮，确保系统处于“回零”方式。

2）按“+X”按钮，待X轴回到参考点后，“X零点”指示灯亮。

3）用同样的方法按“+Z”按钮，待Z轴回到参考点后，“Z零点”指示灯亮。

注：① 在回参考点的过程中，为确保安全，防止刀架、刀架电动机与尾架相碰撞，必须将X轴先回参考点。

② 在回参考点的过程中要通过进给速率旋钮适当选择进给速率的倍率。

③ 自动回参考点的机床启动时无需进行手动回参考点。

（3）关机

1）按下控制面板上的急停按钮，断开伺服电源。

2）按系统停止按钮，停止系统。

3）断开车床总电源。

4. 车床的手动操作

（1）手动方式进给

1）将当前工作方式设置为JOG方式。

2）按车床控制操作面板上的轴/位置按钮“+X”“-X”“+Z”“-Z”，机床沿选定轴方向运动。手动连续进给速度可使用进给倍率旋钮进行调节。若同时按压快速进给按钮，可使相应进给轴实现快速移动。

（2）手摇进给

将工作方式设置为“手摇”方式，此时手摇脉冲发生器手轮起作用。通过轴/位置按钮选择X或Z方向，同时选择好速度倍率，即速度变化按键分别选择“×1”“×10”“×100”，旋转手轮实现移动。在这种方式下，也能实现单步移动功能，通过轴/位置按钮“+X”“-X”“+Z”“-Z”，按所选定的轴方向实现增量移动。

（3）主轴控制

主轴手动控制由车床控制操作面板上的主轴按钮完成。在手动方式下，分别按一下“止转”“反转”“停止”按钮，主轴即执行相应的动作。主轴旋转的速度可通过速度变化按钮中的“主轴减少”“主轴增加”“主轴100%”按钮调节。

5. MDI工作方式

MDI方式也称手动数据输入方式，它具有从LCD/MDI操作面板输入一个程序段的指令并执行该程序段的功能。将工作方式设置为MDI方式，按“PROG”键，输入一个程序段后按“INPUT”键，按循环按钮，系统即开始运行所输入的MDI指令。

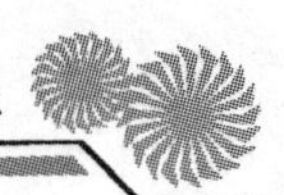

6. 程序的输入与图形模拟

1）将工作方式设置为“编辑”方式。

2）按“PROG”键，进入程序编辑界面。

3）输入新的程序号（如 O0001），按“INSERT”键，完成新程序号的输入。

4）用 MDI 键盘输入程序内容。

5）若要调用存储器中已有的程序进行编辑或加工，应在进入程序编辑界面后，输入要调用的程序号，并按下“↓”光标移动键完成调用过程。

6）将工作方式设置为“自动”方式。

7）按“CUSTOM/GRAPH”键，进入图形显示界面。按菜单所对应的“G.PRM”绘图参数画面软键，进行绘图参数的设置（包括工件毛坯的尺寸及图形的大小等），按菜单所对应的“PROCES”软键后，便在界面上显示选定程序的刀具轨迹，通过观察其轨迹可以检查加工过程。

8）若在“自动”工作方式选择完毕，而未按“CUSTOM/GRAPH”键，进入图形显示界面后直接按“程序启动”键，车床便会调用预选的程序加工零件。

7. 坐标系的设置

坐标系数据的设置步骤如下：

1）按“OFFSET/SETTING”键。

2）按菜单所对应的“坐标系”软键。

3）按光标移动键选择 G54～G59 中相对应的坐标系。

4）将光标移至坐标系需要偏置的 *X* 轴或 *Z* 轴上，输入要求的偏置量，按“INPUT”键完成坐标系设置。

0.1.3 数控车床的日常维护及保养

1）保持良好的润滑状态，定期检查、清洗自动润滑系统，增加或更换油脂、油液，使丝杆、导轨等各运动部位始终保持良好的润滑状态，以降低机械磨损。

2）进行机械精度的检查调整，以减少各运动部件之间的形状和位置误差。

3）保持周围环境整洁，周围环境对数控机床影响较大，如粉尘会被电路板上静电吸引而产生短路现象；油、气、水过滤器和过滤网太脏，会发生压力不够、流量不够、散热不好，造成机、电、液部分的故障等。

0.1.4 文明生产与安全操作规程

1. 安全操作基本注意事项

1）工作时应穿好工作服、安全鞋，戴好工作帽及防护镜。注意：不允许戴手套操作车床。

2）不要移动或损坏安装在车床上的警告标牌。

3）不要在车床周围放置障碍物，工作空间应足够大。

4）某一项工作如需要两人或多人共同完成，应注意相互间的协调一致。

5）不允许戴耳机。

2. 工作前的准备工作

1）车床开始工作前要预热，认真检查润滑系统工作是否正常，如车床长时间未开动，可先采用手动方式向各部分供油润滑。

2）使用的刀具应与车床允许的规格相符，有严重破损的刀具要及时更换。

3）调整刀具所用的工具不要遗忘在车床内。

4）大尺寸轴类零件的中心孔是否合适，若中心孔太小，工作中易发生危险。

5）刀具安装好后应进行一、二次试切削。

6）检查卡盘夹紧工作的状态。

7）车床开动前，必须关好车床防护门。

3. 工作过程中的安全注意事项

1）禁止用手接触刀尖和铁屑，铁屑必须要用铁钩子或毛刷来清理。

2）禁止用手或其他任何方式接触正在旋转的主轴、工件或其他运动部位。

3）禁止加工过程中量活、变速，更不能用棉丝擦拭工件，也不能清扫车床。

4）车床运转中，操作者不得离开岗位，车床发现异常现象应立即停车。

5）经常检查轴承温度，过高时应找有关人员进行检查。

6）在加工过程中，不允许打开车床防护门。

7）严格遵守岗位责任制，车床由专人使用，他人使用须经本人同意。

8）工件伸出车床 100mm 以外时，须在伸出位置设防护物。

4. 工作完成后的注意事项

1）清除切屑，擦拭车床，使车床与环境保持清洁。

2）注意检查或更换磨损的车床导轨上的油察板。

3）检查润滑油、切削液的状态，及时添加或更换。

4）依次关掉车床操作面板上的电源和总电源。

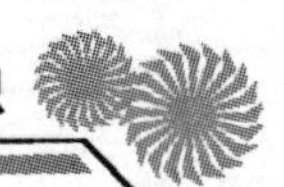

思考与练习

一、填空题

1．按功能不同，数控车床可分为________、________和________三大类。

2．按车床主轴配置形式不同，数控车床可分为________、________两种。

3．数控车床的加工特点有________、________、________、________、________、________、________。

二、判断题

1．检测装置是数控车床必不可少的装置。（　）

2．数控车床既可以自动加工，也可以手动加工。（　）

3．数控车床加工的加工精度比普通车床高，是因为数控车床的传动链比普通车床的传动链长。（　）

4．数控车床伺服系统的作用是把来自数控装置的脉冲信号转换成车床移动部件的运动。（　）

5．数控车床自动刀架的刀位数与其数控系统所允许的刀具数总是一致的。（　）

三、简答题

1．简述数控车床的结构。

2．将下列程序（O0050）输入数控系统，并进行程序校验。

```
O0050;
G98 G40 G21;
T0101;
G00 X100.0 Z100.0;
M03 S600 M08;
G00 X52.0 Z2.0;
G01 X48.0 F100;
    Z-30.0;
    X52.0;
G00 Z2.0;
G01 X46.0;
    Z-15.0;
```

0.2 数控车削加工工艺的基本知识

数控加工工艺是采用数控机床加工零件时所运用各种方法和技术手段的总和，应用于整个数控加工工艺过程。数控车削加工工艺过程是利用切削刀具在数控机床上直接改变加工对象的形状、尺寸、表面位置、表面状态等，使其成为成品或半成品的过程。通过本节内容，我们将全面了解有关数控车削的加工工艺，如图 0-14 所示。

图 0-14　数控车削加工

学习目标

1. 了解数控车削加工工艺分析的过程。
2. 了解数控车削加工工艺制定的原则。
3. 掌握数控车削加工工艺制定的方法。

0.2.1　数控车削加工工艺的相关知识

1. 机床的合理选用

数控机床通常最适合加工具有以下特点的零件：

1）多品种、小批量生产的零件或新产品试制中的零件。

2）轮廓形状复杂，或对加工精度要求较高的零件。

3）用普通机床加工时需用昂贵工艺装备（工具、夹具和模具）的零件。

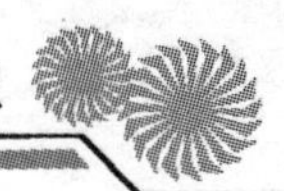

4）需要多次改型的零件。

5）价格昂贵，加工中不允许报废的关键零件。

6）需要最短生产周期的急需零件。

2. 数控加工零件的工艺性分析

1）零件图上的尺寸数据，应符合程序编制方便的原则。

2）零件各加工部位的结构工艺性应符合数控加工的特点。

3. 加工方法的选择原则与加工方案的确定原则

（1）加工方法的选择原则

加工方法的选择原则：同时保证加工精度和表面粗糙度的要求。此外，还应考虑生产率和经济性的要求，以及现有生产设备等实际情况。

（2）加工方案的确定原则

零件上精度要求较高的表面加工，常常是通过粗加工、半精加工和精加工逐步达到的。对于这些表面，要根据质量要求、机床情况和毛坯条件来确定最终的加工方案。

确定加工方案时，首先应该根据主要表面的精度和表面粗糙度的要求，初步确定为达到这些要求所采用的加工方法。此时要考虑数控机床使用的合理性和经济性，并充分发挥数控机床的功能。原则上数控机床仅进行较复杂零件重要基准的加工和零件的精加工。

4. 工序与工步的划分

（1）工序的划分

1）以零件的装夹定位方式划分工序。由于每个零件的结构形状不同，各个表面的技术要求也不同，因此在加工中，其定位方式各有差异。一般加工零件外形时，以内形定位；在加工零件内形时，以外形定位。可根据定位方式的不同来划分工序。

2）按粗、精工序划分加工。根据零件的加工精度、刚度和变形等因素来划分工序时，可按粗、精加工分开的原则进行划分，即先进行粗加工，再进行精加工。此时可以使用不同的机床或不同的刀具进行加工。通常在一次安装中，不允许将零件的某一部分表面加工完毕后，再加工零件的其他表面。

为了减少换刀次数、缩短空行程运行时间、减少不必要的定位误差，可以按照使用相同刀具集中加工工序的方法来进行零件的加工工序划分。尽可能使用同一把刀具加工出能加工的所有部位，更换另一把刀具加工零件的其他部位。在专用数控机床和加工中心中常常采用这种方法。

（2）工步的划分

工步的划分主要从加工精度和生产效率两方面来考虑。在一个工序内往往需要采用不同的切削刀具和切削用量对不同的表面进行加工。为了便于分析和描述复杂的零件，在工序内又细分为工步。工步划分的原则如下：

1）同一表面按粗加工、半精加工、精加工依次完成，或全部加工表面按先粗加工后精加工分开进行。

2）对于既有铣削平面又有镗孔加工表面的零件，可按先铣削平面后镗孔的顺序进行加工。按此方法划分工步，可以提高孔的加工精度。铣削平面时切削力较大，零件易发生变形，先铣平面后镗孔，可以使其有一段时间恢复变形，并减少由此变形引起的对孔的精度的影响。

3）按使用刀具来划分工步。某些机床工作台的回转时间比换刀时间短，可以按使用刀具划分工步，以减少换刀次数，提高加工效率。

5. 零件的安装与夹具的选择

（1）定位安装的基本原则

1）力求设计基准、工艺基准和编程计算基准统一。

2）尽量减少装夹次数，尽可能在一次定位装夹后，加工出全部待加工表面。

3）避免采用占机人工调整加工方案，以便能充分发挥出数控机床的效能。

（2）选择夹具的基本原则

数控加工的特点对夹具提出了两点要求：一是要保证夹具的坐标方向与机床的坐标方向相对固定不变；二是要协调零件和机床坐标系的尺寸关系。除此之外，还应该考虑以下几点：

1）当零件加工批量不大时，应该尽量采用组合夹具、可调式夹具或其他通用夹具，以缩短生产准备时间，节省生产费用。

2）在成批生产时才考虑使用专用夹具。

3）零件的装卸要快速、方便、可靠，以缩短数控机床的停顿时间。

4）夹具上各零部件应该不妨碍机床对零件各表面的加工。夹具要敞开，其定位夹紧机构的元件不能影响加工中的走刀运行。

6. 刀具的选择与切削用量的确定

（1）刀具的选择

数控加工的刀具材料，要求采用新型优质材料，一般原则是尽可能选用硬质合金；精密加工时，还可选择性能更好、更耐磨的陶瓷及立方氮化硼和金刚石刀具，并应优选刀具参数。

（2）切削用量的确定

合理选择切削用量的原则：粗加工时，一般以提高生产率为主，但也应该考虑加工成本。半精加工和精加工时，一般应在保证加工质量的前提下，兼顾切削效率和经济性

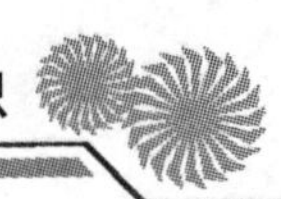

及加工成本。

1）确定切削深度 t（mm）。在机床、工件和刀具刚度允许的情况下，应以最少的进给次数切除待加工余量，最好一次切除待加工余量，以提高生产效率。

2）确定切削速度 v（m/min）。加大切削速度，也能提高生产效率。但提高生产效率的最有效措施还是尽可能采用大的切削深度 t。

3）确定进给速度 f（mm/min 或 mm/r）。进给速度是数控机床切削用量中的重要参数，主要根据零件的加工精度和表面粗糙度要求以及刀具与零件的材料性质来选取。当加工精度和表面粗糙度要求高时，进给速度 f 应该选择得小些。最大进给速度由机床刚度和进给系统的性能决定，并与数控系统脉冲当量的大小有关。

7. 对刀点和换刀点的确定

1）选择的对刀点应便于数学处理和简化程序编制。

2）对刀点在机床上容易校准。

3）加工过程中便于检查。

4）引起的加工误差小。

8. 工艺加工路线的确定

确定工艺加工路线的原则如下：

1）保证零件的加工精度和表面粗糙度。

2）方便数值计算，减少编程工作量。

3）缩短加工运行路线，减少空运行行程。

除此之外在确定工艺加工路线时，还要考虑零件的加工余量和机床、刀具的刚度，需要确定采用一次走刀，还是多次走刀来完成切削加工。

0.2.2　工艺分析

对图 0-15 所示零件图进行分析并编制工艺。

1. 零件图样分析

1）材料选 45 号中碳热轧钢，无热处理及硬度要求的热轧钢。

2）成形表面由圆柱面、圆锥面、球面、圆弧面以及螺纹面组成。各表面均无精度要求以及表面粗糙度要求，用数控车削均可完成。

3）轴段右侧有两段圆弧倒角，应选用有机械间隙补偿的数控机床完成。

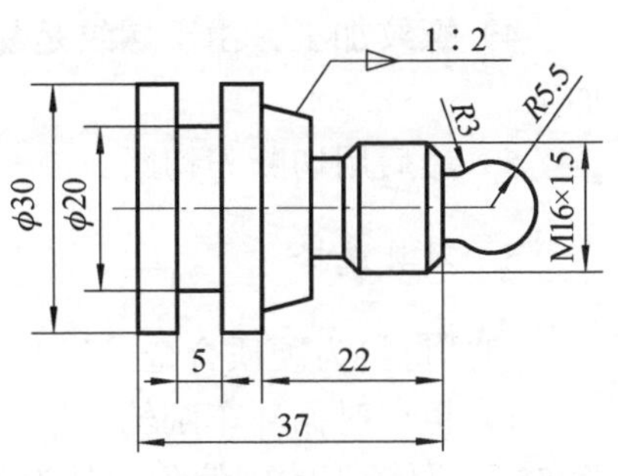

图 0-15　零件图

2. 工艺措施

1）无尺寸精度要求及表面粗糙度要求，一般取表面粗糙度为七级精度，使用中等精度数控 CK6140 即可保证零件的加工要求。编程时，直接带入具体尺寸即可。

2）轴段右侧有圆弧，应选用带机械间隙补偿的数控机床完成。

3）各成形表面连接无特殊要求，选用可转位刀片，更加方便加工。

4）选毛坯件：45 号中碳热轧圆钢，取 35mm×60mm。

3. 确定定位基准和装夹方式

（1）定位基准

X 方向：坯件回转轴线。

Z 方向：坯件端面。

设计基准、定位基准与工艺基准三者重合。在加工之前，基准端面要先加工。

（2）装夹方式

三爪自定心卡盘，手工夹紧夹持端。将坯料多余部分插入主轴内部，加工时依次完成各部位的加工，最后用切割刀切断。

综上所述，首先加工外圆去除表面的余量至达到要求，再加工圆弧、圆锥、倒角、沟槽及螺纹，最后用切割刀切断即可完成。

4. 加工路线及进给路线

1）粗车外表面。先平端面，再遵循由粗到精、从右到左（由近到远）的原则加工；加工时从右到左粗车各面，粗车时留精加工余量 0.25mm。加工时用复合固定循环中的轴向粗车循环指令（G73）自动完成加工，以减少计算时间，方便编程。

2）精车外表面。编程时用 G70 指令对应 G73 指令进行精车，一刀完成。

3）槽加工。退刀槽和直槽可用同一把切槽刀完成加工。

4）螺纹加工。由于螺纹是易损面，应后加工。编程时可用 G92 螺纹循环指令完成加工。

5）最后用切断刀切断。

5. 刀具选择

刀具材料为硬质合金，经几何分析，主偏角κ_r大于 30 为安全。

1）粗车时循环车削轮廓取一般 90° 右偏硬质合金刀，从右向左车外廓，副偏角κ_r'为 55°，取较大的副偏角κ_r'是为了防止干涉，取刀杆 *D*=20mm×20mm（根据刀架选择）。

2）精车轮廓用 90° 右偏硬质合金刀，刀尖尖角为 55°，刀杆 *D*=20mm×20mm，为保证刀尖圆角半径 *r* 小于结构上最小圆弧半径，取 *r*=0.15～0.2mm。

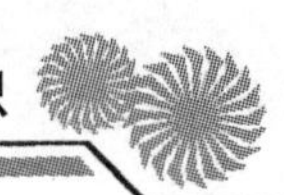

3）切槽刀：切削刃宽为 4mm，刀柄 D=20mm×20mm（小于槽宽）。

4）螺纹刀：使用 60°硬质合金外螺纹右刀，刀柄 D=20mm×20mm（按图样要求选择）。

5）切断刀：切削刃宽为 4mm，L（切深）>15mm（工件最大半径），刀柄 D=20mm×20mm。

6）将以上所选定的刀具参数填入表 0-3。

表 0-3　工艺卡片

序号	刀具号	工序内容	刀具规格与名称	刀片	数量/个
1	T01	外轮廓及端面	90°右偏硬质合金外圆刀	配用	各 1
2	T02	精车外表面	90°右偏硬质合金刀	配用	各 1
3	T03	切退刀槽	刃宽为 4mm 的切槽刀	配用	各 1
4	T04	车螺纹	60°硬质合金外螺纹右刀	配用	各 1
5	T05	切端面	切断刀刃宽 4mm	配用	各 1
编制		审核			

6. 切削用量选择

1）背吃刀量。

外廓：粗车背吃刀量 3.0mm，精车余量背吃刀量 0.25mm。

螺纹：粗车背吃刀量 0.4mm，循环依次减少；精车余量背吃刀量 0.1mm。

2）主轴转速：800r/min。

3）进给速度：外圆 0.2mm/r，螺纹 1.5mm/r，沟槽 0.05mm/r。

一、填空题

1．零件上精度要求较高的表面加工，常常是通过________、________和________逐步达到的。

2．工序的划分分为________、________。

3．切削用量三要素是________、________、__________。

二、判断题

1．进行槽加式时，退刀槽和直槽可用同一把切槽刀完成。　（　）

2．选择的对刀点应便于数学处理和简化程序编制。　（　）

3．在机床工件和刀具刚度允许的情况下，应以最少的进给次数切除待加工余量，最好一次切除待加工余量，以提高生产效率。（ ）

三、简答题

1．试写出合理选择切削用量的原则。
2．试写出确定工艺加工路线的原则。

0.3 数控车削的基本编程指令

为了使数控车床能根据零件加工的要求进行动作，必须将这些要求以车床数控系统能识别的指令形式告知数控系统，这种数控系统可以识别的指令称为程序，制作程序的过程称为数控编程。通过学习本节内容，我们将初步了解数控车削基本编程指令的功能和格式，掌握编程的基本流程，完成简单零件的程序编制。

学习目标

1．了解数控编程的定义、分类、步骤、特点与要求。
2．掌握数控编程常用的功能指令。
3．掌握数控编程的程序与程序段格式。
4．完成简单零件的程序编制。

0.3.1 数控车床程序编制的相关知识

1．数控车床的编程基础知识

数控车床的程序编制必须严格遵守相关的标准，数控编程是一项很严格的工作，首先必须学好基础知识，才能掌握编程的方法并编出正确的程序。

（1）程序编制的内容

数控车床之所以能够自动加工出不同形状、尺寸及高精度的零件，是因为数控车床按事先编制好的加工程序，经其数控装置“接收”和“处理”，实现对零件的自动加工的控制。

使用数控车床加工零件时，首先要做的工作就是编制加工程序。从分析零件图样到获得数控车床所需控制介质（加工程序单或数控带等）的全过程，称为程序编制，其流程如图 0-16 所示。

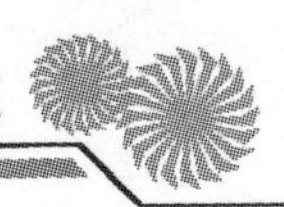

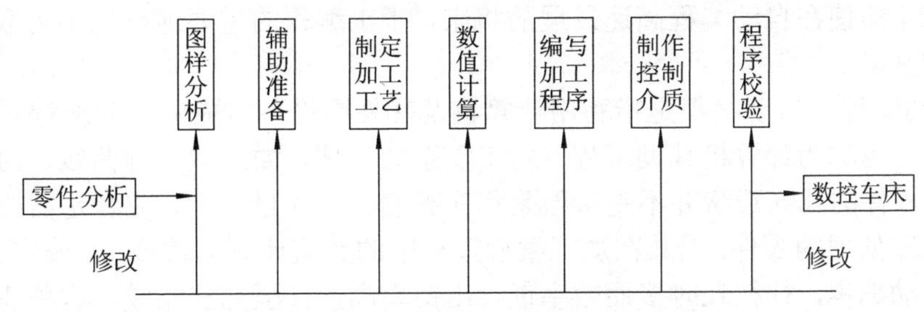

图 0-16　程序编制流程

1）图样分析。根据加工零件的图样和技术文件，对零件的轮廓形状、有关标注、尺寸、精度、表面粗糙度、毛坯种类、件数、材料及热处理等项目要求进行分析并形成初步的加工方案。

2）辅助准备。根据图样分析确定机床和夹具、机床坐标系、编程坐标系、所用刀具、对刀方法、对刀点的位置及机械间隙等。

3）制订加工工艺。拟定加工工艺方案，确定加工方法、加工线路与余量的分配、定位夹紧方式并合理选用机床、刀具及切削用量等。

4）数值计算。在编制程序前，还需对加工轨迹的一些未知坐标值进行计算，作为程序输入数据，主要包括数值换算、尺寸链解算、坐标计算和辅助计算等。对于复杂的加工曲线和曲面，还须使用计算机辅助计算。

5）编写加工程序。根据确定的加工路线、刀具号、刀具形状、切削用量、辅助动作及数值计算的结果，按照数控车床规定使用的功能指令代码及程序段格式，逐段编写加工程序。此外，还应附上必要的加工示意图、刀具示意图、机床调整卡、工序卡等加工条件说明。

6）制作控制介质。加工程序完成以后，必须将加工程序的内容记录在控制介质上，以便输入数控装置中，还可采用手动方式将程序输入给数控装置。

7）程序校验。加工程序必须经过校验和试切才能正式使用，通常可以通过数控车床的空运行来检查程序格式有无出错，或用模拟仿真软件来检查刀具加工轨迹的正误，根据加工模拟轮廓的形状，与图样对照检查。但是，这些方法仍无法检查出刀具偏置误差和编程计算不准造成的零件误差及切削用量选用是否合适，刀具断屑效果和工件表面质量是否达到要求，所以必须采用首件试切的方法来进行实际效果的检查，以便对程序进行修正。

（2）程序编制的方法

1）手工编程。手工编程就是由人工编写零件的加工程序。对于几何形状不太复杂的零件，手工编程工作量小，加工程序段不多，出错的概率很小，快捷、简便，不需要具备特别的条件（相应的硬件和软件）。特别是在数控车床的编程中，手工编程至今仍广泛用于点位、直线、圆弧组成的轮廓加工中，学习手工编程是学习数控车床加工编程的重要内容。即使在自动编程高速发展的将来，手工编程的重要地位也不可取代，仍是自动编程的基础。

2）自动编程。自动编程是指利用计算机及其外围设备组成的自动编程系统完成程序编制工作，也称为计算机辅助编程。对于复杂的零件，如一些非圆曲线、曲面的加工表面，或者零件的几何形状并不复杂但是程序编制的工作量很大，或者是需要进行复杂的工艺及工序处理的零件，因其在加工编程过程中的数值计算非常烦琐，编程工作量大，如果采用手动编程，往往耗时多而效率低，出错率高，甚至无法完成，这种情况下必须采用自动编程的方法。该法与手工编程相比，有可降低编程劳动强度、缩短编程时间和提高编程质量等优点。但自动编程的硬件与软件配置费用较高，在加工中心、数控铣床上应用较多，在数控车床上应用较少。

2. 数控车床的坐标系

（1）车床的坐标轴

数控车床的标准坐标系是一个右手笛卡儿直角坐标系（图 0-17），其基本坐标轴为 *X*、*Y*、*Z* 坐标轴，大拇指的方向为 *X* 轴的正方向，食指为 *Y* 轴的正方向，中指为 *Z* 轴的正方向，数控车床是以车床主轴轴线方向为 *Z* 轴方向，刀具远离工件的方向为 *Z* 轴的正方向。*X* 轴位于与工件安装面相平行的水平面内，垂直于工件旋转轴线的方向，且刀具远离主轴轴线的方向为 *X* 轴的正方向。

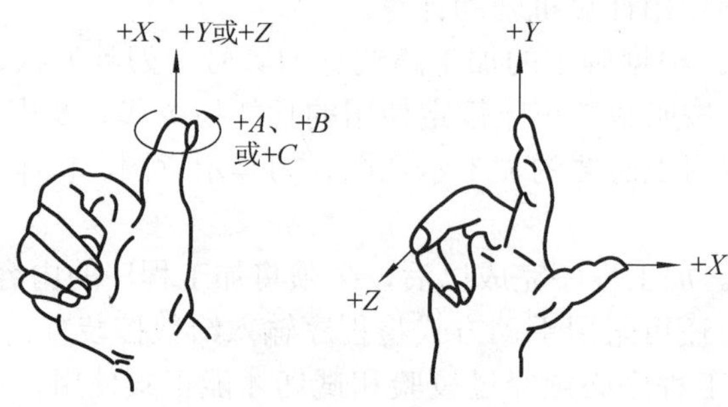

图 0-17　右手笛卡儿直角坐标系

（2）机床原点、参考点及机床坐标系

机床原点为车床上的一个固定点。车床的机床原点定义为主轴旋转中心线与车头端面的交点，如图 0-18 所示，*O* 点即为机床原点。

参考点也是机床上的一个固定点。该点与机床原点的相对位置如图 0-18 所示（点 *O*′ 即为参考点）。其位置由 *Z* 向与 *X* 向的机械挡块来确定。当进行回参考点的操作时，安装在纵向和横向滑板上的行程开关碰到相应的挡块后，由数控系统发出信号，由系统控制滑板停止运动，完成回参考点的操作。

当机床回参考点后，显示的 *Z* 与 *X* 的坐标值均为零。当完成回参考点的操作后，则

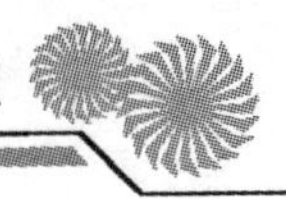

马上显示此时的刀架中心（对刀参考点）在机床坐标系中的坐标值，就相当于数控系统内部建立了一个以机床原点为坐标原点的机床坐标系。

对于常见的数控（NC）车床坐标系统，主轴为 Z 轴，刀架平行于主轴的运动向（即纵向）为 Z 轴运动方向，刀架前后的方向（即横向）为 X 轴运动方向。常见的数控车床的刀架（刀塔）安装在靠近操作人员一侧（即前刀架），其坐标系如图 0-19 所示，X 轴往前为负，往后为正；若刀塔安装在远离操作人员的一侧（即后刀架），其坐标系如图 0-20 所示，则 X 轴往前为正，往后为负。

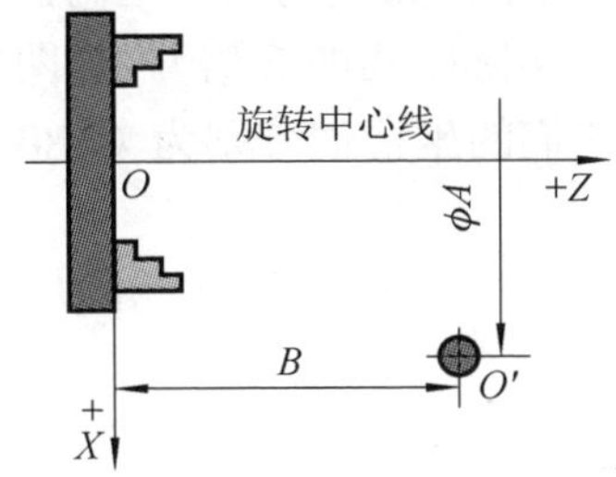

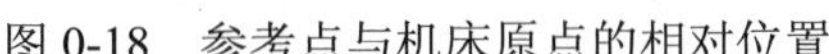

图 0-18 参考点与机床原点的相对位置

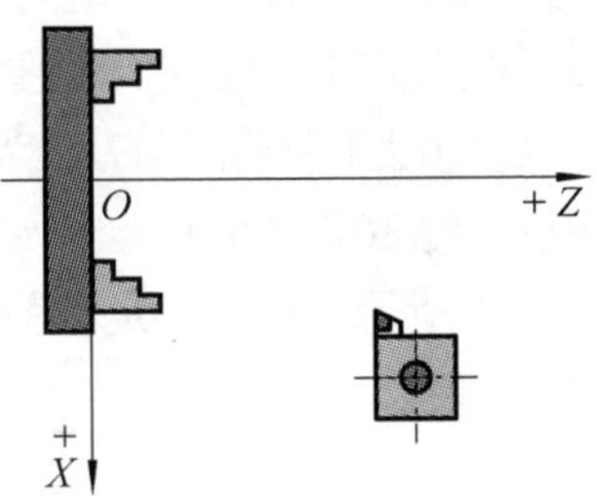

图 0-19 坐标系（前刀架）

（3）工件原点和工件坐标系

工件图样给出以后，首先应找出图样上的设计基准点。其主要尺寸均是以此点为基准进行标注的，该基准点称为工件原点。以工件原点为坐标原点建立一个 Z 轴与 X 轴的直角坐标系，称为工件坐标系。

工件原点是人为设定的（即可任意设置），设定的依据是既要符合图样尺寸的标注习惯，又要便于编程，通常工件原点选择在工件右端面、左端面或卡爪的前端面。工件坐标系的 Z 轴一般与主轴轴线重合，X 轴随工件原点位置不同而不同。各轴正方向与机床坐标系相同。图 0-21 所示为以工件右端面为工件原点的工件坐标系。

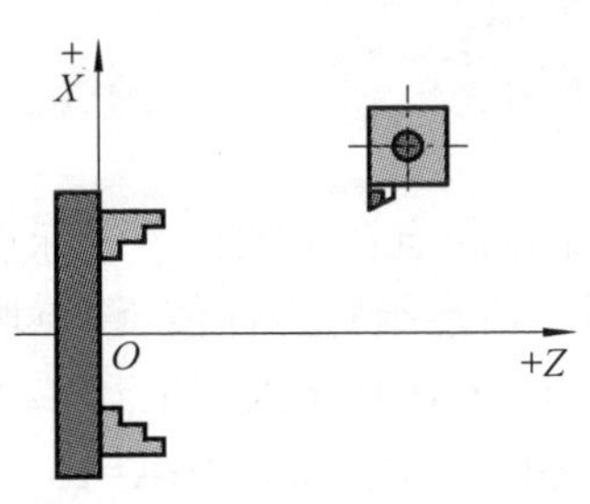

图 0-20 坐标系（后刀架）

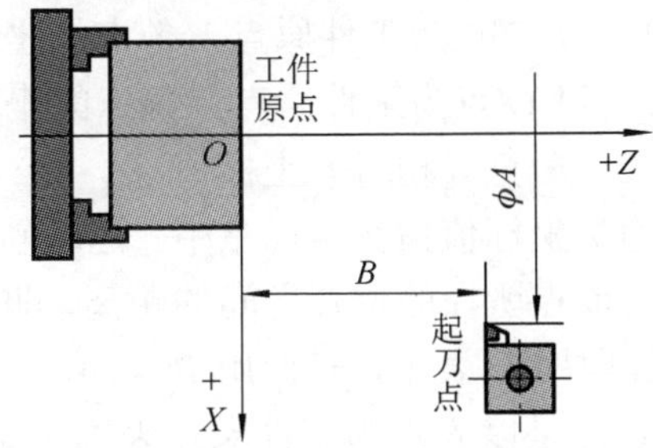

图 0-21 工件坐标系

3．坐标值的确定

在编制加工程序时，为了准确描述刀具运动轨迹，除正确使用准备功能字外，还要有符合纸轮廓的地址及坐标值。要正确识读零件图样中各坐标点的坐标值，首先要确定工件编程的坐标原点，以此建立一个直角坐标系，来进行各坐标点的坐标值的确定。

（1）绝对坐标值

在直角坐标系中，所有坐标点的位置都以坐标原点（工件原点）为固定的原点，作为坐标位置的起点（0，0）。绝对坐标值是指某坐标点到工件原点的垂直距离，用 *X* 代表径向，*Z* 代表轴向，且 *X* 向在直径编程时为直径量（实际距离的 2 倍）。如图 0-22 所示，*A*、*B*、*C* 均以工件原点 *O* 点为坐标位置的起点，它们的坐标值分别为（*X*80，*Z*50）、（*X*80，*Z*30）、（*X*30，*Z*20）。

如图 0-23 所示，*O*、*O'*是分别建立在工件上的两个不同的工件原点，并以之计算各坐标点的坐标值。

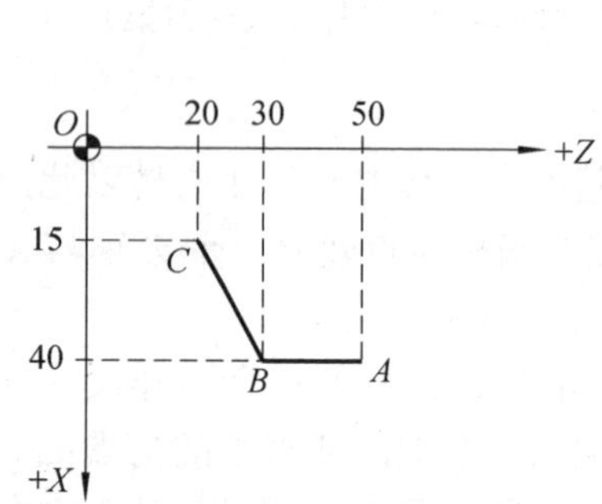

图 0-22　绝对坐标

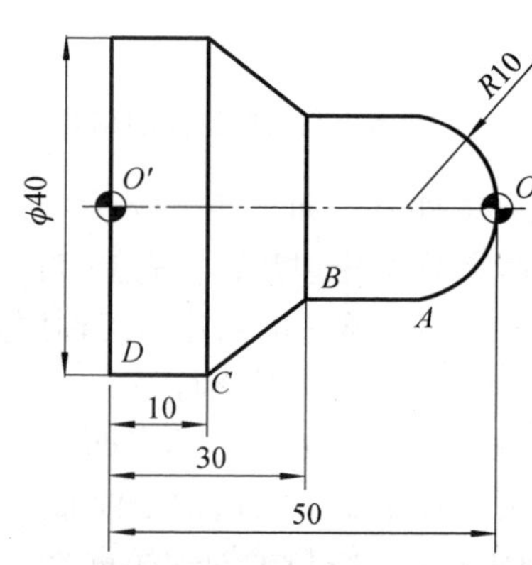

图 0-23　不同的工件原点

1）以 *O* 点为工件原点，各点的坐标值如图 0-24 所示。

2）以 *O'*点为工件原点，各点的坐标值如图 0-25 所示。

（2）增量（相对）坐标值

增量坐标值指在坐标系中，运动轨迹的终点坐标是以起点计量的，各坐标点的坐标值是与前点所在的位置之间的距离，即终点绝对坐标值-前点绝对坐标值=终点增量坐标值。径向用 *U* 表示，轴向用 *W* 表示。图 0-26 中，增量坐标值由 *B* 点加工到 *C* 点，也就是说 *C* 点是以 *B* 点为工件原点来确定距离的，那么 *C* 点的增量坐标值为：*X*=15- 40=-25，*Z*=20-30=-10。

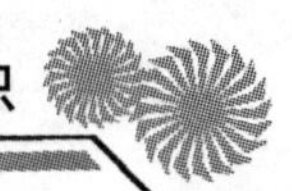

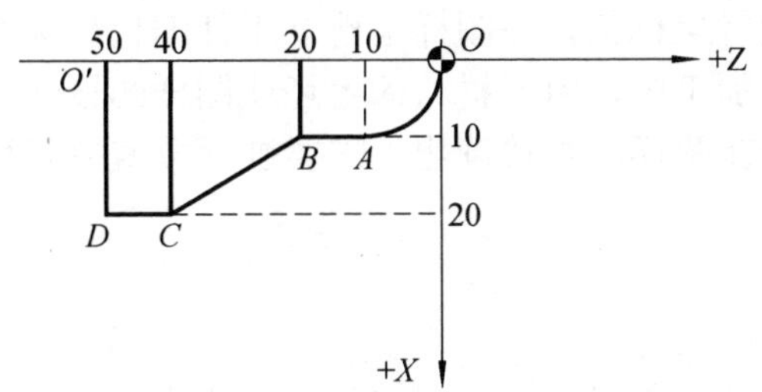

项目	X	Z
O	0	0
A	20	-10
B	20	-20
C	40	-40
D	40	-50
O′	0	-50

图 0-24　绝对坐标值（O 点）

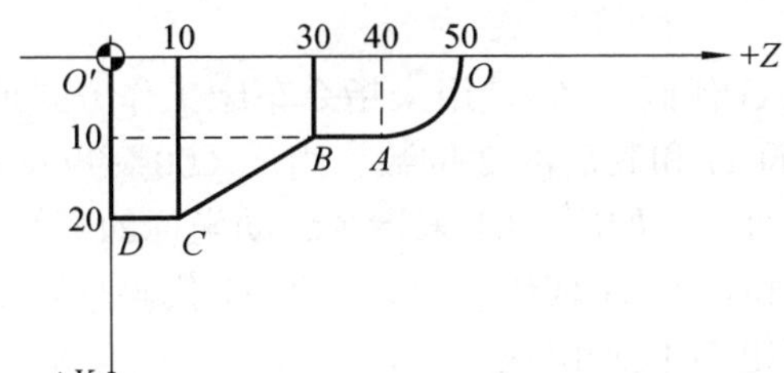

项目	X	Z
O	0	50
A	20	40
B	20	30
C	40	10
D	40	0
O′	0	0

图 0-25　绝对坐标值（O′点）

如图 0-27 所示，增量坐标以加工顺序 O→A→B→C→D 为例，以 O 点（X0，Z0）为开始点，则各坐标点的增量坐标值见表 0-4。

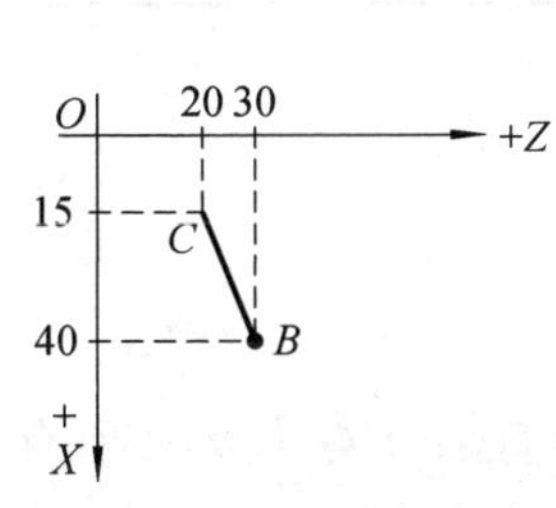

图 0-26　增量坐标（B→C）

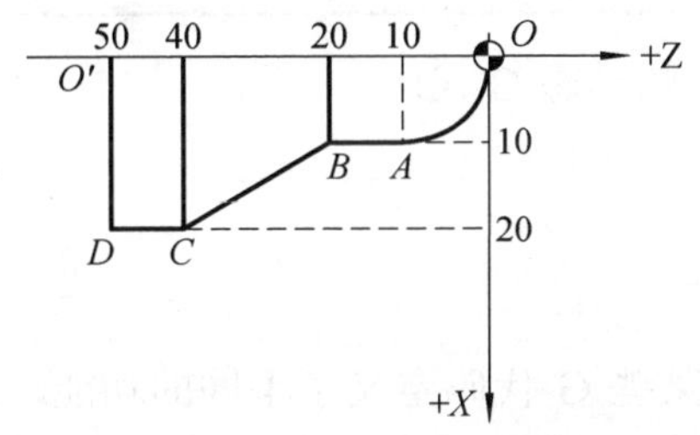

绝对坐标值：O（X0，Z0）
A（X20，Z-10）
B（X20，Z-20）
C（X40，Z-40）
D（X40，Z-50）

图 0-27　增量坐标（O→A→B→C→D）

表 0-4　增量坐标值

前终→终点	U	W	说明
O→A	20-0=20	-10-0= -10	A 点相对 O 点来计量
A→B	20-20=0	-20-(-10)= -10	B 点相对 A 点来计量
B→C	40-20=20	-40-(-20)= -20	C 点相对 B 点来计量
C→D	40-40=0	-50-(-40)= -10	D 点相对 C 点来计量

从以上各点坐标值看出，各点的增量坐标值都是相对于前点的位置而言的，而不是像绝对坐标值那样各点都是相对于工件编程原点而言的。

因此，不管是绝对坐标值还是增量坐标值，在图样上建立工件编程坐标系后，各点的坐标值都比较容易读出。而在实际加工中，由于材料的毛坯或图样的设计、标注等原因，在编程中往往有许多坐标值无法在图样上直接读出，需要进行数值换算和数学处理后方可确定。

4. 数控车床的基本功能

数控车床的基本功能包括准备功能（G 功能）、辅助功能（M 功能）、进给功能（F 功能）、刀具功能（T 功能）和主轴功能（S 功能）。

（1）准备功能（G 功能）

准备功能也称为 G 功能（或称为 G 代码），它是用来指令车床工作方式或控制系统工作方式的一种命令。G 功能由地址符 G 和其后的 2 位数字组成（00～99），G00～G99 共 100 种功能，用以指令机床不同的动作，如用 G01 来指令运动坐标的直线进给。

G 代码有单次（非模态）G 代码和模态 G 代码之分，单次 G 代码只限于在被指令的程序段中有效；而模态 G 代码在同组 G 代码出现之前，其代码一直有效，见表 0-5。

表 0-5　G 代码的种类及意义

种类	意义
单次（非模态）G 代码	只在被指令的程序段有效
模态 G 代码	在同组其他 G 代码指令前一直有效

例如，G01 和 G00 是同组的模态 G 代码。

```
G01  X_;
     Z_;        G01 有效
G00  Z_;        G00 有效
```

不同的车床生产厂家，对某些 G 代码定义了不同的功能，但有部分 G 代码在所有车床上都具有相同的意义 GSK980T 系统 G 代码见表 0-6。

表 0-6　GSK980T 系统 G 代码表

G 代码	组别	功能
G00	01	定位（快速移动）
*G01		直线插补（切削进给）
G02		圆弧插补 CW（顺时针）
G03		圆弧插补 CCW（逆时针）
G04	00	暂停，准停
G28		返回参考点
G32	01	螺纹切削
G50	00	坐标系设定

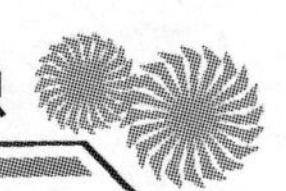

续表

G 代码	组别	功能
G65	00	宏程序命令
G70 G71 G72 G73 G74 G75	00	精加工循环
		外圆粗车循环
		端面粗车循环
		封闭切削循环
		端面深孔加工循环
		外圆、内圆切槽循环
G90 G92 G94	01	外圆、内圆车削循环
		螺纹切削循环
		端面切削循环
G96 G97	02	恒线速开
		恒线速关
*G98 G99	03	每分进给
		每转进给

注：1．带有*记号的 G 代码，当电源接通后，系统处于这个 G 代码的状态。

2．00 组的 G 代码是一次性 G 代码。

3．如果使用了 G 代码一览表中未列出的 G 代码，则会报警，或指令了不具有的选择功能的 G 代码，也会报警。

4．在同一个程序段中可以指令几个不同组的 G 代码，如果在同一个程序段中指令了两个以上的同组 G 代码，则后一个 G 代码分别有效。

5．在恒线速度控制下，可设定主轴最大转速。

（2）刀具功能（T 功能）

刀具功能也称为 T 功能，用于指令加工中所用刀具号及自动补偿编组号的地址字，其自动补偿内容主要指刀具的刀位偏差及刀具半径补偿。在 GSK980T 数控车床中，其数控系统一般规定其后续数字为 4 位数，前 2 位为刀具号，后 2 位为刀具补偿的编组号或同时为刀尖圆弧半径补偿的编组号。

例如，T0203 表示将 2 号刀转到切削位置，并执行第 3 组刀具补偿值；T0100 表示将 1 号刀转到切削位置，不执行刀具补偿，补偿量为零。

（3）主轴功能（S 功能）

主轴转速指令功能由地址 S 和其后的数字表示，目前有 S2（两位数）、S4（四位数）两种表示法，即 S××和 S××××。一般的经济型数控车床用 1 或 2 位约定的代码来控制主轴某一挡位的高速和低速，对于具有无级调速功能的数控车床，则可由后续数字直接指令其主轴的转速（r/min）。另外，对于具有恒线速度切削功能的数控车床，其加工程序中的 S 指令既可指令恒定转速（r/min），也可指令车削时的恒定线速度（m/min），即车削时，其主轴转速随着车削直径的变化而自动变化，始终保持线速度为给定的恒定值。

1）S 两位数。国内的数控车床一般用 1 或 2 位数字约定的代码表示，本书介绍的

GSK980T 数控系统，用 S01 指定为高速，S02 指定为低速，还要用 M 代码来指定主轴旋转的方向，M03 表示正转，M04 表示反转。这里的高速和低速只是相对于某个车床的某个机械挡位而言的。

例如，欲指定车床转速为 560r/min（正转），则先将车床变速挡位打在 1120/560 挡位上（手动），编程时只需在程序段中输入指令 S02、M03，即可实现转速要求（其余转速可类推）。

2）S 四位数。用地址 S 和其后面的四位数直接指令轴的转数（r/min）。例如，S1200 表示主轴恒定转速为 1200r/min。对于具有恒定线速度控制功能的数控系统，则 S 后面的线速度是恒定的，随着车削直径的变化，根据给定线速度计算出主轴转速，使得刀具瞬间的位置与工件表面保持恒定关系。用 G96（恒定线速度控制指令）、G97（指定主轴转速）配合 S 代码来指定主轴的速度。

例如，“G96 S18”表示切削速度为 18m/min；“G97 S1200”表示取消 G96，主轴转速为 1200 r/min。

具体的主轴功能请参阅数控系统的使用说明书。

（4）辅助功能（M 功能）

辅助功能也称 M 功能，用以指令数控车床中的辅助装置的开关动作或状态。辅助功能是由地址 M 及其后续数字（一般为两位数）组成的。

由于数控车床实际使用的是符合 ISO 标准的地址符，其标准程度与 G 指令一样不高，指定代码少，不指定和永不指定代码多，M 功能代码常因数控系统生产厂家及车床结构的差异和规格的不同而有所差别。因此，编程人员必须熟悉具体所使用数控系统的 M 功能指令的功能含义，不可盲目套用。

下面介绍 GSK980T 数控车床常用的 M 代码。

1）程序停止指令 M00。在完成程序段的其他指令后，使主轴回转、进给运动、切削液等均停止，以便于在加工过程中停机检查、测量尺寸，或者手动换刀、手动变速等，均可使用 M00 指令。程序停止后，做好所需工作，再按下启动按钮，即可继续执行后续程序。

2）程序结束指令 M30。该指令用程序的最后一段表示工件已加工完毕，机床运动停止，使数控系统处于复位状态，并返回至程序段开头。

3）主轴控制指令 M03、M04、M05。M03、M04 指令分别控制主轴的正转和反转，并与 S 指令组合，可指令高速、低速的正反转；M05 指令控制主轴停止，并在该程序段中其他指令执行完毕后才执行停止。

4）切削液控制指令 M08、M09。M08 为打开切削液，控制冷却泵的启动；M09 用于关闭切削液。

5）润滑开、关指令 M32、M33。M32 用于开润滑泵，M33 用于关润滑泵。

6）M98 用于调用子程序，M99 用于子程序结束返回。

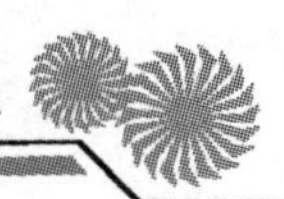

（5）进给功能（F 功能）

在切削零件时，用指定的速度来控制刀具运动和切削的速度称为进给，决定进给速度的功能称为进给功能（也称 F 功能）。对于数控车床，其进给的方式可以分为每分钟进给和每转进给两种。

1）每分钟进给。每分钟进给即刀具每分钟走的距离，单位为 mm/min，与车床转速无关，其进给速度不随主轴转速的变化而变化。这和普通车床的进给量概念有区别。这种方式用 G98 配合指令（或不用指令），现在大多数经济型数控车床都采用这种进给方式。有些初学者对 F 功能的数值确定往往不合理，这主要是缺少切削方面知识的缘故。确定 F 功能数值的公式如下：

F 功能数值= 车床转速×所选进给量

上式适用于每分钟进给方式。如车削一外圆，主轴转速分别定为 400r/min 和 600r/min，而进给量都选为 0.3mm/r，则 F 功能的数值分别为 F120 和 F180。但相对于切削进给运动而言，它的恒定进给量都是一致的，不会因主轴转速的变化而变化。车床转速和所选进给量，都是根据材料种类、直径大小、刀具的吃刀量等因素而定的，与普通车床的进给量选择基本一致。

2）每转进给。每转进给是车床主轴每转一圈，刀具向进给方向移动的距离，单位为 mm/r。主轴每转刀具的进给量用 F 数值直接指令，用 G99 配合指令，如 G99 F0.3 表示主轴每转一圈，刀具向进给方向移动 0.3mm，与普通车床的进给量概念完全相同。其运行的速度是随主轴的变化而变化的。

注：对于 F 功能数值的指定范围，要参照车床系统说明书中所规定的数值范围进行设定，不可超出指定的范围。

5. 程序的结构及程序段的格式

（1）程序的结构

一个完整的程序由程序号、程序内容和程序结束部分三部分组成。

例如：

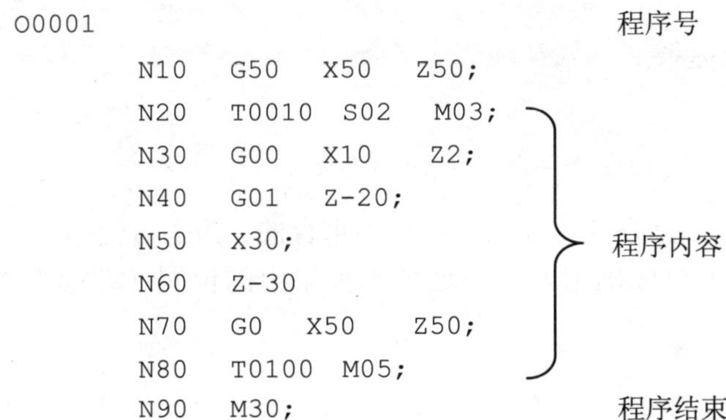

```
O0001                                程序号
      N10  G50  X50  Z50;
      N20  T0010  S02  M03;   ⎫
      N30  G00  X10   Z2;     ⎪
      N40  G01  Z-20;         ⎪
      N50  X30;               ⎬  程序内容
      N60  Z-30               ⎪
      N70  G0  X50   Z50;     ⎪
      N80  T0100  M05;        ⎭
      N90  M30;                      程序结束
```

1）程序号。程序号即程序的开始部分，为了区别存储器中的程序，每个程序都要有程序号，在编号前采用程序号地址码。如在 GSK980T 系统中，一般采用英文字母 O 作为程序号地址，而其他系统有的采用 P、%以及"："等。

2）程序内容。程序内容部分是整个程序的核心，它由许多程序段组成，每个程序段由一个或多个指令构成，表示数控机床要完成的全部动作。

3）程序结束部分。程序结束部分以程序结束指令 M02 或 M30 作为整个程序结束的符号来结束整个程序。如在 GSK980T 系统中，采用 M30 来结束整个程序。

（2）程序段格式

零件的加工程序是由程序段组成的，每个程序段由若干个数据字组成，每个字是控制系统的具体指令，它是由表示地址的英文字母、特殊文字和数字集合而成的。

程序段格式是指一个程序段中字、字符、数据字的书写规则，这里介绍常用的字—地址程序段格式。

字—地址程序段格式由程序号、数据字和程序段结束部分组成。各字前有地址，各字的排列顺序要求不严格，数据的位数可多可少，不需要的字以及与上一程序段相同的续效字可以不写。该格式的优点是程序简短、直观以及容易检验、修改，目前已得到广泛使用。

字—地址程序段格式如下：

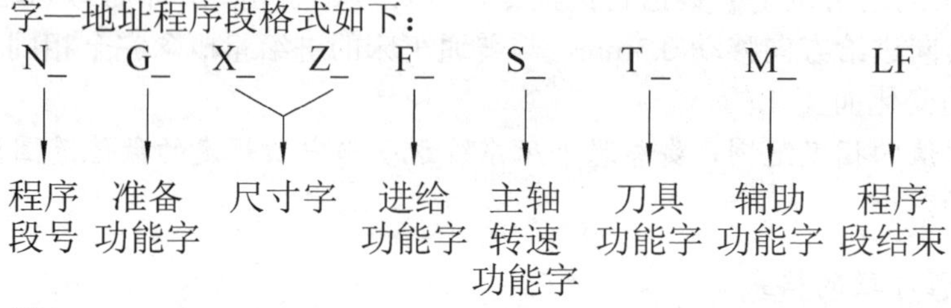

例如：

```
N20  G01  X25  Z-36  F100  S02  T0300  M03;
```

6. 通用 G 代码

（1）G50——设定工件坐标系

格式：

```
G50    X(α)  Z(β)；α、β为刀尖距工件坐标系原点的距离
```

工件安装在卡盘上，机床坐标系与工件坐标系是不重合的。为了方便编程，应建立一个工件坐标系，同时编程人员应确定刀尖在这个坐标系中的位置（即起刀点），如图 0-28 所示。

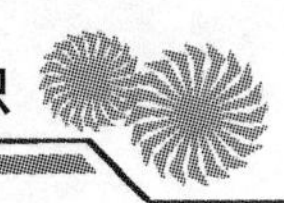

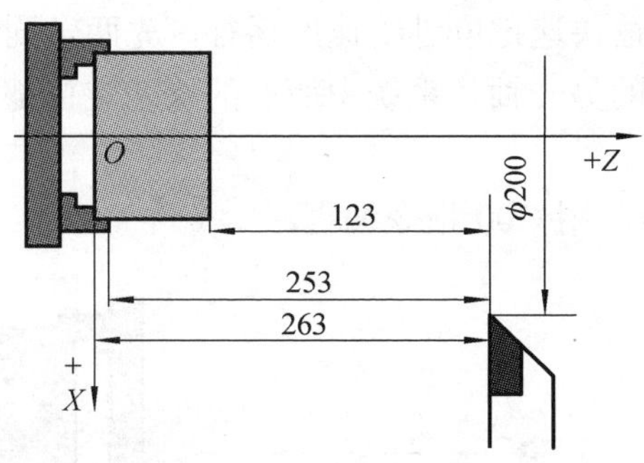

图 0-28　起刀点位置

用“G50 X（α）Z（β）”指令所建立的坐标系，是一个以工件原点为坐标系原点，确定刀具当前所在位置的工件坐标系。这个坐标系的特点如下：

1）*X* 方向的坐标零点在主轴回转中心线上。

2）*Z* 方向的坐标零点可以根据图样技术要求设在右端面或左端面，也可以设在其他位置。

Z 坐标零点设置的方法如表 0-7 所示。

表 0-7　*Z* 坐标零点设置的方法

Z 坐标零点设置	设在工件左端面	设在工件右端面	设在卡盘端面
程序	G50 X200 Z263;	G50 X200 Z123;	G50 X200 Z253;
刀尖距原点距离	*X*=200，*Z*=263	*X*=200，*Z*=123	*X*=200，*Z*=253

注：在不清楚刀具位置时，不要用 G50 进行工件坐标系设置。

（2）G00——快速定位

G00 功能通过溜板箱和刀架移动使刀具以车床所给定的快速进给速度移动到目标点。G00 快速定位指令的移动速度与前程序段中选用的进给速度无关。

格式：

```
N4  G00  XU  ±43  ZW  ±43  F4
```

参数含义：

N4——4 位数字的程序段号（N0000～N9999）；

G00——快速定位代码；

X、Z——绝对编程时的目标点坐标，mm；

U、W——相对编程时的目标点坐标，mm；

F——快速进给速度；

±43——表示数值为小数点前 4 位，小数点后 3 位（取值范围 0～9999.999）。

G00 指令的运行轨迹按快速定位进给速度运行，先两轴同量同步进给做斜线运动，走完较短的轴，再走较长的另一轴。系统中所有的快速定位都是按这样的路线运动的，如图 0-29 所示。

例如，如图 0-30 所示，用 G00 指令编程。

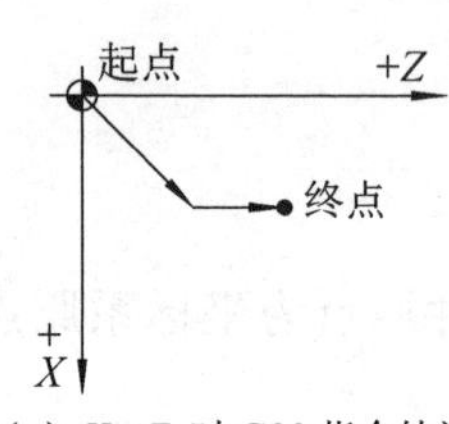

（a）$X<Z$ 时 G00 指令轨迹

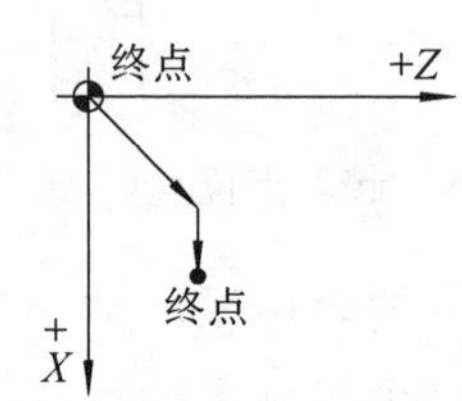

（b）$X>Z$ 时 G00 指令轨迹

图 0-29　G00 起刀路线

图 0-30　G00 编程

直径编程：

```
G00  X40     Z56;(绝对)
G00  U-60    W-36;(相对)
G00  X40     W-36;(混合)
G00  U-60    Z56;(混合)
```

注：① 在运行 G00 指令时，对应的坐标值选择原则是要防止刀架、刀具与卡盘、工件碰撞；对不适合联动的场合，两轴可以单动。

② 目标点的坐标值可以用绝对值，也可以用相对值，甚至可以混合使用（图 0-30）。如果起点与目标点有一个坐标值没有变化，此坐标值可以省略。

（3）G01——直线插补

G01 功能用于刀具直线插补运动。它通过程序段中的信息，使机床各坐标轴上产生与其移动距离成比例的速度。格式：

```
N4  G01  XU±43  ZW±43  F4
```

参数含义：

N4——4 位数字的程序段号（N0000～N9999）；

G01——直线插补代码；

X、Z——绝对编程时的目标点坐标，mm；

U、W——相对编程时的目标点坐标，mm；

F——切削进给速度；

±43——表示数值为小数点前 4 位，小数点后 3 位（取值范围 0~9999.999）。

G01 指令的运动轨迹按切削进给速度运行，以一定的切削进给速度，刀具从起点 *A* 沿直线切削至目标点 *B*，如图 0-31 所示。

例如，如图 0-32 所示，用 G01 指令编程。

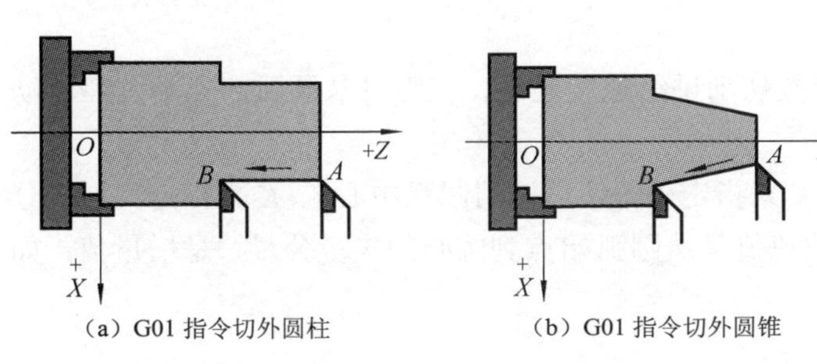

（a）G01 指令切外圆柱　（b）G01 指令切外圆锥

图 0-31　G01 走刀路线

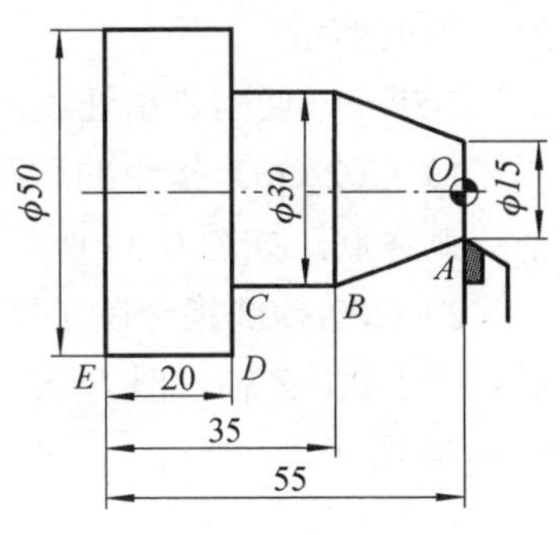

图 0-32　G01 编程

从工件原点依次往 *A*、*B*、*C*、*D*、*E* 点的外轮廓加工

```
N_G01 X15 Z0 F50;  A(X15,Z0)

N_G01 X30 Z-20;    B(X30,Z-20)

N_G01 X30 Z-35;    C(X30,Z-35)

N_G01 X30 Z-35;    D(X50,Z-35)

N_G01 X50 Z-55;    E(X50,Z-55)
```

G01 中没有 F 值的程序段默认为上个程序段的 F50。

注：① G01 指令只做精加工直线插补，不能加工圆弧插补。

② 使用 G01 指令可以实现纵向切削、横向切削、锥度切削等形式的直线插补运动。

③ 本书以后的例题都采用绝对坐标编程。

（4）G02、G03——圆弧插补

格式：

```
N_ G02/G03  X(U)_Z(W)_R_  F;
N_ G02/G03  X(U)_Z(W)_I_  K_ F_;
```

参数含义：

N——程序段号；

G02——逆时针圆弧插补；

G03——顺时针圆弧插补；

R——圆弧半径；

I、K——圆心相对于圆弧起点的增量坐标，其中 *I* 为半径增量（即 *X* 方向增量），*K* 为 *Z* 方向增量；

F——切削进给速度。

1）G02/G03 指令的运动轨迹按切削进给速度进行，使刀具从圆弧起点沿圆弧移动至圆弧终点，如图 0-33 所示。

2）G02/G03 指令除了用半径 *R* 来指定外，还可以用圆弧中心 *I*、*K* 来指定。它们分别对应于 *X*、*Z* 轴，但 *I*、*K* 后面的数值是从圆弧始点到圆心的矢量分量，是增量值，如图 0-34 所示。

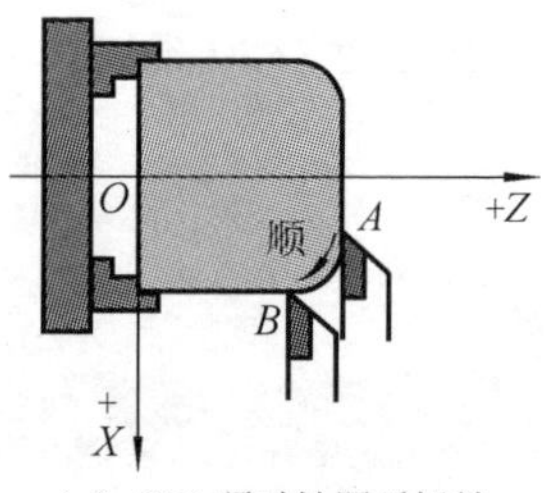

（a）G03 顺时针圆弧插补

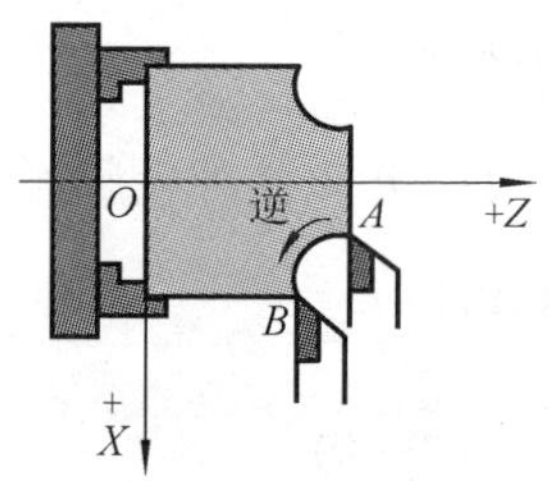

（b）G02 逆时针圆弧插补

图 0-33　*G*02/*G*03 运动轨迹

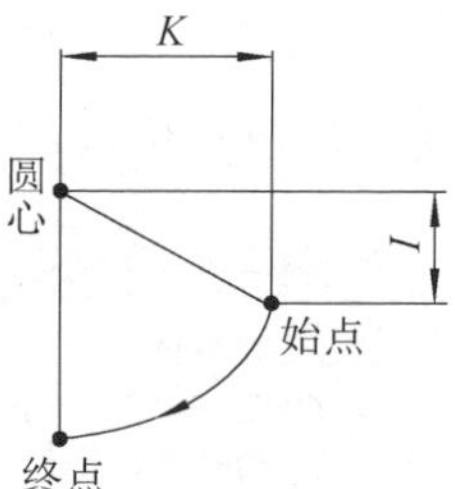

图 0-34　*I*、*K* 参数

如图 0-35 所示，分别用 *R*、（*I*、*K*）值来加工 *A* 与 *B* 之间的圆弧。

R 值的指令：

```
G03  X60  Z-15  R15  F50;
```

I、*K* 值的指令：

```
G03  X60  Z-15  I0  K-15  F50;
```

例如，如图 0-36 所示，用 G02/G03 编程。

从工件原点依次往 *A*、*B*、*C*、*D*、*E* 点的外轮廓加工 *R* 值。

```
N_G03 X30 Z-15 R15 F50;  A(X30,Z-15)
N_G01 X30 Z-30;          B(X30,Z-30)
N_G02 X50 Z-40 R10;      C(X50,Z-40)
N_G01 X50 Z-60;          D(X50,Z-60)
```

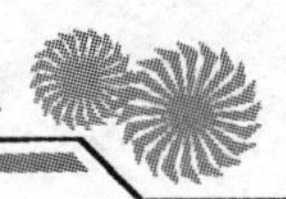

I、*K* 值：

```
N_G03  X30  Z-15  I0  K-15  F50;
N_G02  X50  Z-40  I10  K0;
```

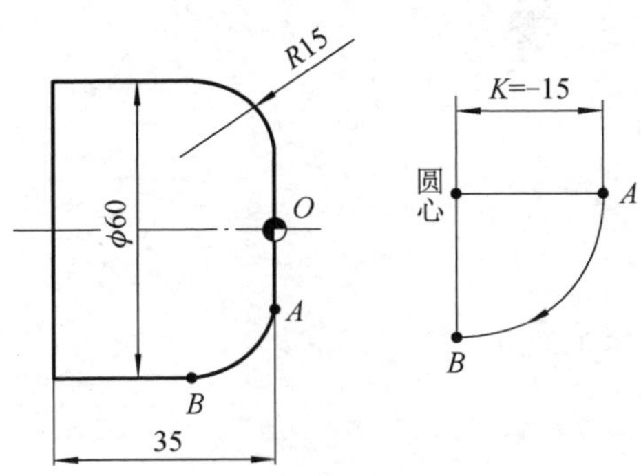

图 0-35　圆弧编辑

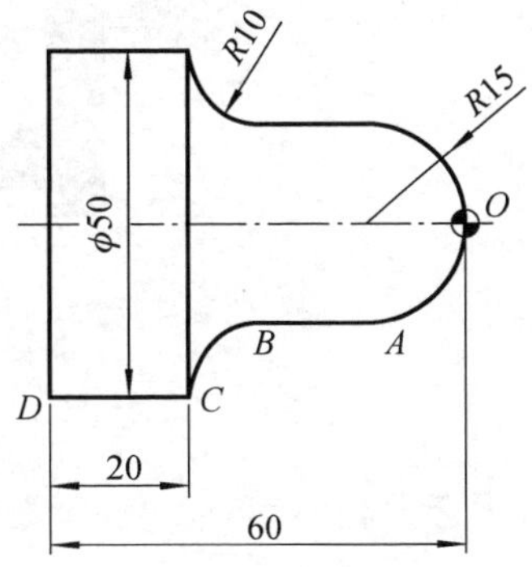

图 0-36　*G*02/*G*03 编程

注：① I0、K0 可以省略。

② *X*、*Z* 同时省略表示终点和始点是同一位置，用 *I*、*K* 指定圆心时，为 360° 的圆弧。

③ *I*、*K* 和 *R* 同时指定时，*R* 有效，*I*、*K* 无效。

例如：

```
G02 X_ Z_ R_ I_ K_;
```

④ 使用 *I*、*K* 时，在圆弧的始点和终点即使有误差，也不报警。

（5）G04——暂停延时指令

该指令可使刀具作短时间（*n*s）的停顿，以进行进给光整加工。该指令主要用于车削环槽、不通孔和自动加工螺纹等场合，如图 0-36 所示。

格式：

```
G04 P_;或 G04 X;或 G04 U_;
```

参数含义：

G04——暂停时间代码；

P、U、X——暂停时间参量，输入范围为 0.001～99999.99s（单位为秒）。

例如，如图 0-37 所示，用 G04 指令编程。

```
N100  G04  P2000;
N110  G00  X50  Z30;
```

程序表示停顿 2s 以后，再执行 110 号程序段。

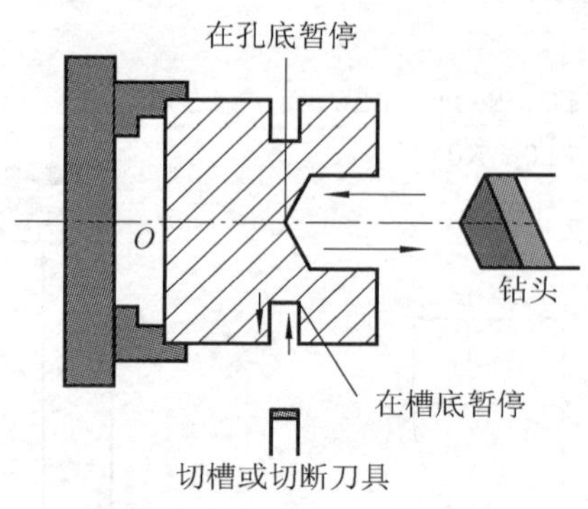

图 0-37　暂停指令 G04 的运用

0.3.2　工艺分析

图样分析、工艺分析同 1.2 节。

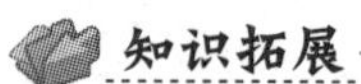

数控走心机

数控走心机［图 0-38（a）］与一般数控车床［图 1-39（a）］相比，其具备车铣复合功能，特别适合细长轴类及小型复杂旋转零件的大批量、多品种、高精度的加工任务，可实现小型零件的高效率、高精度的批量生产，各项技术参数和性能指标均达到国际同类机床先进水平。加工的小型精密零件和复杂复合零件，直径为 $\phi2$～$\phi15$mm、$\phi4$～$\phi20$mm 等多种规格。在各型号规格中，数控走心机分成以下两种类型。

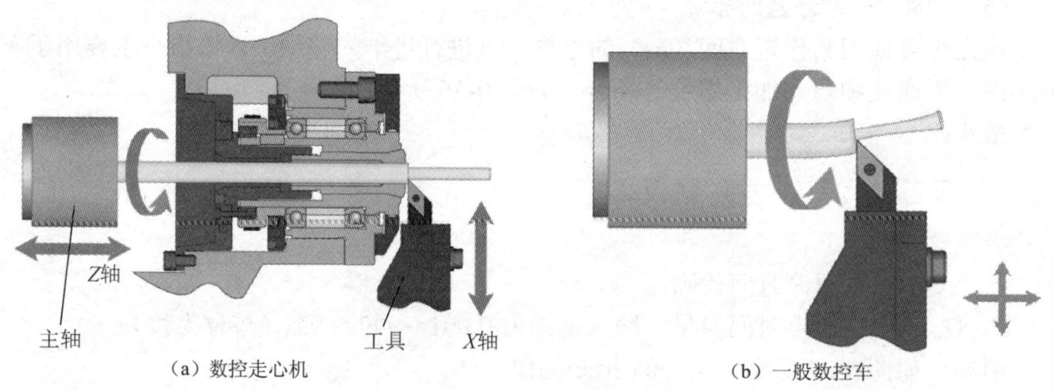

图 0-38　一般数控车与数控走心机

1）基本型——能车削加工外圆、圆弧、锥面、球面、端面，镗内孔，车削内外公/英制螺纹，切槽，钻孔，滚花，推拉槽，刚性攻螺纹等。加工材料适应范围

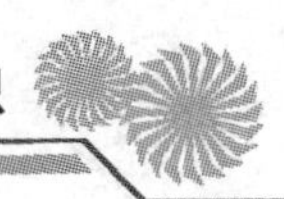

广，冷拉或磨光棒料，方拉光型材、三角形或异形型材、PVC 等各类光滑型材。加工材料的材质范围：铜、铝等有色金属、易车铁、不锈钢，如 sus303、sus314、sus416 等、45 号钢、40Cr、钛合金、纯钨（HRC60 的硬度）等材料。

2）复合型——配有带侧面加工功能系统，除能加工上述类型及材质范围外，还能用于侧面的复合加工，如铣削多面体、铣槽、铣网纹斜槽、铣曲面弧形、侧面钻孔及刚性攻螺纹、刻字等多项复合加工工序。复合型走心机如图 0-39 所示。

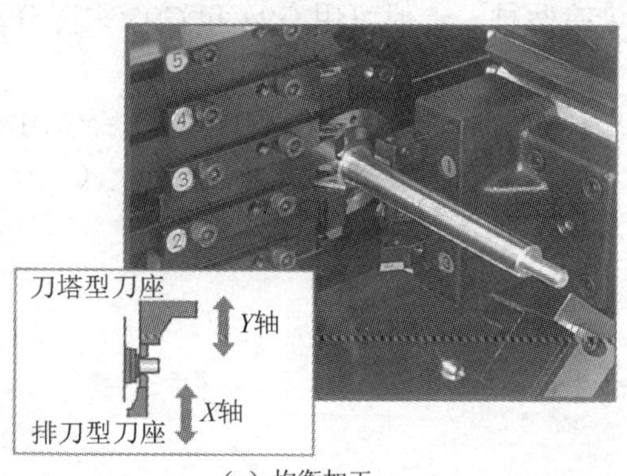

（a）均衡加工

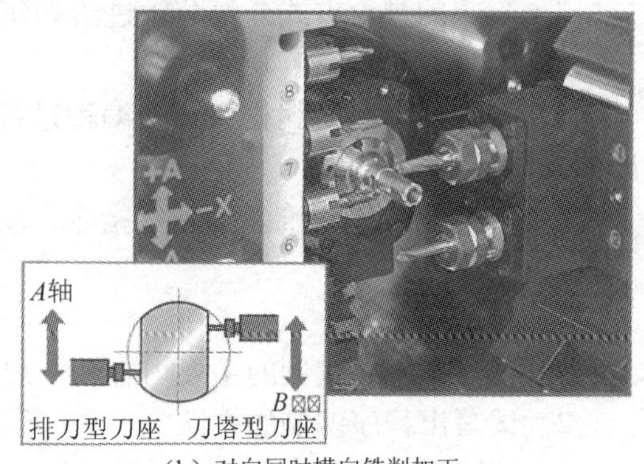

（b）对向同时横向铣削加工

图 0-39　复合型走心机

和普通数控车床相比最大的区别：走心机的材料在动，走刀机是刀在动。

1）一次装夹不停主轴可以车削 130mm 的零件，如果车一个 5mm 的零件，走刀机、走心机都可以车，但走心机一次车出 20 多个零件后才需要停车送料。

2）走心车床切削时永远在材料固定最近位置，所以刚性非常好。在车夹紧零件之后，刀具贴住夹紧位置几毫米的地方车削，刚性会较差。

3）走心机都是车铣一体的，一次加工成形的复杂程度也非走刀机可比（原来有老式自动车，俗称凸轮机车床，而现在更高级的 CNC 自动车床，称为走心车床或纵切车床），主要是主轴 Z 向前后移动，而刀可以 X、Y 移动，可以实现立体加工，一次成形。

思考与练习

一、填空题

1．一个完整的程序由________、________和________三部分组成。

2．________、________指令分别控制主轴的正转和反转，并与 S 指令组合，可指

令________、________的正反转。

3．切削液控制指令分别是________、________。

4．数控机床的坐标系一般用________来确定。

二、判断题

1．数控机床坐标轴一般采用右手定则来确定。 （ ）

2．车床的进给方式分每分钟进给和每转进给两种，一般可用 G94 和 G95 来区分。 （ ）

3．编程坐标系是编程人员在编程过程中所用的坐标系，其坐标的建立与所使用车床的坐标系相一致。 （ ）

4．M00 指令属于准备功能字指令，功能是使主轴停转。 （ ）

三. 简答题

1．试写出程序编制的主要内容和一般过程。

2．试写出程序编制的方法。

3．试写出数控车床的基本功能。

项目1

内外轮廓的编程与加工

项目概述

本项目主要介绍各种外圆、内孔、圆锥及沟槽零件的粗、精加工方法，编制零件的加工工艺和加工程序，并在加工后完成质量检验和质量分析。

项目目标

- 掌握单一指令的编程格式和方法。
- 掌握复合循环指令的编程格式和方法。
- 能根据零件的几何形状、材料，合理地选择切削用量和加工方法。

技能目标

- 能运用编程指令完成零件加工程序的编制。
- 能进行机床操作并完成零件的加工。
- 能完成零件的质量检验和质量分析。

规范标准

- 《数控车工国家职业标准》。

任务1.1 电动机转轴零件的编程与加工

任务描述

典型的轴类零件（图 1-1）也是最常用的零件，广泛用于回转轴等场合。本任务通过识读零件图，明确台阶轴零件的组成结构及加工尺寸要求，完成加工工艺分析，合理选择加工参数，合理选择外圆轮廓形状加工所需的相关刀具和量具，完成零件的编程和加工。

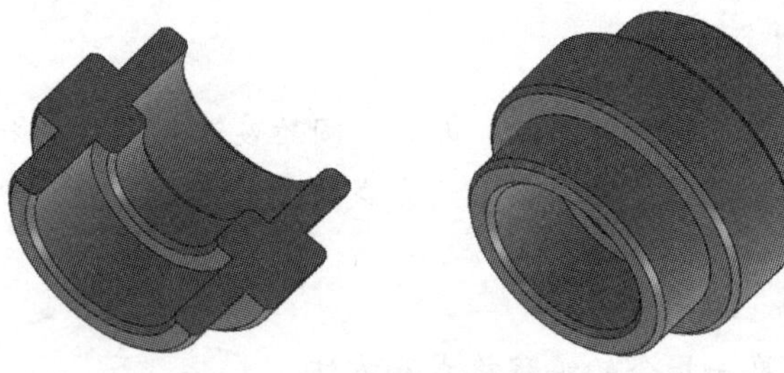

图 1-1　轴类零件

任务目标

1．掌握对刀的方法与操作步骤。
2．掌握简单零件的工艺分析。
3．掌握单一循环程序的编制方法。
4．能根据数控车床安全操作规程进行零件的加工。

1.1.1　工艺分析

1．图样分析

根据图样（图 1-2）得知，图 1-2 所示是一个典型的轴套类零件，材料为 45 号钢，整体结构简单，呈对称形状，尺寸精度要求一般，适合数控车加工。外圆尺寸精度为 $\phi48_{-0.039}^{\ 0}$ mm，外圆台阶尺寸精度为 $\phi38_{-0.039}^{\ 0}$ mm，内孔尺寸精度为 $\phi28_{\ 0}^{+0.033}$ mm，通孔尺寸精度为 $\phi20_{\ 0}^{+0.033}$ mm，总长尺寸精度为(49±0.02)mm，所有加工表面粗糙度 *Ra* 值为 3.2μm。两端台阶长度尺寸需按对称方式计算获得。

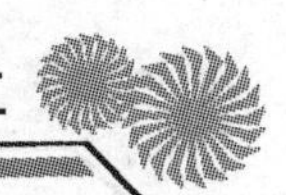

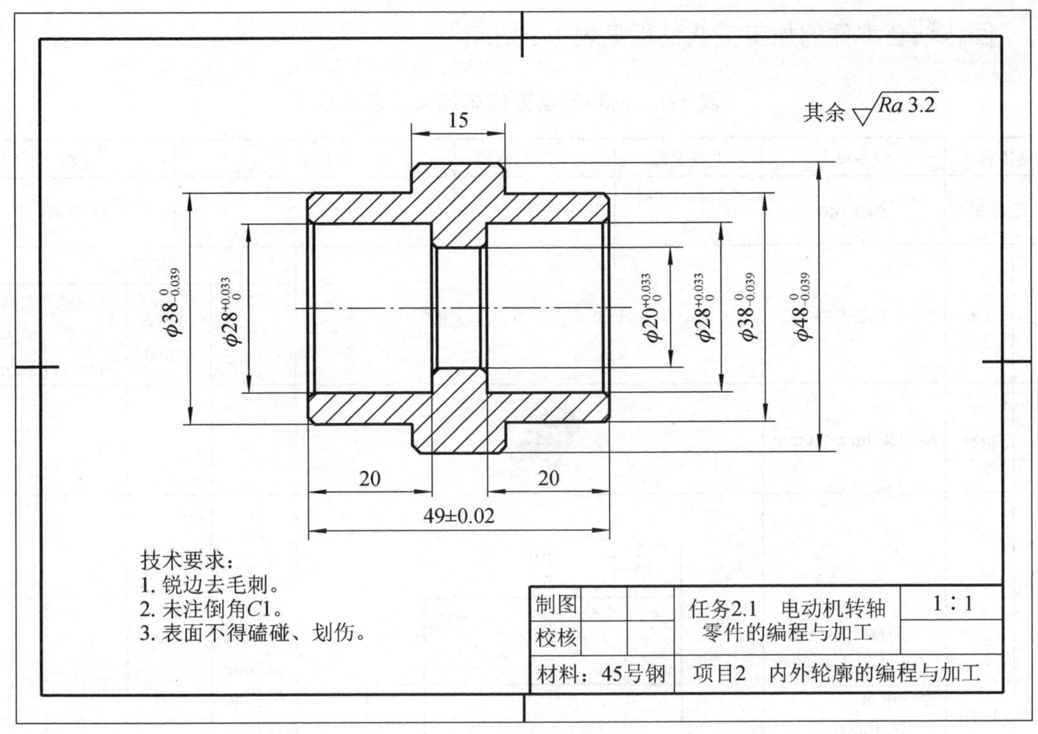

图 1-2　零件图

2. 工艺编制

根据零件结构及精度要求，通过两次装夹即可完成加工，但在掉头加工时总长（49±0.02）mm 是要通过测量台阶尺寸 *B* 来保证（图 1-3）的，*B* 尺寸要根据 *A* 尺寸的实际尺寸通过尺寸链的计算确定，其中中间台阶尺寸“15”按未注公差 IT12 等级计算。

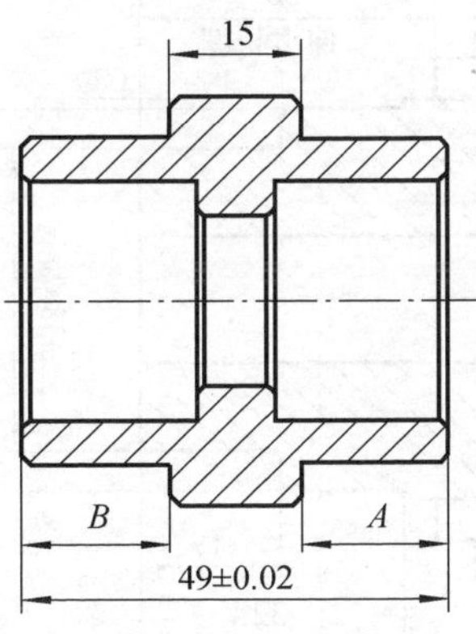

图 1-3　*A*、*B* 尺寸

回转轴套零件的加工工艺过程见表 1-1 所示。

表 1-1　回转轴套数控车加工工艺过程

设备名称	设备型号	夹具名称	零件名称	零件图号	材料
数控车	CK6140	三爪自定心卡盘	回转轴套	图 1-2	45 号钢

序号	名称	工序内容	工序（或工具）示意图	切削用量：刀具	切削用量：转速 S/(r/min)	切削用量：进给速度 F/(mm/r)	切削用量：切削深度/mm
1	备料	棒料 ϕ50mm×50mm					
2	钻孔	1．夹持毛坯外圆，工件伸出卡盘长度为 36mm。 2．钻中心孔。 3．钻 ϕ16mm 底孔（通孔）		中心钻；ϕ16mm 锥柄麻花钻；尾座夹持	800 500	手动	
3	车削外轮廓	1．车端面，达到表面粗糙度 Ra 值为 3.2μm。 2．粗车各段外圆。 3．半精车、精车各段外圆至 $\phi48_{-0.039}^{\ 0}$ mm，$\phi38_{-0.039}^{\ 0}$ mm，$C1$ 尺寸要求。表面粗糙度 Ra 值为 3.2μm		T01	600（粗）	0.2	1.5
				T02	1200（精）	0.1	0.25

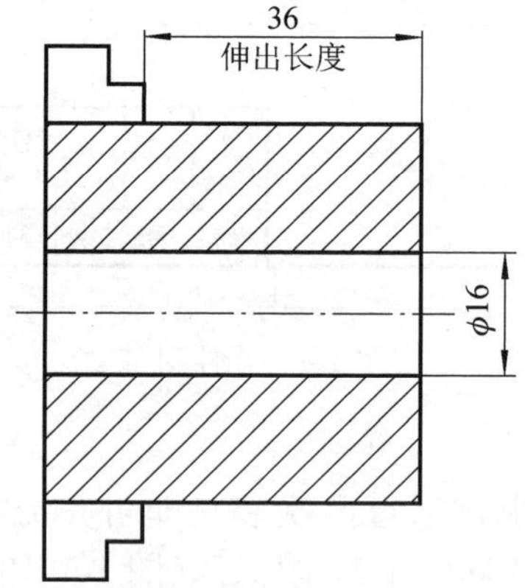

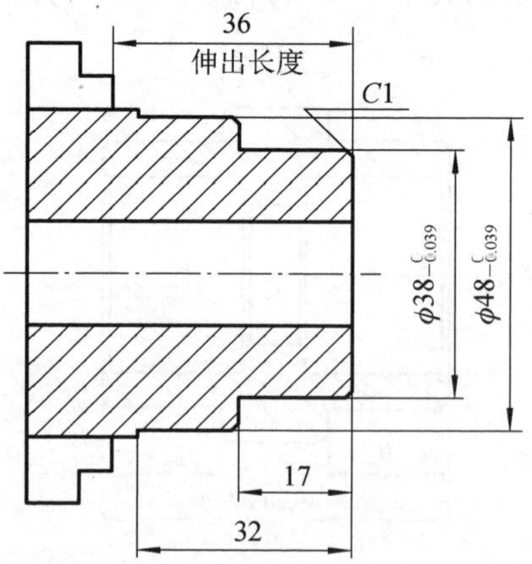

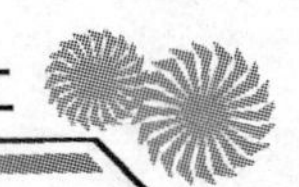

续表

序号	名称	工序内容	工序（或工具）示意图	切削用量			
				刀具	转速 S /(r/min)	进给速度 F /(mm/r)	切削深度 /mm
4	车削内轮廓	1．粗车内孔。 2．半精车、精车内孔至 $\phi28_{-0.039}^{0}$ mm、$\phi20_{-0.039}^{0}$ mm 尺寸要求，表面粗糙度 *Ra* 值为 3.2μm	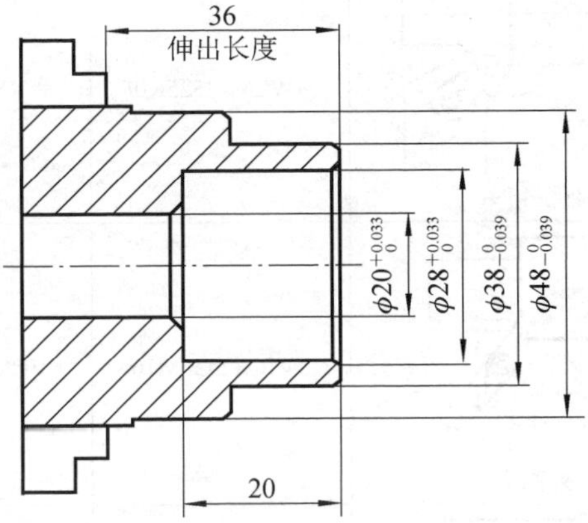	T03	600（粗） 1000（精）	0.2 0.1	1 0.2
5	掉头加工内外轮廓	1．车端面，保证总长（49±0.02）mm 要求。 2．粗精车各段外圆达到图样尺寸要求		T01	600	0.2	1.5
				T02	1200	0.1	0.25
				T03	600 1000	0.2 0.1	1 0.2
6	零件检测	1．测量外轮廓各项尺寸要求。 2．测量内轮廓各项尺寸要求。 3．测量长度尺寸要求	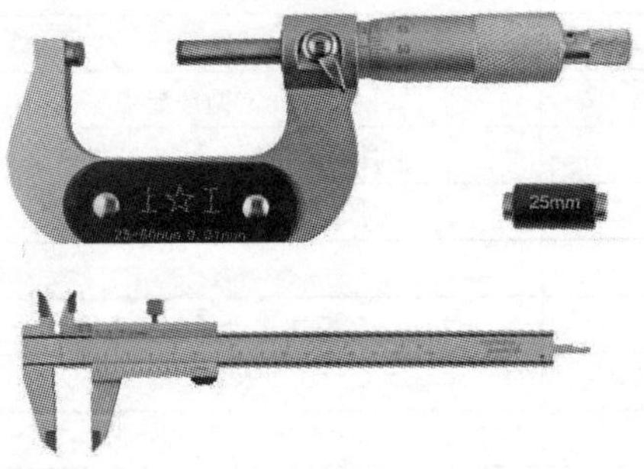				

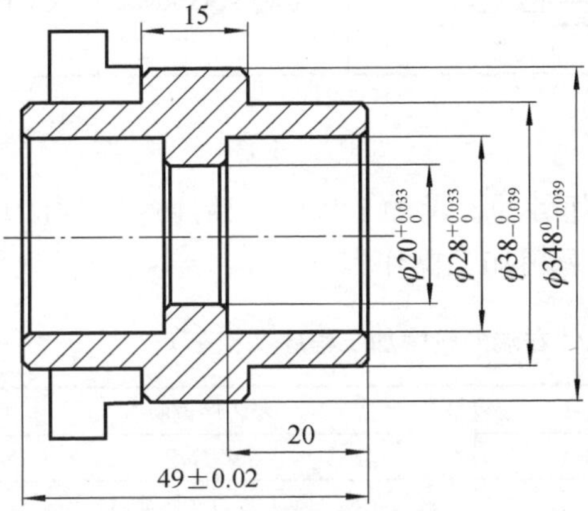

回转轴套数控车加工刀具卡见表 1-2。

表 1-2　回转轴套数控车加工刀具卡

序号	刀具号	刀具名称	刀具规格	刀片规格	加工表面
1	T01	95° 外圆粗车刀	MWLNR2525K08	WNMG080404	外圆、端面
2	T02	93° 外圆尖刀	SVJCR2525M16	VCMT160404	精车外圆
3	T03	内孔镗刀	S16Q-SCLCR09	CCMT09T304HQ	内孔粗、精车

1.1.2　程序编制

表 1-3～表 1-8 为本任务的参考加工程序，请注意领会表中程序说明的含义。详情参见视频“工件右端外轮廓粗加工操作”。

表 1-3　工件右端外轮廓加工程序（粗车）

程序内容	程序说明
O0001;	程序名
T0101;	换 1 号刀（外圆刀）
M03 S600;	主轴正转，转速 600r/min
M08;	开冷却液
G00 X52.0 Z2.0;	固定循环起点
G90 X47.0 Z-17.0 F0.2;	调用固定循环加工圆柱表面
X44.0;	固定循环模态调用，以下同
X41.0;	
X39.0;	精加工余量为 1.0mm
M09;	关冷却液
G00 X100.0 Z100.0;	
M30;	主轴停转，程序结束，并返回程序开头

扫码观看视频

工件右端外轮廓粗加工操作

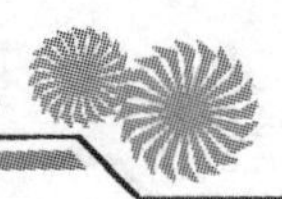

参见视频“工件右端外轮廓半精加工操作”。

表 1-4　工件右端外轮廓加工程序（半精车）

程序内容	程序说明
O0001;	程序名
T0202;	换 2 号刀（外圆刀）
M03 S1200 F0.1;	主轴正转，转速 1200r/min，进给速度 0.1mm/r
M08;	开冷却液
G00 X40.0 Z2.0;	刀具定位
G90 X36.5 Z0.0;	半精加工
X38.5 Z-1.0;	
Z-17.0;	
X46.5;	
X48.5 Z-18.0;	
Z-32.0;	
G00 X100.0 Z100.0;	
M30;	主轴停转，程序结束，并返回程序开头

扫码观看视频

工件右端外轮廓半精加工操作

参见视频“工件右端外轮廓精加工操作”。

表 1-5　工件右端外轮廓加工程序（精车）

程序内容	程序说明
O0011;	程序名
T0202;	换 2 号刀（外圆刀）
M03 S1200 F0.1;	主轴正转，转速 1200r/min，进给速度 0.1mm/r
M08;	开冷却液
G00 X40.0 Z2.0;	刀具定位
G01 X36.0 Z0.0;	精加工
X38.0 Z-1.0;	
Z-17.0;	
X46.0;	
X48.0 Z-18.0;	
Z-32.0;	
G00 X100.0 Z100.0;	
M30;	主轴停转，程序结束，并返回程序开头

扫码观看视频

工件右端外轮廓精加工操作

参见视频“工件右端内轮廓粗加工操作”。

表 1-6　工件右端内轮廓加工程序（粗车）

程序内容	程序说明
O0002;	程序名
T0303;	换 3 号刀（内孔车刀）
M03 S600;	主轴正转，转速 600r/min
M08;	开冷却液
G00 X14.0 Z2.0;	固定循环起点
G90 X16.0 Z-30.0 F0.2;	调用固定循环加工内孔
X18.0;	固定循环模态调用，以下同
X19.0;	精加工余量为 1.0mm
X20.0 Z-20;	
X22.0;	
X24.0;	
X26.0;	
X27.0;	精加工余量为 1.0mm
M09;	关冷却液
G00 Z100.0;	
X100.0	
M30;	主轴停转，程序结束，并返回程序开头

扫码观看视频

工件右端内轮廓粗加工操作

参见视频“工件右端内轮廓半精加工操作”。

表 1-7　工件右端内轮廓加工程序（半精车）

程序内容	程序说明
O0021;	程序名
T0303;	换 3 号刀（内孔车刀）
M03 S1000 F0.1;	主轴正转，转速 1000r/min，进给速度 0.1mm/r
M08;	开冷却液
G00 X25.0 Z2.0;	刀具定位
G90 X29.5 Z-1.0;	精加工
X27.5 Z-1.0;	
Z-20.0;	
X21.5;	

扫码观看视频

工件右端内轮廓半精加工操作

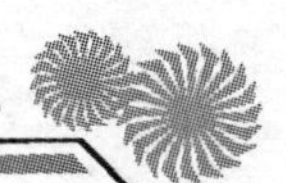

续表

程序内容	程序说明
X19.5 Z-21.0;	
Z-30.0;	
G00 Z100.0;	
X100.0;	
M30;	主轴停转，程序结束，并返回程序开头

参见视频“工件右端内轮廓精加工操作”。

表 1-8　工件右端内轮廓加工程序（精车）

程序内容	程序说明
O0021;	程序名
T0303;	换 3 号刀（内孔车刀）
M03 S1000 F0.1;	主轴正转，转速 1000r/min，进给速度 0.1mm/r
M08;	开冷却液
G00 X25.0 Z2.0;	刀具定位
G90 X30.0 Z0.0;	精加工
X27.5 Z-1.0;	
Z-20.0;	
X22.0;	
X20.0 Z-21.0;	
Z-30.0;	
G00 Z100.0;	
X100.0;	
M30;	主轴停转，程序结束，并返回程序开头

扫码观看视频

工件右端内轮廓精加工操作

注：工件左端和右端对称，所以工件左端程序略。

1.1.3　零件加工

1. 确定机床

针对任务零件，其最大外形尺寸为ϕ50mm，而且加工精度要求不是很高，目前市场上见到的数控车床基本能满足以上要求，故选用系统 FANUC-0i-T 系列经济型，型号 CAK6140，无级变速，前置刀架（机床选择满足加工要求即可），见表 1-9。

表 1-9 机床配备清单

序号	名称	型号	数量
1	数控车床	CK6140 FACUK-0i-Tc	10
2	卡盘扳手	200mm 卡盘用	10
3	刀架扳手	水平回转四工位刀架	10
4	铁屑钩子		10
5	毛刷		10

2. 确定材料

备料建议清单见表 1-10。

表 1-10 备料建议清单

序号	材料	规格/mm	数量
1	PVC 棒	ϕ50×90（程序调试用） 	1 段/人
2	45 钢	ϕ50×90 	1 段/人

3. 操作步骤

1）开机，X、Z 轴回参考点。

2）装夹工件，安装刀具，检查刀尖中心高度是否正确。

3）切换 MDI 模式，输入 M03 指令启动主轴，输入 T 指令选择刀具。

4）切换 JOG 模式，装入锥柄钻头，移动尾座，完成底孔加工。

5）切换 EDIT 模式输入加工程序，并检查程序的正确性（也可进入程序模拟状态，通过图形化功能检查程序是否正确）。

6）切换手轮模式，进行对刀，完成刀具长度补偿和建立工件坐标系工作。

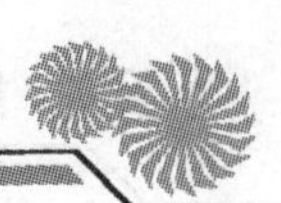

7）切换 MDI 模式，校验对刀的正确性。

8）切换 MEMORY 模式，按下程序启动键，完成零件粗加工。

9）测量加工表面，计算加工精度，如有偏差，在刀具磨耗菜单下进行补偿。

10）调用精加工程序，完成零件的加工。

11）重复以上步骤 6）～10），完成所有要素的加工任务。

12）卸下工件和刀具，完成机床保养工作。

1.1.4　操作测评

加工完此工件后，请按照表 1-11 进行评分并得出成绩。

表 1-11　评分表

序号	项目	检验内容		分值	评分标准	实测	得分
1	右端外圆	$\phi 48^{0}_{0.039}$ mm	尺寸公差	7	每超差 0.01mm 扣 1 分		
2			*Ra* 值为 3.2μm	2	每降一级扣 1 分		
3		$\phi 38^{0}_{-0.039}$ mm	尺寸公差	7	每超差 0.01mm 扣 1 分		
4			*Ra* 值为 3.2μm	2	每降一级扣 1 分		
5	右端内孔	$\phi 28^{+0.033}_{0}$ mm	尺寸公差	7	每超差 0.01mm 扣 1 分		
6			*Ra* 值为 3.2μm	2	每降一级扣 1 分		
7		$\phi 20^{+0.033}_{0}$ mm	尺寸公差	7	每超差 0.01mm 扣 1 分		
8			*Ra* 值为 3.2μm	2	每降一级扣 1 分		
9	左端外圆	$\phi 48^{0}_{-0.039}$ mm	尺寸公差	7	每超差 0.01mm 扣 1 分		
10			*Ra* 值为 3.2μm	2	每降一级扣 1 分		
11		$\phi 38^{0}_{-0.039}$ mm	尺寸公差	7	每超差 0.01mm 扣 1 分		
12			*Ra* 值为 3.2μm	2	每降一级扣 1 分		
13	左端内孔	$\phi 28^{+0.033}_{0}$ mm	尺寸公差	7	每超差 0.01mm 扣 1 分		
14			*Ra* 值为 3.2μm	2	每降一级扣 1 分		
15		$\phi 20^{+0.033}_{0}$ mm	尺寸公差	7	每超差 0.01mm 扣 1 分		
16			*Ra* 值为 3.2mm	2	每降一级扣 1 分		
17	长度	15mm		7	每超差 0.01mm 扣 1 分		
18		20mm		7	每超差 0.01mm 扣 1 分		
19		20mm		7	每超差 0.01mm 扣 1 分		
20		（49±0.02）mm		7	每超差 0.01mm 扣 1 分		
21	文明生产	发生重大安全事故取消加工资格；每违反一项规定，总分扣除 5 分					
22	其他项目	工件不完整，局部有缺陷（如夹伤、刮痕等），酌情扣分					
23	程序编制	程序中严重违反工艺规程的取消加工资格，其他问题酌情扣分					
合计							

1.1.5 相关知识

1. 编程指令

项目 1 介绍了单一编程指令，由于本项目零件需要进行粗加工及余量的去除，重复走刀次数较多，下面将采用循环程序进行编程。

（1）G90——圆柱面切削循环

格式：

```
G90  X(U)_Z(W)_F_;
```

参数含义：

G90——圆柱面切削循环代码；

X、Z——切削终点坐标的绝对值；

U、W——切削终点坐标的相对值；

F——切削进给速度。

刀具从循环起点（即刀具起点）开始按矩形循环，最后返回循环起点。图 1-4 中 1R、4R 表示快速移动，2F、3F 表示按指定工件的切削进给速度移动。*X*（*U*）、*Z*（*W*）取值为圆柱面切削终点（即 *C* 点），*B* 点则为切削起点，如图 1-4 所示。

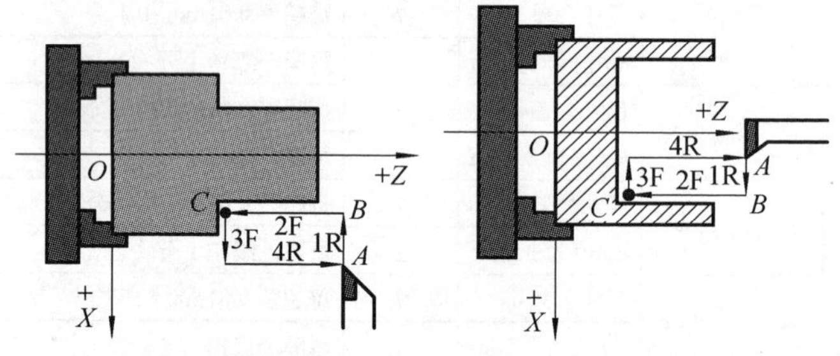

图 1-4 G90 循环路线

R—快速进给；F—切削进给；*A*—循环起点；*B*—切削起点；*C*—切削终点

注：① 加工内/外圆的走刀路线分四步走：1（*X* 进）→2（*Z* 切削）→3（*X* 退）→4（*Z* 返回）。

② 刀具定位点（即 G90 指令的刀具起点 *X* 坐标值）的确定：切削外圆时，刀具的定位点一般要定在大于或等于被加工工件的直径处；切削内圆时，刀具的定位点一般要定在小于或等于被加工工件的孔径处。

③ 每次进刀量和进刀方向是由 G90 指令中的 *X* 值（切削终点）减去 G90 指令刀具起点的 *X* 值（循环起点）来确定的；切削长度由 G90 指令中的 *Z* 值确定。每切削一刀就用一次 G90 指令，那么要完成粗加工，要数次 G90 指令（改变 G90 中的 *X* 值）组

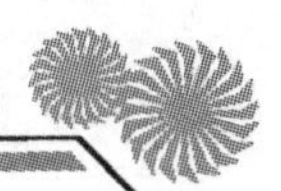

成一个加工循环，所以 G90 指令也就是“单一固定循环”。

4）刀具切削完毕返回 G90 指令的刀具起点。

【例】 如图 1-5 所示，用 G90 指令粗车ϕ40mm 圆柱面，一共分 3 刀切削。

由图 1-5 得知：加工ϕ40mm 的外圆要切削 10mm，用 G90 指令加工将分 3 层切削，第 1 层 2mm，第 2、3 层各 4 mm；用 3 个 G90 指令进行粗车。

```
G0  X50  Z2;             快速定位
G90 X48  Z-20  F60;      切削φ48mm 的外圆,走刀路线:A→B→C→D
X44;                     切削φ44mm 的外圆,走刀路线:A→E→F→D
X40;                     切削φ40mm 的外圆,走刀路线:A→G→H→D
```

注：G90 指令每次执行完刀具返回（$X50$，$Z2$）的位置，第 2、3 层的进刀量为 6mm、10mm，但实际切削量是 4mm。

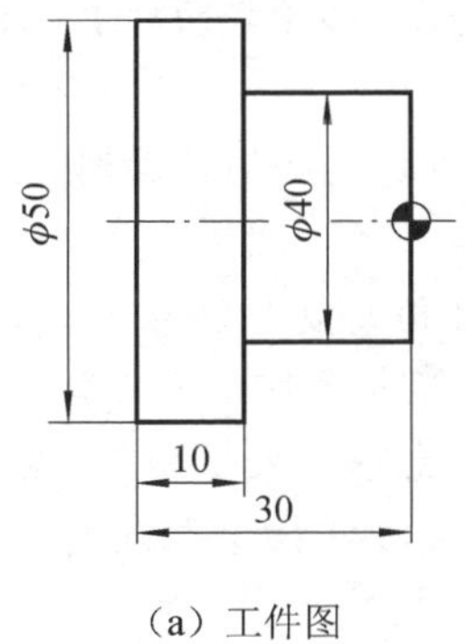

（a）工件图

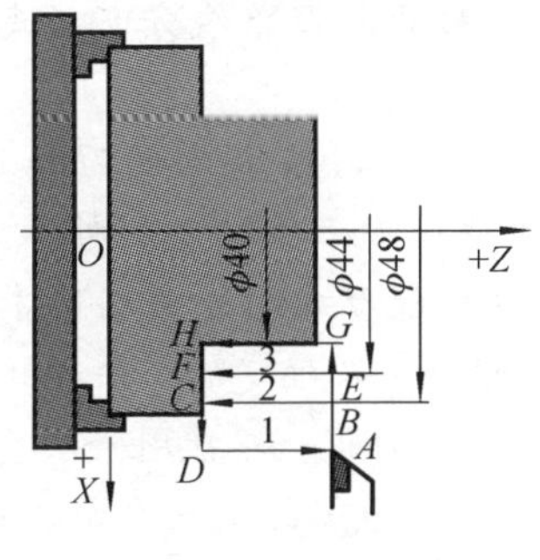

（b）分析图

图 1-5　G90 指令示例

（2）G94——平端面切削循环指令

格式：

```
G94  X(U)_Z(W)_F_;
```

参数含义：

G94——平端面切削循环代码；

X、Z——切削终点坐标的绝对值；

U、W——切削终点坐标的相对值；

F——切削进给速度。

刀具从循环起点（即刀具起点）开始按矩形循环，最后又返回循环起点。图 1-6 中 1R、4R 表示快速移动，2F、3F 表示指定工件的切削进给速度移动。X（U）、Z（W）取值为圆柱面切削终点（即 C 点），B 点则为切削起点，如图 1-6 所示。

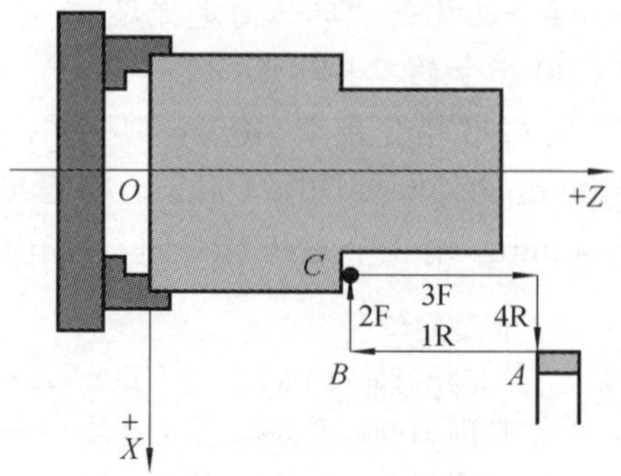

图 1-6　G94 循环路线

R—快速进给；F—切削进给；A—循环起点；B—切削起点；C—切削终点

注：① 加工端面的走刀路线分四步走：1（Z 进）→2（X 切削）→3（Z 退）→4（X 返回）。

② 刀具定位点（即 G94 指令的刀具起点）的确定：切削端面时，刀具定位点一般要定在大于或等于被加工工件的直径处。

③ 每次进刀量和进刀方向是由 G94 指令中的 Z 值（切削终点）减去 G94 指令刀具起点的 Z 值（循环起点）来确定的；每次的进刀量不能大于切断刀刀宽。切削深度由 G94 指令中的 X 值确定。每切削一刀就用一次 G94 指令，要想完成粗加工，就要数次使用 G94 指令（改变 G94 中的 Z 值）组成一个加工循环，所以 G94 指令也就是“单一固定循环”。

4）刀具切削完毕返回到 G94 指令的刀具起点。

【例】　如图 1-7 所示，用 G94 指令粗车 ϕ30mm 的圆柱面，一共分三刀切削。

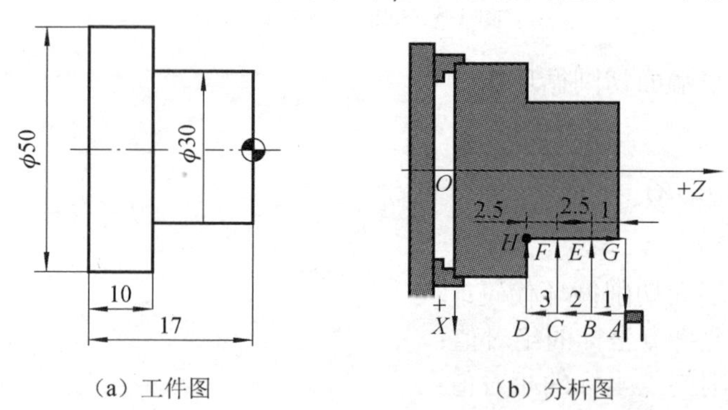

（a）工件图　　（b）分析图

图 1-7　G94 指令示例

由图 1-7 得知：加工 ϕ30mm 的外圆要切削 7mm 的长度，用 G94 指令加工将分三层切削，第 1 层 1mm，第 2、3 层各 2.5mm。用三个 G94 指令进行粗加工。

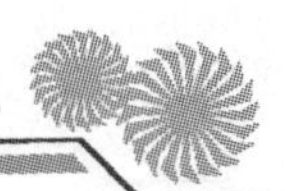

```
G0   X50  Z1.0;          快速定位
G94  X30  Z-1.0  F60; 走刀路线:A→B→E→G
          Z-3.5;         走刀路线:A→C→F→G
          Z-7.0;         走刀路线:A→D→H→G
```

注: G94 指令每次执行完刀具返回(*X*50, *Z*1)的位置，第 2、3 层的进刀量为 3.5mm、7mm，但实际切削量是 2.5mm。

2. 刀具的选择

选择刀具应考虑以下几个方面：加工对象、机床型号、刀杆型号、夹紧方式、刀片形状、加工部位、材料匹配、刀具材质、推荐参数、加工精度，如图 1-8 所示。

本任务零件材料为 45 号钢，选用的是 CK6140 数控车床，四方回转式刀架，需要加工端面和外圆，且有垂直的台阶，故选择的刀具要满足以上切削的要求。选择主偏角 95° 外圆车刀，刀杆厚度 25mm，型号为 MWLNR2525K08；刀片的选择可根据所加工的 45 号钢来选，型号需与刀杆相匹配，选择型号为 WNMG080404 的，刀尖圆弧半径 0.4mm，如图 1-9 所示。

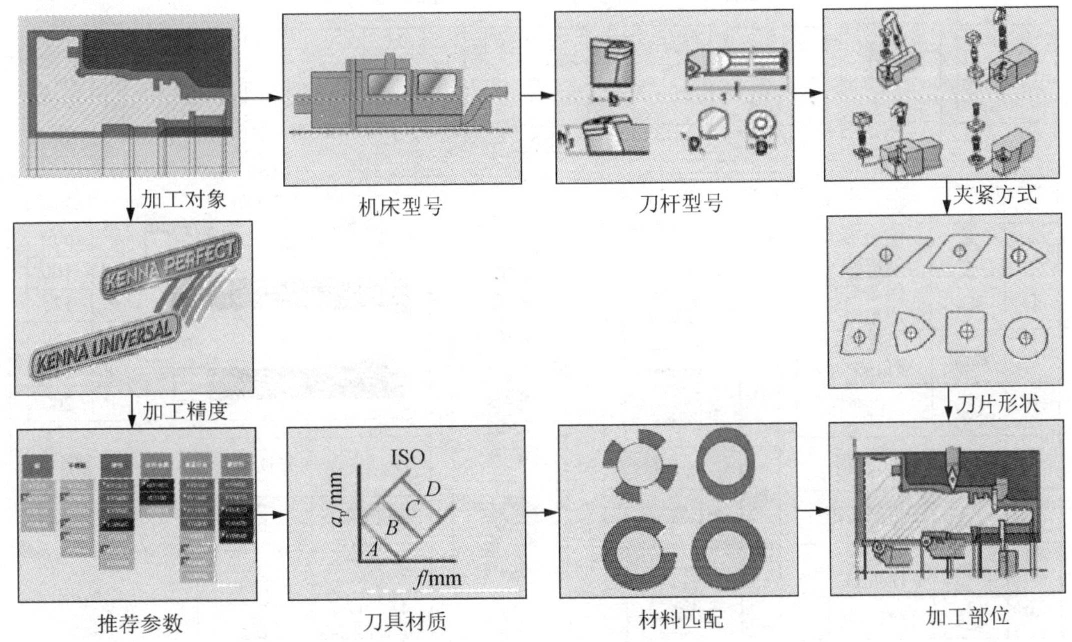

图 1-8 选择刀具

■ MWLNR/L

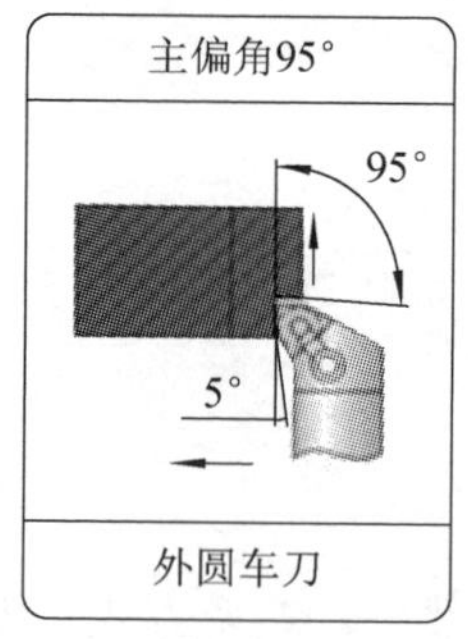

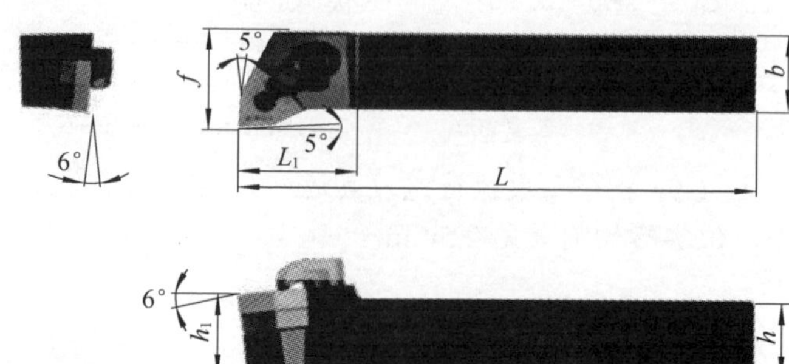

型号	刀片	规格						刀垫	销钉	压板	双头螺丝	扳手
		h	b	L	L_1	h_1	f					
MWLNR/L1616H06	WN□□0604□□	16	16	100	28	16	20	MW0603	CTM513	HL1813	ML0625	L2.0 L3.0
MWLNR/L2020K06		20	20	125	26.0	20	25					
MWLNR/L2525M06		25	25	150	32.0	25	32					
MWLNR/L3232P06		32	32	170	40.0	32	40					

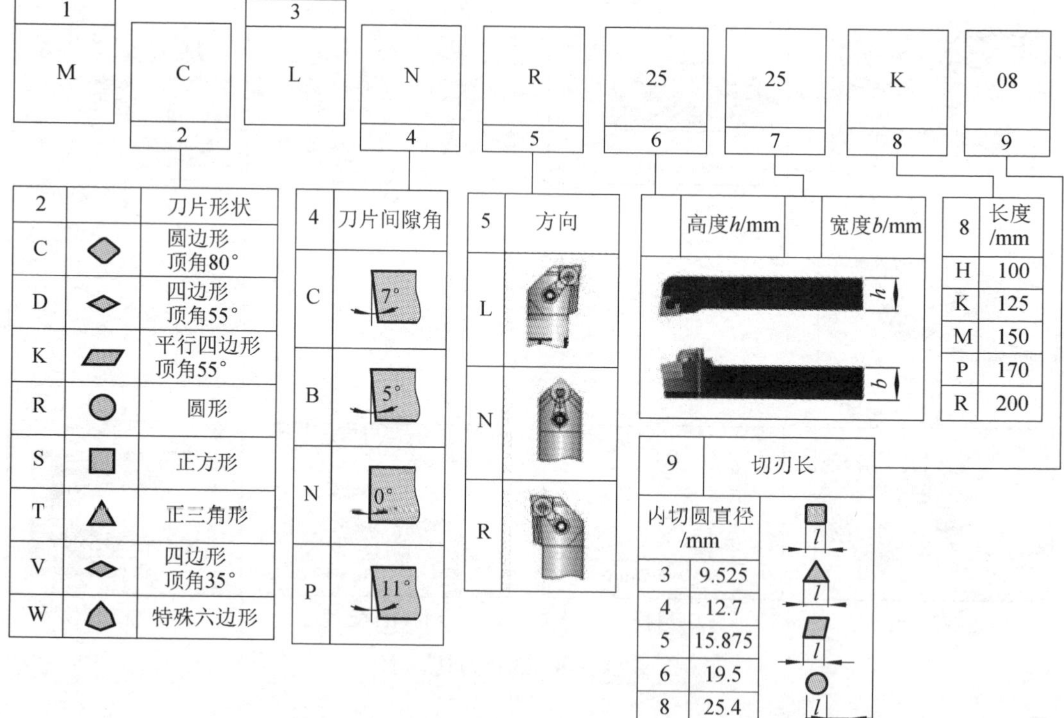

图 1-9　外圆刀

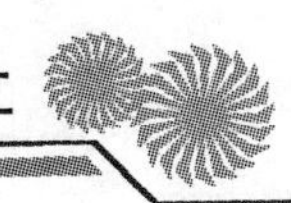

3. 加工参数的确定

背吃刀量：根据刀片的选择不同，背吃刀量也不一样。这里选择的是HM系列的刀片，适合于中切削，背吃刀量按推荐值为1.0～5.0mm，经济的吃刀量为2.5mm，粗车时选择背吃刀量2.5mm；精车时由于数控刀具刀尖圆弧不同，可选择背吃刀量为1mm。此件可以一次车完。

转速：刀片的断屑槽与材质的不同，切削速度也不一样。此工件选用的刀片切削速度范围是80～160m/min，根据公式$v=\pi Dn/1000$（D为刀具直径，n为主轴转速），经计算，选择转速为800r/min。

进给量：根据刀片不同，选择此刀片进给量F一般在0.10～0.50mm/r，此件一次加工成形，考虑表面粗糙度及刀片的强度，选择F=0.15mm/r。

1.1.6 注意事项及常见问题

1. 注意事项

1）机床空载运行时，注意检查机床各部分运行状况。

2）进行对刀操作时，要注意刀位点的选取。

3）工件装夹时，夹持部分不能太短，要注意伸出长度。

4）刀具快速移动的倍率调整为30%～50%。

5）注意观察“检视”窗口上加工余量的变化。

6）加工过程中，注意右手食指和中指不要离开“循环开始”和“循环暂停”按钮。

7）工件加工过程中，要注意检验工件质量。如果加工质量出现异常，应停止加工，并请示教师，以便采取相应措施。

2. 问题和探究

问题1：该件右端有三个同轴的外圆，在加工时，虽然是一次进给车削同时完成三个外圆的加工的，但仍会出现三个外圆偏差不一致的状况，如ϕ46mm的外圆尺寸是-0.01mm，符合要求，但ϕ16mm的外圆就可能是-0.04mm，超出了尺寸要求。

原因：机床传动丝杠间隙不均匀或者有误差。

解决办法：

1）对传动部件进行维修或更换。

2）在程序中进行针对性的补偿，对超差的尺寸直接进行修改，如上面ϕ16mm的尺寸超差了0.04mm，就在程序中将ϕ16mm的坐标数值由X16改成X16.02，从而保证最终尺寸的正确。

问题2：在加工该零件左端外圆时有可能出现靠端面尺寸和靠尾部尺寸不一致的情况，也就是有倒锥或正锥的现象。

原因：机床床身导轨没校正水平或者机床导轨有磨损。

解决办法：

1）校正床身导轨或修正床身导轨。

2）在程序中进行人为补正。

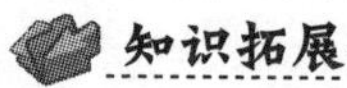

数控刀具与普通刀具的区别

数控刀具在高性能、高精度的数控机床上应用，为取得稳定和良好的加工效率，一般对数控刀具从设计、制造到使用都提出了比普通刀具更高的要求。数控刀具和普通刀具的主要区别表现在以下几个方面。

1. 高精度的制造质量

为稳定加工出高精度的零件表面，因而对刀具（包括刀具零件）制造在精度、表面粗糙度、几何公差等方面提出了比普通刀具更严格的要求。特别是可转位刀具，为确保刀片刀尖（切削刃）在转位后尺寸的重复精度，刀体刀槽和定位零件等关键部位的尺寸和精度、表面粗糙度必须严格给予保证。同时为便于用对刀仪对刀具进行对刀和尺寸测量，基面加工精度也应保证。

2. 刀具结构的优化

先进的刀具结构能大大提高切削效率，如高速钢数控铣削刀具在结构上已较多采用波形刃和大螺旋角结构，硬质合金可转位刀具则采用了内冷却、刀片立装式、模块可换和可调式结构。而内冷却结构则是一般普通机床无法应用的。

3. 刀具优质材料的广泛应用

为延长刀具使用寿命，提高刀具强度，很多数控刀具的刀体材料都采用了高强度合金钢，并进行热处理（如氮化等表面处理），使其能适用于大切削用量，且刀具寿命也得以显著提高（普通刀具一般采用的是经过调质处理的中碳钢）。在刀具刃部材料上，数控刀具则更多选用了各种新牌号的硬质合金（细颗粒或超细颗粒）和超硬刀具材料。

4. 合理断屑槽的选用

数控机床上应用的刀具对断屑槽有严格的要求。加工时，刀具不断屑则机床无法正常工作（有些数控机床，切削是在封闭的状态下进行的），因此数控车、铣、钻或镗床的刀片都优选了针对不同加工材料和工序的合理断屑槽型，使切削时能得到稳定断屑。

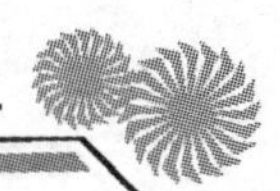

5. 刀具（刀片）表面的涂层处理

刀具（刀片）表面涂层技术随着数控刀具的发展而发展。由于涂层能显著提高刀具硬度、减小摩擦、提高切削效率和使用寿命，因此在各类硬质合金可转位数控刀具中 80%以上都采用了涂层技术。涂层后的硬质合金刀片还可进行干切削，这为保护环境、实现绿色切削创造了有利条件。

思考与练习

一、填空题

1．选择刀具应考虑________、________、________、________等方面。

2．进行对刀操作时，要注意________的选取。

二、判断题

1．数控加工中，程序调试的目的：一是检查所编程序是否正确，二是使编程零点、加工零点和机床零点相统一。（　　）

2．G90 既可以加工圆柱，也可以加工圆锥。（　　）

三、简答题

1．试写出圆柱面切削循环指令 G90 的格式，并说明指令中各参数的含义。

2．试写出平端面切削循环指令 G94 的格式，并说明指令中各参数的含义。

3．试用 G90 指令编写题图 1-1 所示工件中ϕ36mm 孔的加工程序。

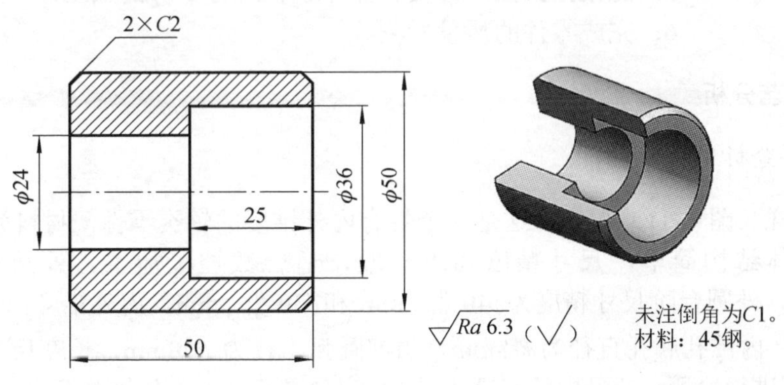

题图 1-1

任务 1.2　内外圆锥形瓶塞的编程与加工

任务描述

本任务是加工一个典型圆锥零件（图 1-10），要进行相应数值计算，算出各点的坐标，并运用单一循环和复合循环指令完成程序编制。根据图样的要求，完成加工工艺分析，合理选择加工参数，合理选择圆锥轮廓形状加工所需的相关刀具和量具。

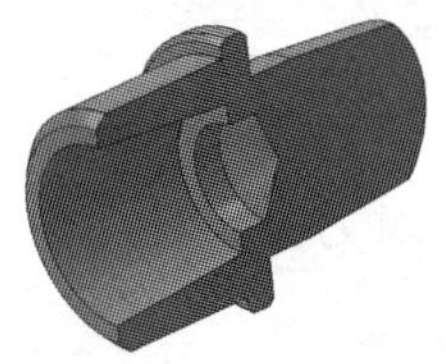

图 1-10　圆锥零件

任务目标

1．读懂圆锥的标注。

2．掌握圆锥的数值计算方法。

3．能根据单一循环指令 G90，复合循环指令 G71、G70 的编程规则和方法，熟练地进行编程。

4．能根据零件的几何形状、材料，合理选择切削用量。

5．能根据数控车床安全操作规程进行零件的加工。

6．完成零件的质量检测。

1.2.1　工艺分析

1. 图样分析

根据图样（图 1-11）得知，这是一个带有内外锥度的轴类零件，材料为 LY12（铝合金），整体结构简单，尺寸精度要求一般，适合数控车加工。外圆尺寸精度为 $\phi 46_{-0.039}^{\ 0}$ mm，外圆台阶尺寸精度为 $\phi 40_{-0.039}^{\ 0}$ mm 和 $\phi 30_{-0.033}^{\ 0}$ mm，内外锥度都为 1∶5，大端尺寸已知，内锥孔底孔直径为 ϕ18mm，头部圆弧半径为 R20mm，长度尺寸未注公差，可按 IT12 级进行检测，括号内的尺寸“62.8”为参考尺寸，不作检测要求，所有加工表面粗糙度 Ra 值为 3.2μm。

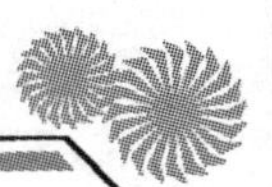

2. 工艺编制

根据零件结构及精度要求，通过两次装夹即可完成加工，内、外圆锥的小端直径可以通过锥度进行计算，计算结果要保留三位小数。尺寸 *A*、*B*（图 1-12）计算如下：

$$(29.984-A)\div 20=1/5 \quad A=25.984$$

$$(30-B)\div 25=1/5 \quad B=25$$

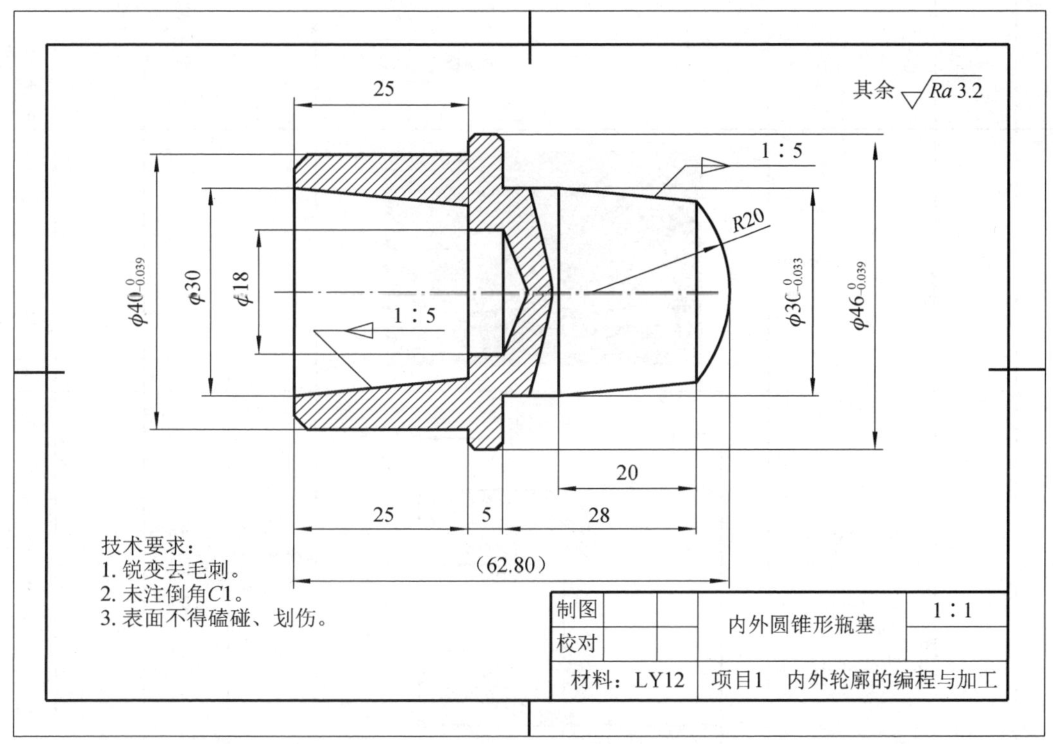

图 1-11　零件图

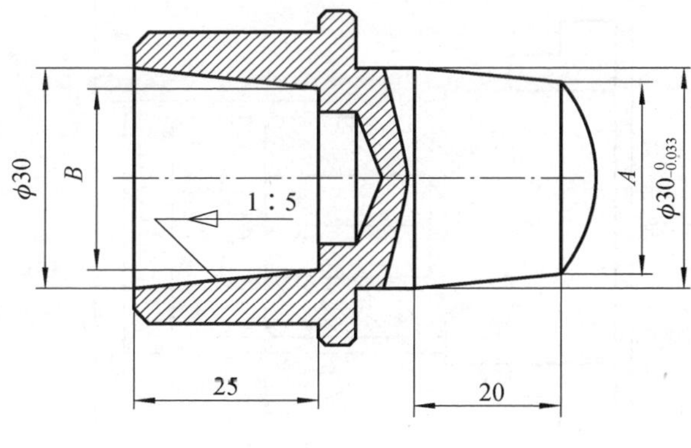

图 1-12　*A*、*B* 尺寸

内、外圆锥瓶塞零件的加工工艺过程见表 1-12。

表 1-12　内外圆锥瓶塞数控车加工工艺过程

设备名称	设备型号	夹具名称	零件名称	零件图号	材料
数控车	CK6140	三爪自定心卡盘	内外圆锥瓶塞	图 1-11	LY12

序号	名称	工序内容	工序（或工具）示意图	切削用量			
				刀具	转速 S /（r/min）	进给速度 F /（mm/r）	切削深度 /mm
1	备料	棒料 ϕ50mm×65mm					
2	钻孔	1. 夹持毛坯外圆，工件伸出卡盘长度为 40mm。 2. 钻中心孔。 3. 钻 ϕ18mm 底孔	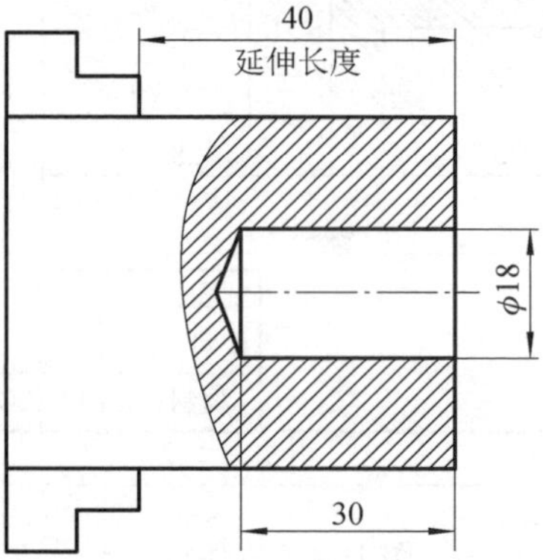	中心钻；ϕ18mm 锥柄麻花钻；尾座夹持	800、500	手动	
3	车削外轮廓	1. 车端面。 2. 粗车各段外圆。 3. 半精车、精车各段外圆至 $\phi 46_{-0.039}^{\ 0}$ mm、$\phi 40_{-0.039}^{\ 0}$ mm 尺寸要求	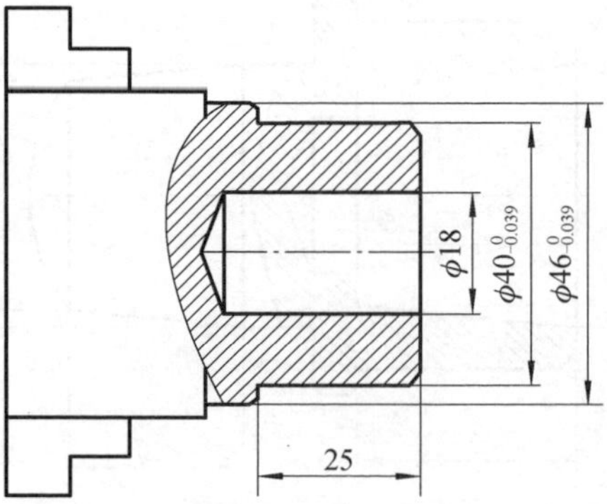	T01	600（粗） 1200（精）	0.2 0.1	1 0.15

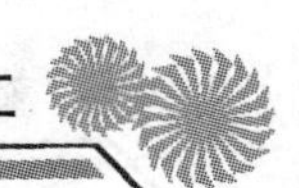

续表

序号	名称	工序内容	工序（或工具）示意图	切削用量			
				刀具	转速 S /(r/min)	进给速度 F /(mm/r)	切削深度 /mm
4	车削内轮廓	1．粗车内锥孔。 2．半精车、精车内锥孔至ϕ30mm，锥度1∶5要求		T02	600（粗） 1000（精）	0.2 0.1	1 0.1
5	掉头加工外轮廓	1．车端面。 2．粗、精车各段外圆达到$\phi30_{-0.033}^{0}$、外锥1∶5等图样尺寸要求		T01	600 1200	0.2 0.1	1.5 0.25
6	零件检测	1．测量外轮廓各项尺寸要求。 2．测量长度尺寸要求。 3．测量内外锥度要求					

回转轴套数控车削加工刀具卡见表 1-13。

表 1-13　回转轴套数控车削加工刀具卡

序号	刀具号	刀具名称	刀具规格	刀片规格	加工表面
1	T01	95° 外圆车刀	SCLCR2525M09	CCGT120404-AK-H01	外圆 端面
2	T02	内孔镗刀	S16Q-SCLCR09	CCGT120404-AK-H01	内孔 粗精车

1.2.2　程序编制

表 1-14～表 1-17 为本任务的参考加工程序，请注意领会表中程序说明的含义。详情参见视频“工件左端内锥粗加工操作”。

表 1-14　工件左端内锥孔加工程序（粗车）

程序内容	程序说明
O0001;	程序名
T0202;	换 2 号刀（内孔车刀）
M03 S600;	主轴正转，转速 600r/min
M08;	开冷却液
G00 X20.0 Z0.0;	快速定位
G90 X25.1 Z 25.0 R1 F0.2;	粗车锥面，留有 0.1mm 余量
R2;	
R2.4;	
M09;	关冷却液
G00 X100.0 Z100.0;	
M30;	主轴停转，程序结束，并返回程序开头

扫码观看视频

工件左端内锥粗加工操作

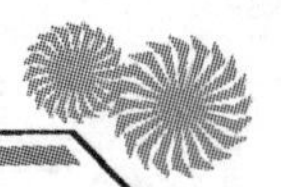

参见视频“工件左端内锥精加工操作”。

表 1-15　工件左端内锥加工程序（精车）

程序内容	程序说明
O0011;	程序名
T0202;	换 2 号刀（内孔车刀）
M03 S1200;	主轴正转，转速 1200r/min
M08;	开冷却液
G00 X20.0 Z0.0;	快速定位
G01 X30.0 Z0.0 F0.1;	精车锥面
X25.0 Z-25;	
G00 X0;	
M09;	关冷却液
G00 Z100.0;	
M30;	主轴停转，程序结束，并返回程序开头

扫码观看视频

工件左端内锥精加工操作

注：工件左端粗、精加工外圆程序省略（参考任务 1.1）。

参见视频“工件右端外锥粗加工操作”。

表 1-16　工件右端外锥加工程序（粗车）

程序内容	程序说明
O0002;	程序名
T0101;	换 1 号刀（外圆车刀）
M03 S600;	主轴正转，转速 600r/min
M08;	开冷却液
G00 X32.0 Z0.0;	快速定位
G90 X30.5 Z0.0 R-1 F0.2;	粗车锥面，留有 0.5mm 余量
R-2.008;	
M09;	关冷却液
G00 X100.0 Z100.0;	
M30;	主轴停转，程序结束，并返回程序开头

扫码观看视频

工件右端外锥粗加工操作

注：右端外圆粗加工程序省略（参考任务 1.1）。

参见视频“工件右端轮廓精加工操作”。

表 1-17　工件右端轮廓加工程序（精车）

程序内容	程序说明
O0021;	程序名
T0101;	换 1 号刀（外圆刀）
M03 S1200;	主轴正转，转速 1200r/min
M08;	开冷却液
G00 X2.0 Z2.0;	刀具定位
G01 X0.0 Z0.0 F0.1;	精车右端轮廓
G02 X25.984 Z-4.8R20;	
G01 X30 Z-24.8;	
Z-32.8;	
X44.0;	
X46.0 Z-33.8;	
M09;	关冷却液
G00 X100.0 Z100.0;	
M30;	主轴停转，程序结束，并返回程序开头

扫码观看视频

工件右端轮廓精加工操作

1.2.3　零件加工

1. 确定机床

针对任务零件，其最大外形尺寸为ϕ50mm，而且加工精度要求不是很高，目前市场上的数控车床基本都能满足以上要求，故选用系统 FANUC 0i-T 系列经济型，型号 CAK6140，无级变速，前置刀架（机床选择满足加工要求即可），如表 1-18 所示。

表 1-18　机床配备清单

序号	名称	型号
1	数控车床	CK6140 FACUK 0i-TD
2	卡盘扳手	200mm 卡盘用
3	刀架扳手	水平回转四工位刀架
4	铁屑钩子	
5	毛刷	

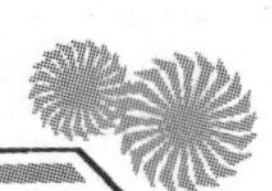

2. 确定材料

备料建议清单见表 1-19。

表 1-19　备料建议清单

序号	材料	规格/mm	数量
1	PVC 棒	ϕ50×65（程序调试用）	1 段/人
2	LY12	ϕ50×65	1 段/人

3. 操作步骤

1）开机，*X*、*Z* 轴回参考点。

2）装夹工件，安装刀具，检查刀尖中心高度是否正确。

3）切换 MDI 模式，输入 M03 指令启动主轴，输入 T 指令选择刀具。

4）切换 JOG 模式，装入锥柄钻头，移动尾座，完成底孔加工。

5）切换 EDIT 模式输入加工程序，并检查程序的正确性（也可进入程序模拟状态，通过图形化功能检查程序是否正确）。

6）切换手轮模式，进行对刀，完成刀具长度补偿和建立工件坐标系工作。

7）切换 MDI 模式，校验对刀的正确性。

8）切换 MEMORY 模式，按下程序启动键，完成零件粗加工。

9）测量加工表面，计算加工精度，如有偏差，在刀具磨耗菜单下进行补偿。

10）调用精加工程序，完成零件的加工。

11）重复以上步骤 6）～10），完成所有要素的加工任务。

12）卸下工件和刀具，完成机床保养工作。

1.2.4 操作测评

加工完此工件后，请按照表 1-20 进行评分并得出成绩。

表 1-20 评分表

序号	项目	检验内容		分值	评分标准	实测	得分
1	外圆	$\phi30_{-0.033}^{0}$	尺寸公差	8	每超差 0.01mm 扣 2 分		
2			*Ra* 值为 3.2μm	4	每降一级扣 1 分		
3		$\phi46_{-0.039}^{0}$	尺寸公差	8	每超差 0.01mm 扣 2 分		
4			*Ra* 值为 3.2μm	4	每降一级扣 1 分		
5	外圆	$\phi40_{-0.039}^{0}$	尺寸公差	8	每超差 0.01mm 扣 2 分		
6			*Ra* 值为 3.2μm	4	每降一级扣 1 分		
7		ϕ30mm	尺寸公差	10	每超差 0.01mm 扣 2 分		
8			*Ra* 值为 3.2μm	4	每降一级扣 1 分		
9	长度	25mm（2 处）		2×5	每超差 0.01mm 扣 2 分		
10		5mm		5	每超差 0.01mm 扣 2 分		
11		28mm		5	每超差 0.01mm 扣 2 分		
12		20mm		5	每超差 0.01mm 扣 2 分		
13	锥度	1∶5（2 处）		2×5	超差不得分		
	倒角	*C*1（3 处）		3×5	每处超差不得分		
14	文明生产	发生重大安全事故取消加工资格；每违反一项规定，总分扣除 5 分					
15	其他项目	工件不完整，局部有缺陷（如夹伤、刮痕等），酌情扣分					
16	程序编制	程序中严重违反工艺规程的取消加工资格，其他问题酌情扣分					
合计							

1.2.5 相关知识

1. 编程指令

（1）G90——锥面切削循环

格式：

```
G90  X(U)_ Z(W)_ R_ F_
```

R——切削始点与圆锥的切削终点的半径值。

1）当加工外锥面切削循环时，应用的刀具为左、右偏刀。

【例】 如图 1-13 所示，用 G90 指令加工外锥面。

```
G90  X40  Z-12  R-5  F0.2;
```

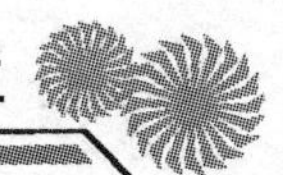

$$R=\frac{30-40}{2}=-5$$

【例】　如图 1-14 所示，用 G90 指令加工外锥面。

```
G90 X40 Z-12 R-5.833 F0.2;
```

如图 1-14 所示，$R=BF$，已知△CDE 与△CFB 是相似三角形；$CE=12$，$DE=(40-30)\div 2=5$，$CF=12+2=14$，那么

$$\frac{BF}{DE}=\frac{CF}{CE}=\frac{BF}{5}=\frac{14}{12}$$

$BF=5.833$，所以 $R=-5.833$。

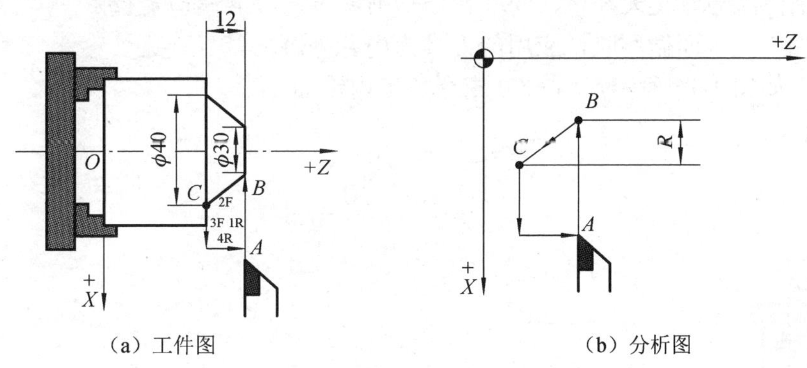

（a）工件图　　　　（b）分析图

图 1-13　G90 加工路线

A—循环起点；B—切削起点；C—切削终点

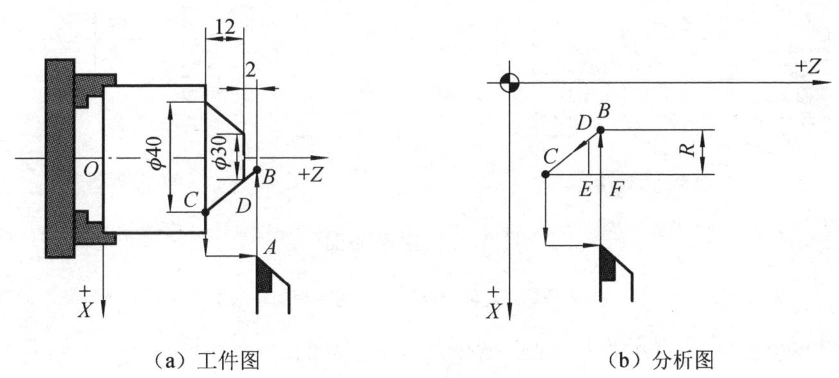

（a）工件图　　　　（b）分析图

图 1-14　延长点数值确定

A—循环起点；B—切削起点；C—切削终点

注：① 刀具的进刀方向由 R 值的正、负判断。

② 编写圆锥加工程序时，G90 指令中必有 R 值；R 值表示切削起点与切削终点的半径值。

$$R=(\text{切削起点 } X \text{ 值}-\text{切削终点 } X \text{ 值})\div 2$$

③ R 值的大小由循环起点来确定，当循环起点变化时，切削起点随着变化（如图 2-13 与图 1-14 之间的区别），R 值随之变化；若刀具定位 X 值（循环起点）大于（或等于）锥度大径 X 值，定位 Z 值等于锥度小径 Z 值，那么循环起点的 X 值就是切削起点的 X 值（图 1-13）。若刀具定位 X 值大于（或等于）锥度大径 X 值，定位 Z 值大于锥度小径 Z 值，那么切削起点的 X 值就是锥度小径的延长线与刀具定位的 Z 轴所交的点的 X 值（图 1-14）。

④ 切削终点为锥度大径值，G90 指令切削完毕，刀具返回定位点。

2）当加工内锥面循环时，应用的刀具为内孔外圆刀。

【例】 如图 1-15 所示，用 G90 指令加工内锥面。

```
G90  X30  Z-12  R7.5  F0.2;
```

$$R=\frac{45-30}{2}=7.5$$

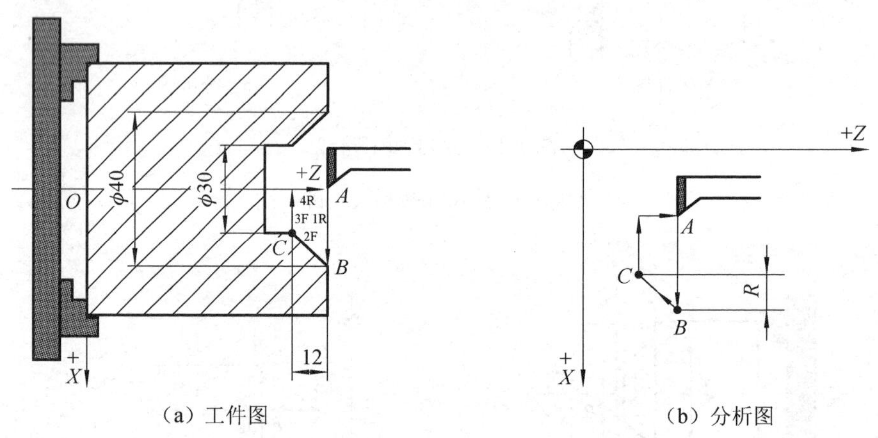

（a）工件图　　（b）分析图

图 1-15　内锥加工

A—循环起点；B—切削起点；C—切削终点

【例】 如图 1-16 所示，用 G90 指令加工内锥面。

```
G90  X30  Z-10  R6  F0.2;
```

如图 1-16 所示，$R=BF$，已知△CDE 与△CFB 是相似三角形；CE=10，DE=(40−30)÷2=5，CF=12+2=12，那么

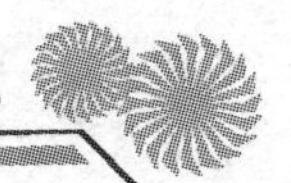

$$\frac{BF}{DE}=\frac{CF}{CE}=\frac{BF}{5}=\frac{12}{10}$$

$BF=6$，所以 $R=6$。

注：① 刀具的进刀方向由 R 值的正、负判断。

② 加工时，G90 指令中必有 R 值；R 值是表示切削起点与切削终点的半径值。

$$R=(\text{切削起点}X\text{值}-\text{切削终点}X\text{值})\div 2$$

③ R 值的大小由切削起点来确定，当循环起点变化时，切削起点随着变化（图 1-15 与图 1-16 之间的区别），R 值随之变化；若刀具定位 X 值（循环起点）小于（或等于）锥度小径 X 值（即切削终点），定位 Z 值等于锥度大径 Z 值，那么循环起点的 X 值就是切削起点的 X 值（图 1-15）。若刀具定位 X 值小于（或等于）锥度大径 X 值，定位 Z 值大于锥度小径 Z 值，那么切削起点的 X 值就是锥度大径的延长线与刀具定位的 Z 轴所交的点的 X 值（图 1-16）。

④ 切削终点为锥度小径值，G90 指令切削完毕，刀具返回定位点。

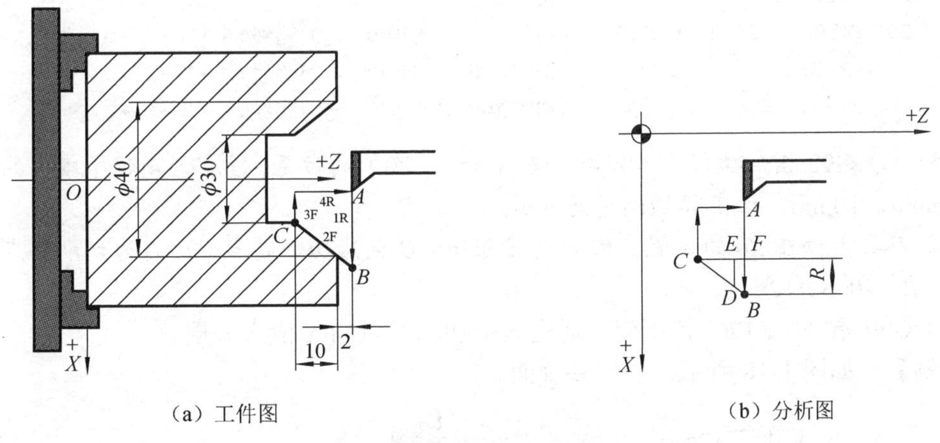

图 1-16 确定延长点数值

A—循环起点；*B*—切削起点；*C*—切削终点

切削圆锥面的分层加工方法，有以下两种。

1）切削终点不变，改变 R 值来分层。

【例】 如图 1-17 所示，加工外锥面。

由图 1-17 可知：加工锥度要切削 10mm 的长度，用 G90 指令加工将分三层切削，第 1 层 2mm，第 2、3 层各 4 mm；用三个 G90 指令进行粗加工；R 分别为−1mm、−3mm、−5mm。

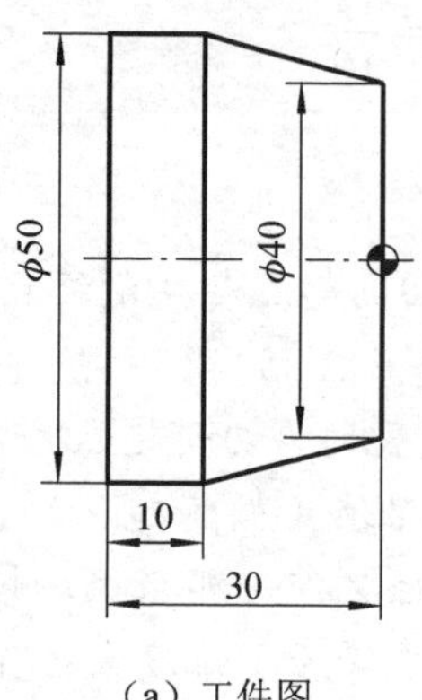

（a）工件图

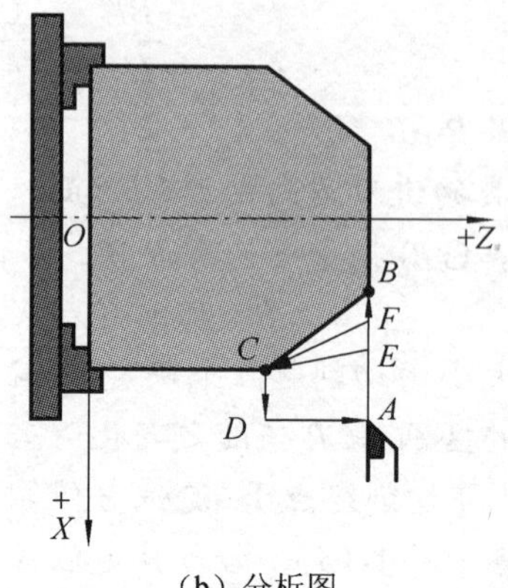

（b）分析图

图 1-17　外锥面分层

```
G0  X52  Z0;                    快速定位
G90 X50  Z-20 R-1 F60;          切削第1层的锥度,走刀路线:A→E→C→D
    R-3;                        切削第2层的锥度,走刀路线:A→F→C→D
    R-5;                        切削第3层的锥度,走刀路线:A→B→C→D
```

注：① G90 指令执行完，刀具停在（*X*52，*Z*0）的位置；第 3～4 程序段中的进刀量为 6mm、10mm，但实际切削量是 4mm。

② 刀具定位在 *Z*0 的位置，由分析图可知：*B* 点为切削起点，*C* 点为切削终点，那么总的 *R*=(40−50)÷2=−5。

2）G90 指令中的 *R*、*Z* 不变，通过改变切削终点的 *X* 值来分层。

【例】　如图 1-18 所示，加工外锥面。

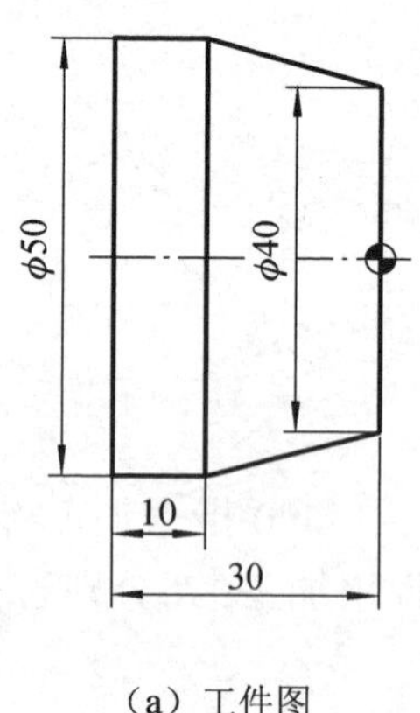

（a）工件图

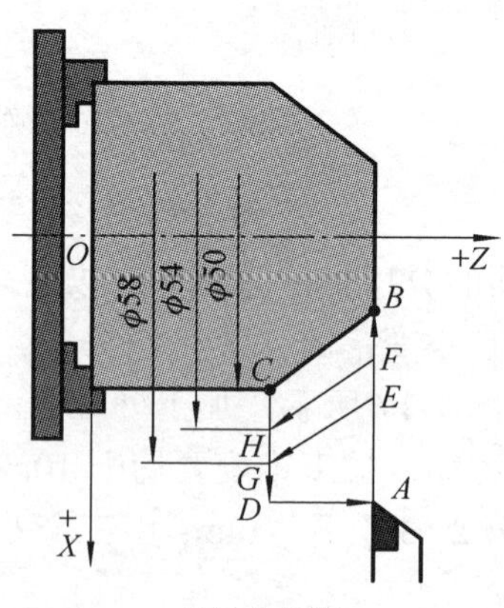

（b）分析图

图 1-18　*X* 向均等分层

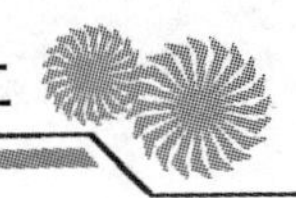

由图 1-18 可知：加工锥度要切削 10mm 的长度，用 G90 指令加工将分三层切削，第 1 层 2mm，第 2、3 层各 4 mm；用三个 G90 指令进行粗加工；*X* 分别为 58mm、54mm、50mm。

```
G0   X52  Z0;                  快速定位
G90 X58  Z-20 R-5 F60;         切削第 1 层的锥度,走刀路线:A→E→G→D
    X54;                       切削第 2 层的锥度,走刀路线:A→F→H→D
    X50;                       切削第 3 层的锥度,走刀路线:A→B→C→D
```

注：① G90 指令执行完，刀具停在（*X*52，*Z*0）的位置。

② 刀具定位在 *Z*0 的位置，由分析图可知：*B* 点为切削起点，*C* 点为切削终点，那么总的 *R*=(40–50)÷2=–5。

【例】 如图 1-19 所示，毛坯为ϕ52mm，要求对工件进行粗、精加工。

加工工艺：

① 粗车ϕ50mm 的外圆，留有 0.3mm 余量（刀具：粗车外圆刀）。

② 粗车ϕ30mm 的外圆，留有 0.3mm 余量（刀具：粗车外圆刀）。

③ 粗车锥面（刀具：粗车外圆刀）。

④ 精车 *A*→*B*→*C*→*D*→*E* 的外轮廓（刀具：精车外圆刀）。

⑤ 切断（刀具：切断刀）。

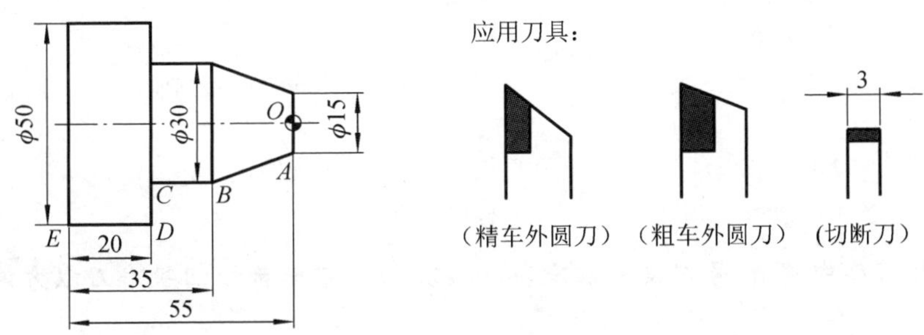

图 1-19　外锥加工

程序如下：

```
O0001;
N10  G50  X50  Z50;            设置工件原点(即起刀点)
N20  T0202  S500  M03;         用 2 号粗车外圆刀,主轴低速正转
N30  G0   X52   Z2;            快速定位
N40  G90  X50.3  Z-59  F50;    粗车φ50mm 的外圆,留有 0.3mm 余量
```

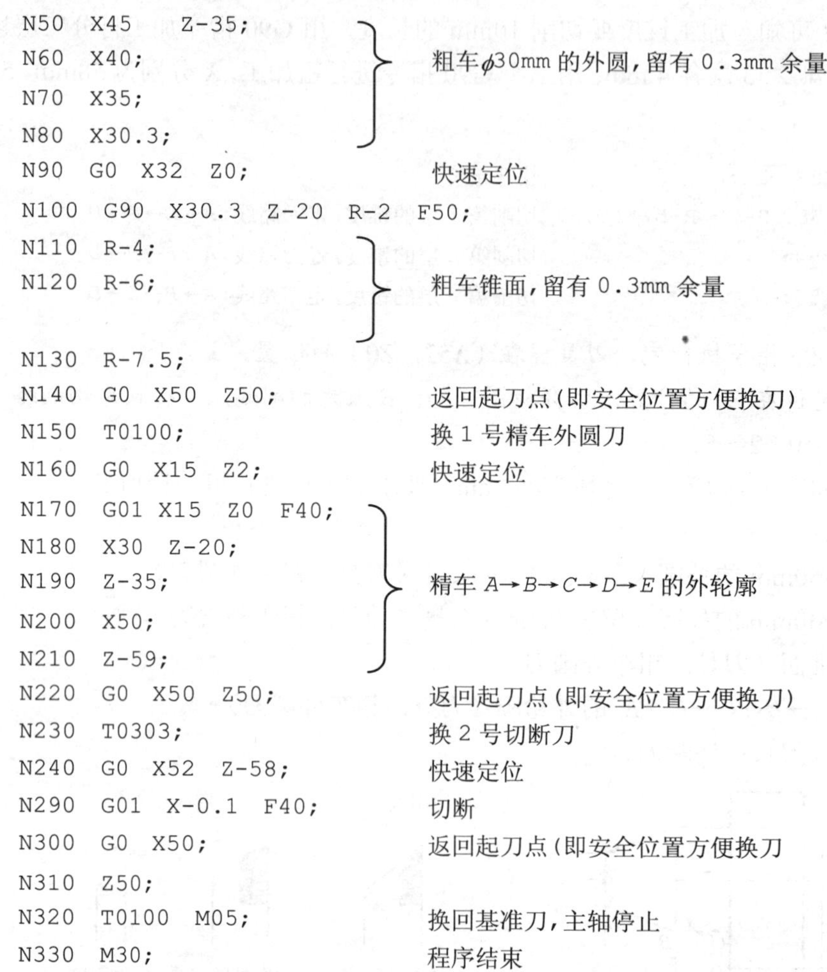

```
N50  X45   Z-35;        ┐
N60  X40;               │  粗车φ30mm 的外圆，留有 0.3mm 余量
N70  X35;               │
N80  X30.3;             ┘
N90  G0  X32  Z0;          快速定位
N100  G90  X30.3  Z-20  R-2  F50;
N110  R-4;              ┐
N120  R-6;              │  粗车锥面，留有 0.3mm 余量
                        ┘
N130  R-7.5;
N140  G0  X50  Z50;        返回起刀点（即安全位置方便换刀）
N150  T0100;               换 1 号精车外圆刀
N160  G0  X15  Z2;         快速定位
N170  G01 X15  Z0  F40; ┐
N180  X30  Z-20;        │
N190  Z-35;             │  精车 A→B→C→D→E 的外轮廓
N200  X50;              │
N210  Z-59;             ┘
N220  G0  X50  Z50;        返回起刀点（即安全位置方便换刀）
N230  T0303;               换 2 号切断刀
N240  G0  X52  Z-58;       快速定位
N290  G01  X-0.1  F40;     切断
N300  G0  X50;             返回起刀点（即安全位置方便换刀
N310  Z50;
N320  T0100  M05;          换回基准刀，主轴停止
N330  M30;                 程序结束
```

注：① 程序中将 1 号刀设为基准刀，每次加工完毕都换回基准刀以方便下一个工件的加工。

② 程序切削锥面时如果采用图 1-16 所示的刀具定位方法，那么 R=(15−30)/2=−7.5。

③ 程序切削锥面时如果采用图 1-15 所示的方法，减少了走刀时间。

（2）G94——锥面切削循环

格式：

```
G94  X(U)_ Z(W)_ R_ F_;
```

参数含义：

R——切削始点与圆锥的切削终点长度值。

当加工锥面切削循环时，应用的刀具为切断刀。

【例】　如图1-20所示，用G94指令加工外锥面。

```
G94  X30  Z0  R-12  F;
```

$$R=-12-0=-12$$

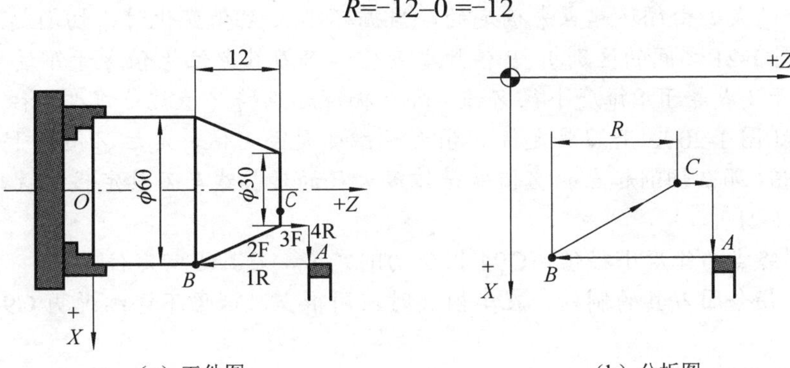

（a）工件图　　（b）分析图

图1-20　G94指令路线

A—循环起点；*B*—切削起点；*C*—切削终点

【例】　如图1-21所示，*R*=*BG*，已知△*CEF*与△*CBG*是相似三角形；*EF*=12，*CF*=(60−30)÷2=10，*CG*=10+2=12，那么

$$\frac{BG}{EF}=\frac{CG}{CF}=\frac{BG}{12}=\frac{12}{10}$$

BG=14.4，所以*R*=−14.4。

```
G94  X30  Z0  R-14.4  F_;
```

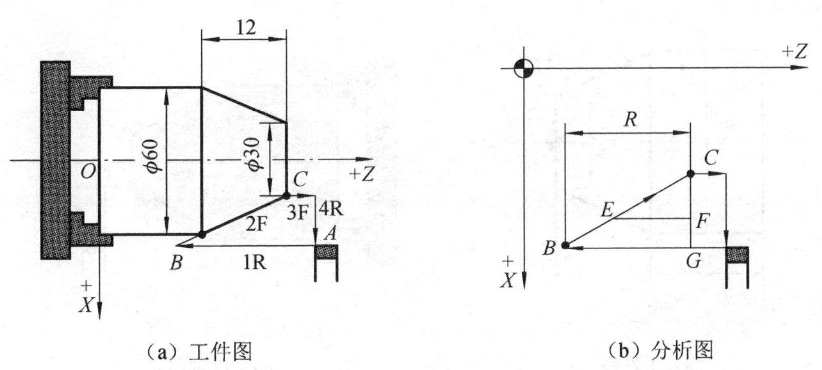

（a）工件图　　（b）分析图

图1-21　R值的区别

A—循环起点；*B*—切削起点；*C*—切削终点

注：① 刀具的进刀方向由*R*值的正、负值判断。

② 编写端面加工时，G94 指令中必有 R 值；R 值表示切削起点与切削终点之间的半径值。

$$R=切削起点\ Z\ 值-切削终点\ Z\ 值$$

③ R 值的大小由循环起点来确定的，当循环起点 X 值变化时，切削起点随着变化（图 1-20 与图 1-21 之间的区别），R 值随之变化；若刀具定位 X 值等于锥度大径 X 值，定位 Z 值大于（或等于）锥度小径 Z 值，那么循环起点的 Z 值就是锥度大径（即切削起点）的 Z 值（图 1-20）。若刀具定位 X 值大于锥度大径 X 值，定位 Z 值大于（或等于）锥度小径 Z 值，那么切削起点的 Z 值就是锥度大径的延长线与刀具定位的 X 轴所交的点的 Z 值（图 1-21）。

④ 切削终点为锥度小径值，G94 指令切削完毕，刀具返回定位点。

⑤ G94 指令因刀具的制约，在车内孔时应用很少，这里不详细说明 G94 在内孔中的车削方法。

切削圆锥面的分层加工方法有以下两种。

1）切削终点不变，改变 R 值来分层。

【例】 如图 1-22 所示，加工外锥面。

由图可知：加工锥度要切削 10mm 的长度，用 G94 指令加工将分四层切削，选用刀宽 4mm 的切断刀，第 1 层 1mm，第 2、3、4 层各 3mm；用四个 G94 指令进行粗加工；R 分别为-1、-4、-7、-10。

```
G0   X60  Z2;                快速定位
G94  X30  Z0  R-1 F60;       走刀路线:A→D→C→G
     R-4;                    走刀路线:A→E→C→G
     R-7;                    走刀路线:A→F→C→G
     R-10;                   走刀路线:A→B→C→G
```

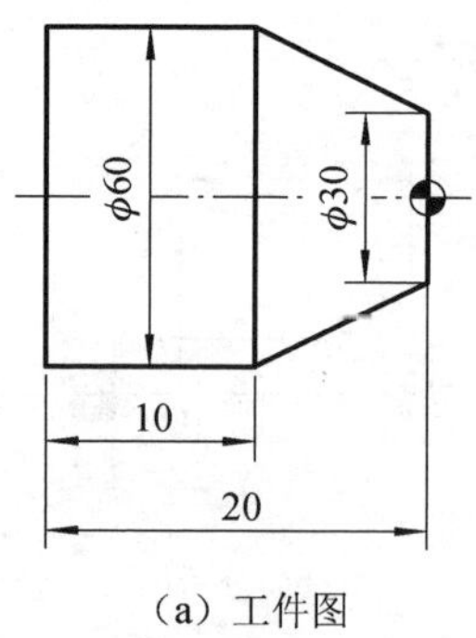

（a）工件图

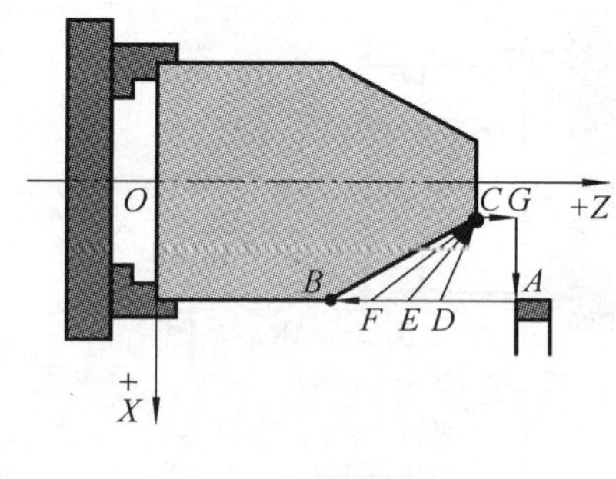

（b）分析图

图 1-22　不均等分层加工

注：① G94 指令执行完，刀具停在（$X60$，$Z2$）的位置；第 2～4 程序段中的进刀量为 4mm、7mm、10mm，但实际切削量是 3mm。

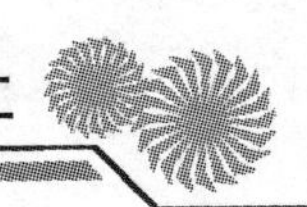

② 刀具定位在 Z0 的位置，由分析图可知：B 点为切削起点，C 点为切削终点，那么总的 R=(−10−0)=−10。

③ 刀具停位在（X60，Z2）的位置，这样 R 不用计算。

2）G90 指令中的 R、Z 不变，通过改变切削终点的 X 值来分层。

【例】　如图 1-23 所示，加工外锥面。

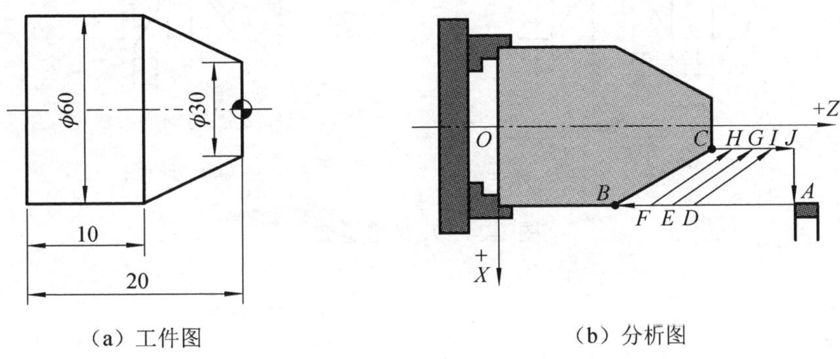

（a）工件图　　（b）分析图

图 1-23　均等分层加工

由图可知：加工锥度要切削 10mm 的长度，用 G94 指令加工将分四层切削，选用刀宽 4mm 的切断刀，第 1 层 1mm，第 2、3、4 层各 3 mm；用四个 G94 指令进行粗加工；Z 分别为 9、6、3、0。

```
G0    X60   Z10;              快速定位
G94   X30   Z9   R-10 F60;    走刀路线：A→D→I→J
            Z6;               走刀路线：A→E→G→J
            Z3;               走刀路线：A→F→H→J
            Z0;               走刀路线：A→B→C→J
```

注：① G94 指令执行完，刀具停在（X60，Z10）的位置。

② 刀具定位在 X60 的位置，由分析图可知：B 点为切削起点，C 点为切削终点，那么总的 R=(−10−0)=−10。

③ 刀具停位在（X60，Z10）的位置，这样 R 不用计算。

④ 由分析图可知，一般用 G94 加工锥面都采用图 1-20 所示的方法，则可以减少走刀时间。

【例】　如图 1-24 所示，用 G94 指令对工件 A→B→C→D 轮廓进行粗、精加工。

加工工艺：

① 切φ20mm 的槽，留有 0.3mm 余量

② 粗车φ20mm 的外圆，留有 0.3mm 余量。

③ 粗车 A—B 锥面，留有 0.3mm 余量

④ 粗车 C—D 锥面，留有 0.3mm 余量

⑤ 精车 $A \to B \to C \to D$ 的轮廓。

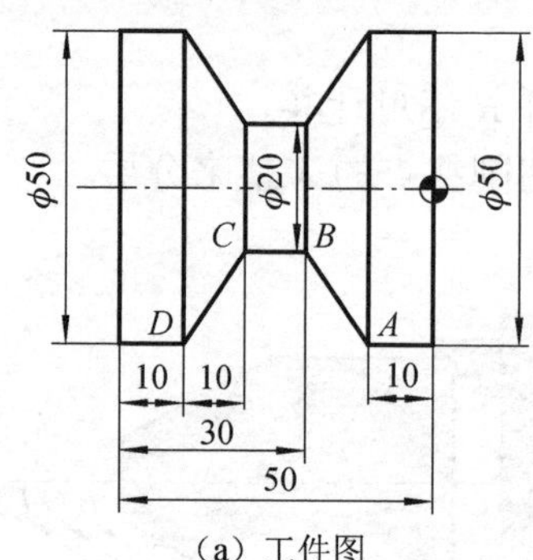

（a）工件图

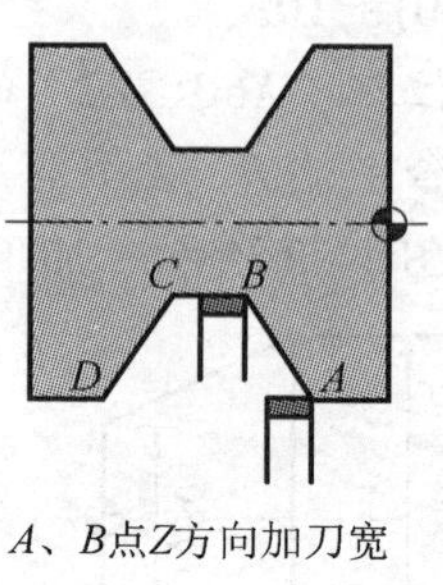

（b）分析图

图 1-24　皮带槽加工

程序：

```
O0001;
N10  T0303  S02  M03;                    用3号切断刀,刀宽为3mm,主轴低速正转
N20  G0  X52  Z-30;                      快速定位
N30  G94  X20.3  Z-30  F50;              切φ30mm的槽
N40  Z-27.5;                             ┐
N50  Z-25;                               │粗车φ30mm的外圆,留有0.3mm余量
N60  Z-23;                               ┘
N70  G0  X50   Z-24;                     快速定位
N80  G94  X20.3 Z-23  R2.5  F50;         ┐
N90  R5;                                 │
N100 R7.5;                               │粗车A→B锥面,留有0.3mm余量
N110 R10;                                ┘
N120 G0  X50   Z-29;                     快速定位
N130 G94  X20.3  Z-30  R-2.5  F50;       ┐
N140 R-5;                                │
N150 R-7.5;                              │粗车C→D锥面,留有0.3mm余量
N160 R-10;                               ┘
N170 G0  X50  Z-13;                      ┐快速定位
N180 G01  X20  Z-23  F40;                │
N190 Z-30;                               │精车A→B→C→D的轮廓
N200 X50  Z-40;                          ┘
N210 G0  X80  Z80;                       返回起刀点
```

注：① 程序中将3号刀设为非基准刀。对刀时以左刀尖为基准。

② 程序切削锥面时如果采用图1-20所示的刀具定位方法，AB 锥面 R=−10−(−20)

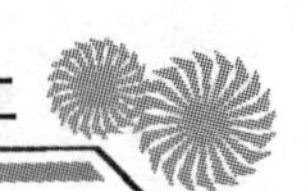

=10；*CD* 锥面 $R=-40-(-30)=-10$。

③ 程序切削锥面时如果采用图 1-21 所示的方法，则可以减少走刀时间。

④ 程序中的切断刀在编程中 *A*、*B* 点处要加上刀宽值（见分析图），否则产生切削错误。

2. 锥度计算

（1）锥度的概念

锥度是指正圆锥体底圆直径与锥高之比。如果是圆锥台，则为上、下底圆直径之差与圆锥台高度之比，如图 1-25 所示。

锥度 $=2\tan\alpha=D/L=(D-d)/l$

锥度在图样上也以 1∶*n* 的简化形式表示。

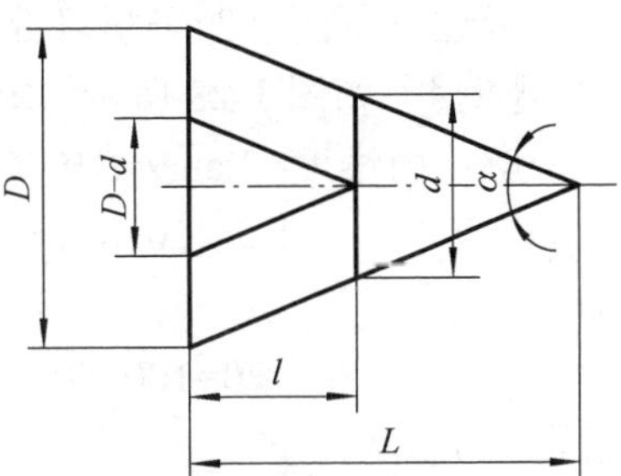

图 1-25　锯度

（2）锥度的画法

如图 1-26（a）所示，零件的右部是一个锥度为 1∶3 的圆锥台，其作图方法如图 1-26（b）所示。

作图步骤：

1）由点 *A* 沿轴线向右取 3 等份得点 *B*；

2）由点 *A* 沿垂线向上和向下分别取 1/2 等份，得点 *C* 和 *D*；

3）连接 *BC*、*BD*，即得 1∶3 的锥度；

4）过点 *E*、*F* 分别作 *BC*、*BD* 的平行线，即得所求圆锥台的锥度线。

（3）锥度的标注（GB/T 15754—1995）

在图样上应采用如图 1-27（a）所示的图形符号表示圆锥，该符号应配置在基准线上。表示圆锥的图形符号和锥度应靠近圆锥轮廓标注，基准线应通过指引线与圆锥的轮廓素线相连。基准线应与圆锥的轴线平行，图形符号的方向应与圆锥方向相一致，如图 1-27（b）所示。

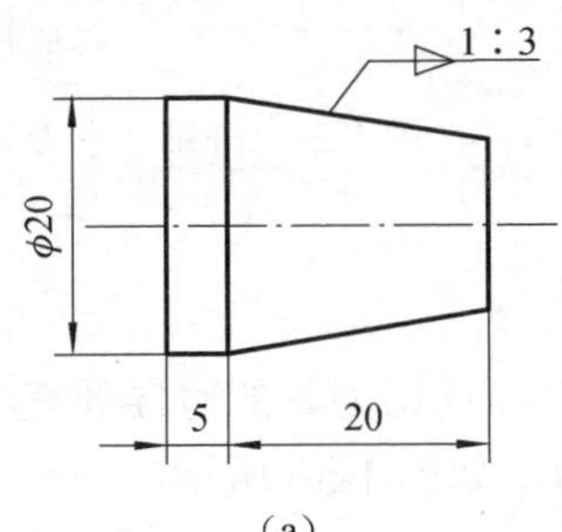

（a）

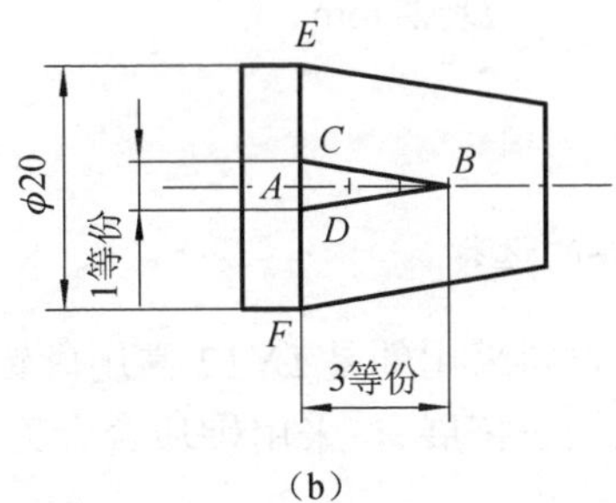

（b）

图 1-26　锥度画法

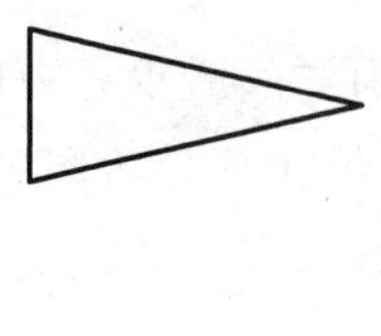

（a）

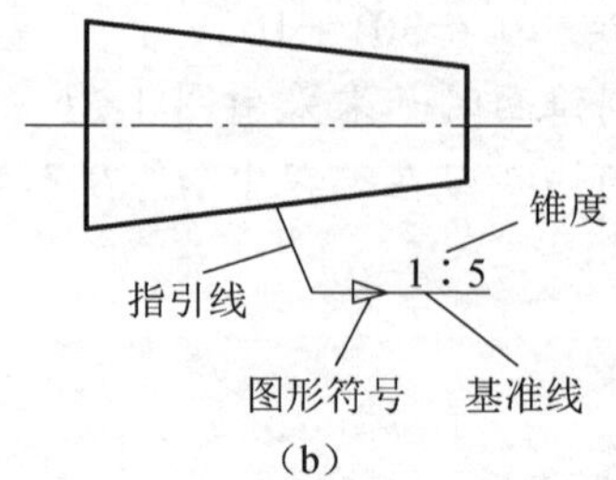

（b）

图 1-27 锥度标注

（4）锥度的计算

通过以下两个例子学习锥度的计算方法。

【例】 如图 1-28 所示，求锥度小端直径。

解：由锥度$=2\tan\alpha=D/L=(D-d)/l$得

$$1/5=(20-d)/20$$

即

$$20=100-5d$$

解得

$$d=16\text{mm}。$$

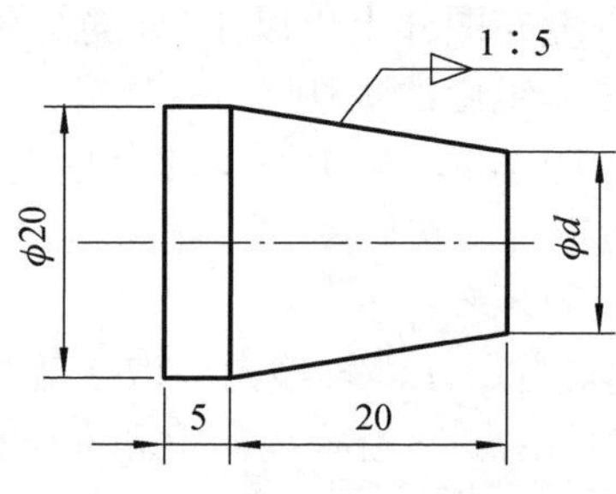

图 1-28 外锥（求 d）

【例】 如图 1-29 所示，求锥度大端直径。

解：由锥度$=2\tan\alpha=D/L=(D-d)/l$得

$$1/3=(D-20)/21$$

即

$$21=3D-60$$

所以

$$D=27\text{mm}。$$

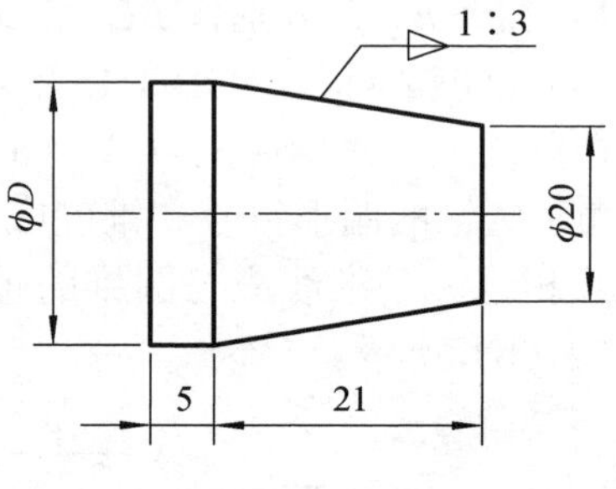

图 1-29 外锥（求 D）

3. 刀具的选择

该零件材料采用的是 LY12 常用硬铝合金，所以在选用刀具的时候要充分考虑材料的特性（见知识拓展），采用硬质合金刀片，型号为，如图 1-30 所示。

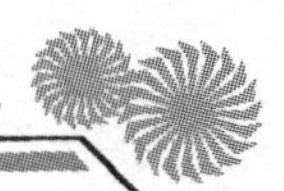

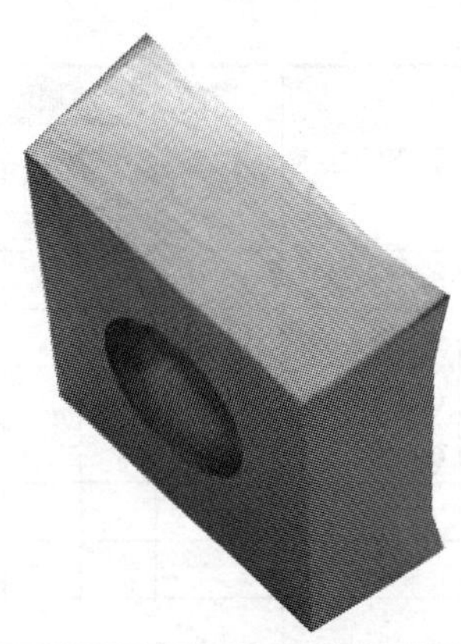

C	C	G	T	12	04	04	AK —	H01
刀片形状	刀片后角度数	精度等级	断屑槽及夹固形式	切削刃长/mm	刀片厚度/mm	刀尖圆弧半径/mm	断屑槽型	克活伊牌号
(80°)	(7°)	(d, m)		12.7	4.76	0.4	AK	H01

图 1-30　刀片参数

4. 切削用量的选择

(1) 背吃刀量

刀片的不同，背吃刀量也不一样。这里选择的是 AK 系列的刀片，如表 1-21 所示，适合于中切削，背吃刀量按推荐值为 0.5～4.0mm，经济的吃刀量为 1.5mm；粗车时选择背吃刀量为 1.5mm，精车数控刀具刀尖圆弧半径为 0.4mm，可选择背吃刀量为 0.3～0.5mm。

表 1-21　AK 刀片参数

适用刀杆型号	型号		ASA	涂层硬质合金				无涂层硬质合金					几何参数/mm				
				PC230	PC130	CX1794	CX1233	HD1	G10	ST10	H10		l	d	t	r	d1
SCACR/L SCLCR/L	CCIT	060202-AK	21.50.5					•					6.5	6.35	2.38	0.2	2.8
		060204-AK	21.51					•					6.5	6.35	2.38	0.4	2.8
		060208-AK	21.52					•					6.5	6.35	2.38	0.8	2.8
		060302-AK	32.50.0					•					9.7	9.525	3.97	0.2	4.4

续表

适用刀杆型号	型号		ASA	涂层硬质合金				无涂层硬质合金					几何参数/mm				
				PC230	PC130	CX1794	CX1233	HD1	G10	ST10	H10		l	d	t	r	dl
SCACR/L SCLCR/L	CCIT	060304-AK	32.51					•					9.7	9.525	3.97	0.4	4.4
		060308-AK	32.52					•					9.7	9.525	3.97	0.8	4.4
		060402-AK	430.5					•					12.9	12.7	4.76	0.2	5.5
		060404-AK	431					•					12.9	12.7	4.76	0.4	5.5
		06040-AK	432					•					12.9	12.7	4.76	0.8	5.5

工作	硬度	推荐牌号	推荐切削条件		
			速度/(m/min)	进给/(mm/r)	切深/mm
铝、铝合金	20～125HB	H01	200～800	0.1～0.4	0.5～4.0

（2）转速

刀片的断屑槽与材质不同，切削速度也不一样，此工件选用的刀片切削速度的范围是 200～800m/min，根据公式 $V_c=\pi Dn/1000$，可计算出所需主轴转速。

（3）进给量

根据刀片不同，选择此刀片 F 一般为 0.1～0.4mm/r，考虑表面粗糙度及刀片的强度，粗加工选择 F=0.2mm/r，精加工选择 F=0.1mm/r。

1.2.6 注意事项及常见问题

1．注意事项

1）机床空载运行时，注意检查机床各部分运行状况。

2）进行对刀操作时，要注意刀位点的选取。

3）工件装夹时，夹持部分不能太短，要注意伸出长度。

4）刀具快速移动的倍率调整为 30%～50%。

5）注意观察“检视”窗口上加工余量的变化。

6）加工过程中，注意右手食指和中指不要离开“循环开始”和“循环暂停”按钮。

7）工件加工过程中，要注意检验工件质量。如果加工质量出现异常，应停止加工，并请示教师，以便采取相应措施。

2．常见问题

90°锥面加工完成后，通过角度检测发现锥度超差（可能大，可能小），但程序编制没有问题，是按标准尺寸计算的，对刀也没问题，其他外圆尺寸正确。

原因：加工锥面时，X、Z 两轴同时产生位移，一方面可能是由两轴传动比配置不

正确造成的，或者可能是传动机构有问题造成的；另一方面，因为所用刀具的刀尖不可能是一个绝对的理想点，都会有圆弧存在，也就会造成切削点的变化，导致锥度不准。

解决方法如下：

1）针对原因一需要进行机床的维修和调试，才能解决问题。

2）针对原因二则只需要采用刀尖半径补偿就能解决问题。

3）另有一个简单的办法可以临时解决问题，即通过改变锥度两端大小圆的直径来保证锥度的正确，但前提是锥度两端的直径要求不高，或者公差较大，不然会顾此失彼，没有作用。

知识拓展

铝合金、镁合金在航天器上的应用

我国航天事业未来发展的重点包括载人航天空间站、高分辨率对地观测系统、深空探测、空间科学、在轨服务平台和激光通信卫星等。这些航天器的特点：长期在轨运行，体积和质量大幅增加，需要配置更多的载荷和燃料，承受更加复杂的空间环境，对形状精度及其保持能力要求更高。为满足上述需求，航天器未来将朝着长寿命、大型化、高承载、轻量化、高尺寸稳定性，以及耐受复杂空间环境等方向发展。

长寿命：空间站在轨密封寿命达10年，通信卫星在轨寿命要求12～15年，星际探测器可能在轨道上飞行20年以上。

大型化：空间站大型舱体结构直径将超过4m，长度15m以上；卫星外包络直径4m以上；未来载人登月舱体外包络直径达到10m以上；另外，对于空间站、大型通信卫星等航天器，需配置大型可展结构，如大型太阳翼、天线等。

高承载：空间站结构承载能力将达25t；“十二五”期间，大型卫星结构承载能力达9t，未来可能达15t；载人登月着陆器承载能力达30t以上。

轻量化：航天器结构占航天器总质量的百分比下降到6%甚至更低。

高尺寸稳定性：要求航天器结构单向变形比达到0.1×10^{-6}/℃量级，以减小在空间交变热环境对载荷指向精度的影响。

耐受复杂空间环境：如耐受月面-180～+150℃的交变温度环境、其他行星表面环境等。

材料是形成航天器结构的基础，航天器结构的性能和可靠性在很大程度上取决于材料的性能。要降低航天器结构的质量、提高结构的刚度和强度，虽然可以在结构形式、尺寸等方面进行各种设计和改进，但最直接和最有效的途径是选择密度小而弹性模量和强度高的材料。

铝合金材料的特点是密度低，有较高的比模量和比强度值，导热性和导电性良好，耐腐蚀性能好，制造工艺性能良好，故其一直是航天器上主要的结构材料之一。

镁合金材料具有比强度、比刚度高，阻尼性好等优点，是有效解决航天器轻量化需求的轻质金属材料，如今在航天器上得到了广泛的使用。

铝锂合金材料是近年来航空航天材料中发展最为迅速的一种先进轻量化结构材料，具有密度低、弹性模量高、比强度和比刚度高、疲劳性能好、耐腐蚀及焊接性能好等诸多优异的综合性能，用其代替常规的高强度铝合金可使结构质量减轻10%～20%，刚度提高15%～20%。因此，其在航空航天领域显示出了广阔的应用前景，下面对铝锂合金进行详细的介绍。

铝锂合金的应用

近年来，国内外铝锂合金的研制和成形技术日渐成熟，因此在航天器的设计与制造中大量使用了铝锂合金，如“奋进号”航天飞机的外储箱（图 1-31）、“天宫一号”（图 1-32）的资源舱和太阳电池翼。

图 1-31　奋进号航天飞机与外储箱

图 1-32　“天空一号”

据统计，每减轻 1kg 结构质量可以获得 10 倍以上经济效益，所以密度较低的铝锂合金受到航天工业的青睐。铝锂合金已在许多航天构件上取代了常规高强铝合金。其中，其在美国航天工业上的应用尤为突出。

洛克希德・马丁公司利用 8090 铝锂合金制造了“大力神”号运载火箭（图 1-33）的有效载荷舱，减轻质量 182kg。1994年，为解决“奋进号”航天飞机外储箱的超重问题，洛克希德・马丁公司联合雷诺兹金属公司研发出新型 2195 材料以取代之前的2219 合金。该合金的密度比 2219 合金的低 5%，而其强度则比后者高 30%。采用 2195 制造的整体焊接结构储箱，减轻质量 3405kg，其中液氢箱减重 1907kg，液氧箱减重 736kg，直接经济效益近 7500 万美元，因此被称为超轻燃料储箱。俄罗斯在铝锂合金的研究、生产和应用方面也一直处于领先地位，为提高载荷能力，航天飞机的外燃料储箱采用铝锂合金制成，“能源号”运载火箭（图 1-34）

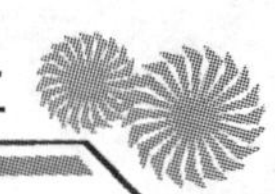

的低温储箱是采用 1460 铝锂合金制成的。

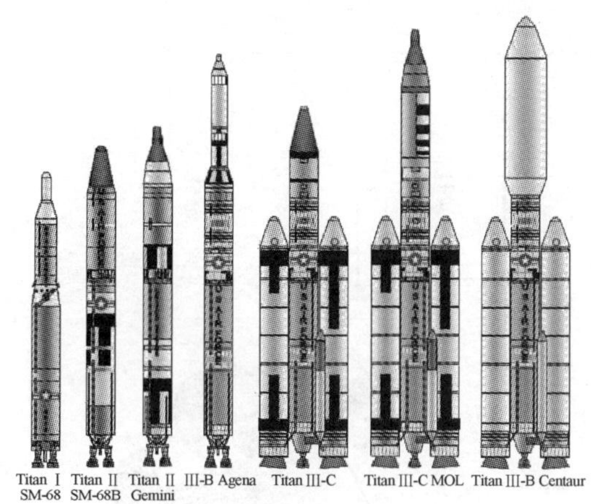

图 1-33　大力神系列运载火箭

图 1-34　“能源号”运载火箭

思考与练习

一、填空题

1．锥度是指正圆锥体________与________之比。

2．当加工外锥面切削循环时，就用的刀具________。

3．车削圆锥面时，常用的分层方式有________。

二、判断题

1．驱动装置是数控机床的控制核心。（　　）

2．锥度加工时，刀具的起点定位对加工没有影响。（　　）

3．切削温度是指刀具表面的平均温度。（　　）

三、简答题

1．试写出圆锥面切削循环 G90 的指令格式，并说明指令中各参数的含义。

2．试写出端面锥度切削循环 G94 的指令格式，并说明指令中各参数的含义。

3．如题图 1-2 所示工件，毛坯为ϕ80mm×56mm 的 45 号钢，试编写该零件的内轮廓的数控车削程序。

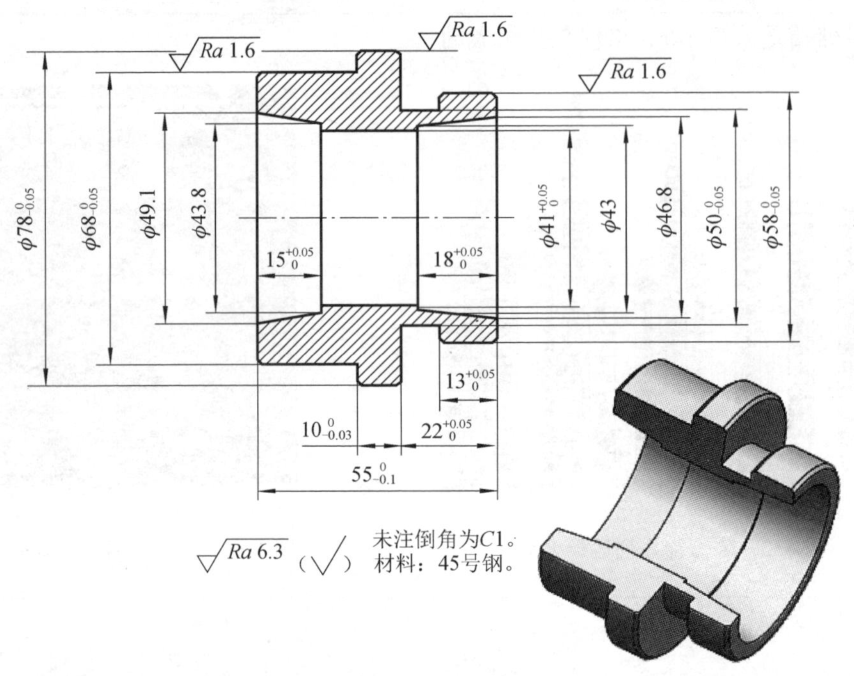

题图 1-2　零件图

任务 1.3　沟槽回转零件的编程与加工

任务描述

本任务主要训练各种槽类零件（图 1-35）的加工方法，了解槽类零件的加工工艺与质量分析，掌握外圆沟槽和端面沟槽加工的编程技巧。通过识读零件图，了解沟槽类零件的加工尺寸要求，完成加工工艺分析；合理选择加工参数，合理选择沟槽加工所需的相关刀具和量具，完成零件的编程和加工。

任务目标

1．掌握切槽刀对刀的方法与操作步骤。
2．掌握外圆沟槽和端面沟槽的工艺分析方法。
3．掌握 G74、G75 循环程序的编制方法。
4．完成零件的加工和检测。

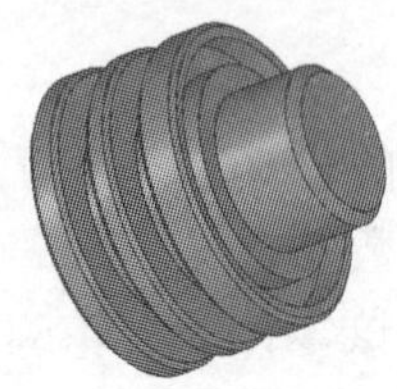

图 1-35　沟槽类零件

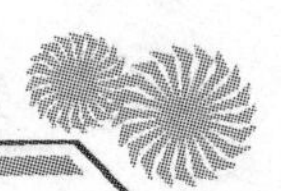

1.3.1 工艺分析

1. 图样分析

根据图样（图 1-36）得知，任务 1.3 是一个典型的沟槽类零件，材料为 45 钢，整体结构简单，由外圆沟槽和端面沟槽组成，尺寸精度要求一般，适合数控车加工。外圆尺寸精度为$\phi 56_{-0.046}^{0}$ mm，外圆台阶尺寸精度为$\phi 30_{-0.033}^{0}$ mm，外圆沟槽底径$\phi 38_{-0.039}^{0}$ mm，槽宽 6mm，端面沟槽尺寸精度为$\phi 30_{-0.033}^{0}$ mm、$\phi 40_{-0.039}^{0}$ mm、$\phi 50_{0}^{+0.062}$ mm，槽深 5mm，总长尺寸精度为（48±0.02）mm，所有加工表面粗糙度 *Ra* 值为 3.2μm，未注倒角 *C*1。

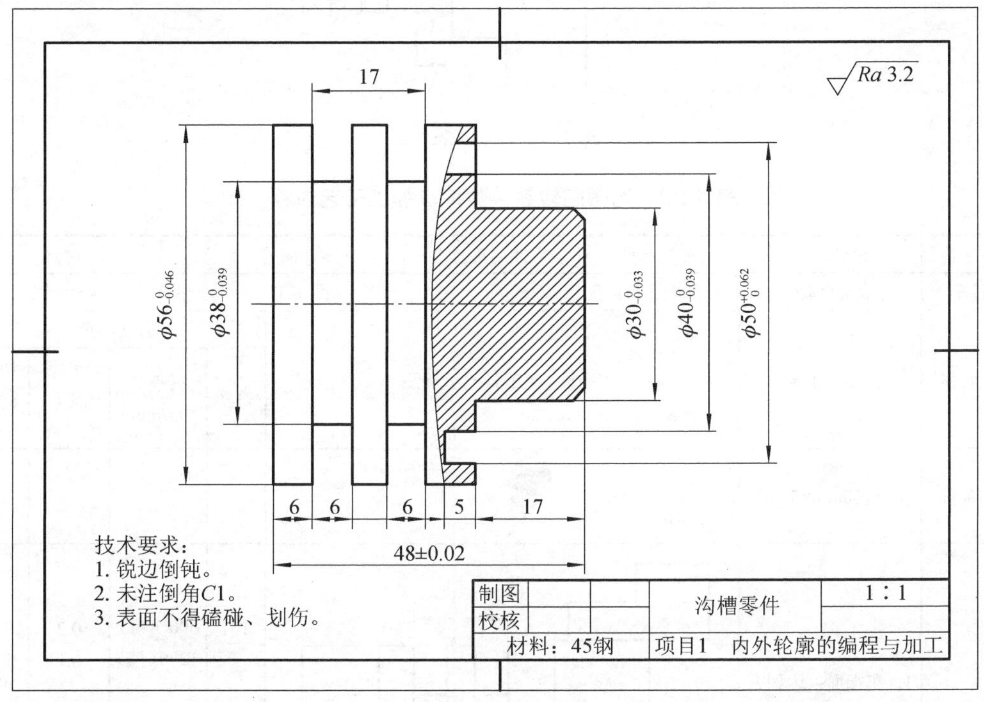

图 1-36 零件图

2. 工艺编制

根据零件结构及精度要求，通过两次装夹即可完成加工，先加工外圆沟槽和外圆，后加工台阶和端面沟槽，或者先加工台阶和端面沟槽，但用第二种方法加工时要注意掉头装夹台阶相邻外圆面和卡盘之间的距离，如图 1-37 所示。

沟槽回转零件的数控加工工艺过程见表 1-22。

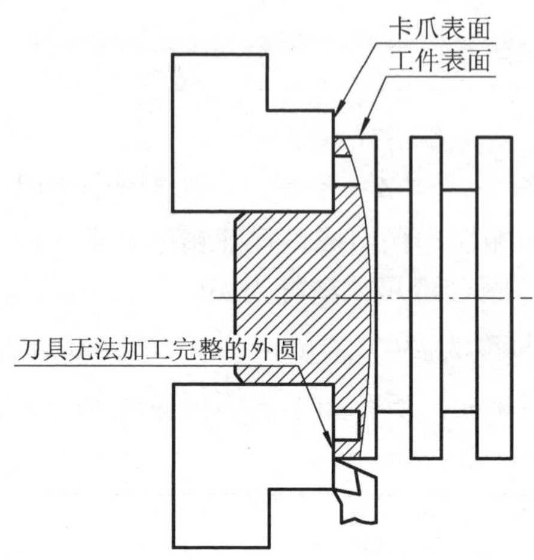

图 1-37　工件装夹

表 1-22　沟槽回转零件数控车加工工艺过程

设备名称		设备型号	夹具名称	零件名称	零件图号	材料			
数控车		CK6140	三爪自定心卡盘	沟槽回转	图 1-37	45 号钢			
序号	名称	工序内容	工序（或工具）示意图			切削用量			
						刀具	转速 S /（r/min）	进给速度 F /(mm/r)	切削深度 /mm
1	备料	棒料 ϕ60mm×50mm							
2	车削左端外轮廓	1．车端面，达到表面粗糙度 Ra 值为 3.2μm。 2．粗、精车外圆 $\phi 56_{-0.046}^{0}$ mm。 3．粗、精车外圆沟槽达到槽底直径 $\phi 38_{-0.039}^{0}$ mm，槽宽 6mm、17mm 要求	17 $\phi 38_{-0.039}^{0}$ $\phi 56_{-0.046}^{0}$ 6　6　6 33 伸出长度			T01	600（粗） 1200（精）	0.2 0.1	1.5 0.25
						T02	400（粗） 1000（精）	0.05 0.1	2 0.1

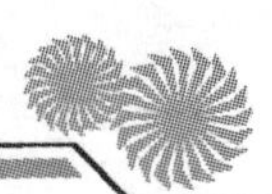

续表

序号	名称	工序内容	工序（或工具）示意图	切削用量			
				刀具	转速 S /（r/min）	进给速度 F /（mm/r）	切削深度 /mm
3	车削右端外轮廓	1．车端面，保证总长（48±0.02）mm 要求。 2．粗、精车台阶外圆达到 $\phi30\ ^{0}_{-0.033}$ mm 图样尺寸要求。 3．粗、精车端面沟槽达到 $\phi50\ ^{+0.062}_{0}$ mm、$\phi40\ ^{0}_{-0.039}$ mm，槽深 5mm 要求		T01	600 1200	0.2 0.1	1.5 0.25
				T03	400 1000	0.05 0.1	2 0.1
4	零件检测	1．测量外轮廓各项尺寸要求。 2．测量长度尺寸要求					

回转轴套数控车加工刀具卡见表 1-23。

表 1-23　回转轴套数控车加工刀具卡

序号	刀具号	刀具名称	刀具规格	刀片规格	加工表面	备注
1	T01	外圆粗、精车刀	MWLNR2525K08	WNMG080404	外圆、端面	
2	T02	外圆尖刀	SVJCR2525M16	VCMT160404	精车外圆	
3	T03	内孔镗刀	S16Q-SCLCR09	CCMT09T304HQ	内孔粗、精车	

1.3.2 程序编制

表 1-24～表 1-33 中为本任务的参考加工程序，请注意领会表中程序说明的含义。详情参见视频“工件左端外圆粗加工操作”。

表 1-24 工件左端外圆加工程序（粗车）

程序内容	程序说明
O0001;	程序名
T0101;	换 1 号刀（外圆刀）
M03 S600;	主轴正转，转速 600r/min
M08;	开冷却液
G00 X62.0 Z2.0;	固定循环起点
G90 X57.0 Z-31.0 F0.2;	调用固定循环加工圆柱表面，精加工余量为 1.0mm
M09;	关冷却液
G00 X100.0 Z100.0	
M30;	主轴停转，程序结束，并返回程序开头

扫码观看视频

工件左端外圆粗加工操作

参见视频“工件左端外圆半精加工操作”。

表 1-25 工件左端外圆加工程序（半精车）

程序内容	程序说明
O0011;	程序名
T0101;	换 1 号刀（外圆刀）
M03 S1200;	主轴正转，转速 1200r/min
M08;	开冷却液
G00 X60.0 Z2.0;	刀具定位
G01 X54.0 Z0.0 F0.1;	精加工
X56.5 Z-1;	
Z-31;	
M09;	关冷却液
G00 X100.0 Z100.0;	
M30;	主轴停转，程序结束，并返回程序开头

扫码观看视频

工件左端外圆半精加工操作

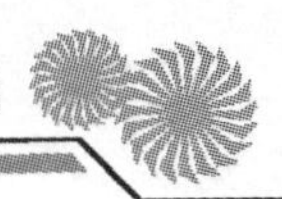

参见视频“工件左端外圆精加工操作”。

表 1.26　工件左端外圆加工程序（精车）

程序内容	程序说明
O0012;	程序名
T0101;	换 1 号刀（外圆刀）
M03 S1200;	主轴正转，转速 1200r/min
M08;	开冷却液
G00 X60.0 Z2.0;	刀具定位
G01 X54.0 Z0.0 F0.1;	精加工
X56.0 Z-1;	
Z-31;	
M09;	关冷却液
G00 X100.0 Z100.0;	
M30;	主轴停转，程序结束，并返回程序开头

扫码观看视频

工件左端外圆精加工操作

参见视频“工件左端外圆沟槽粗加工操作”。

表 1-27　工件左端外圆沟槽加工程序（粗车）

程序内容	程序说明
O0002;	程序名
T0202;	换 2 号刀（外圆沟槽），刀宽为 3mm
M03 S400;	主轴正转，转速 400r/min
M08;	开切消液
G00 X60.0 Z-9.5;	快速接近工件
G75 R0.5;	切第一个槽（槽底留 0.1mm 精加工，槽宽单边留 0.5mm 精加工）
G75 X38.1 Z-11.5 P2000 Q2900 F0.05;	
G00 X60.0;	快速接近第二个槽
Z-20.5;	
G75 R05;	切第一个槽（槽底留 0.1mm 精加工，槽宽单边留 0.5mm 精加工）
G75 X38.1 Z-22.5 P2000 Q2900 F0.05;	
M09;	关冷却液
G00 X100.0 Z100.0;	返回安全位置
M30;	主轴停转，程序结束，并返回程序开头

扫码观看视频

工件左端外圆沟槽粗加工操作

参见视频“工件左端外圆沟槽精加工操作”。

表 1-28　工件左端外圆沟槽加工程序（精车）

程序内容	程序说明
O0021;	程序名
T0202;	换 2 号刀（外圆沟槽刀），刀宽为 3mm
M03 S1000;	主轴正转，转速 1000r/min
M08;	开冷却液
G00 X60.0 Z-9.0;	快速接近工件
G75 R0.5;	切第一个槽
G75 X38.0 Z-12.0 P100 Q2900 F0.1;	
G00 X60.0	快速接近第二个槽
Z-20.0;	
G75 R0.5;	切第一个槽
G75 X38.0 Z-23.0 P100 Q2900 F0.1;	
M09;	关冷却液
G00 X100.0 Z100.0	返回安全位置
M30;	主轴停转，程序结束，并返回程序开头

扫码观看视频

工件左端外圆沟槽精加工操作

参见视频“工件右端外圆粗加工操作”。

表 1-29　工件右端外圆加工程序（粗车）

程序内容	程序说明
O0003;	程序名
T0101;	换 1 号刀（外圆刀）
M03 S600;	主轴正转，转速 600r/min
M08;	开冷却液
G00 X62.0 Z2.0;	固定循环起点
G90 X57.0 Z-17.0 F0.2;	调用固定循环加工圆柱表面，精加工余量为 1.0mm
X54.0;	固定循环模态调用，以下同
X51.0;	
X48.0 Z-20;	
X45.0;	
X42.0;	
X39.0;	
X36.0;	

扫码观看视频

工件右端外圆粗加工操作

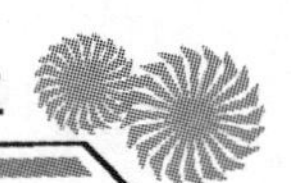

续表

程序内容	程序说明
X33.0;	
X31.0;	精加工余量为 1.0mm
M09;	关冷却液
G00 Z100.0 Z100.0;	
M30;	主轴停转，程序结束，并返回程序开头

参见视频“工件右端外圆半精加工操作”。

表 1-30　工件右端外圆加工程序（半精车）

程序内容	程序说明
O0031;	程序名
T0101;	换 1 号刀（外圆刀）
M03 S1200;	主轴正转，转速 1200r/min
M08;	开冷却液
G00 X35.0 Z2.0;	刀具定位
G01 X26.5.Z0.0 F0.25;	半精加工
X30.5 Z-2.0;	
Z-17.0;	
X57.0;	
X56.0 Z-18.0	
M09;	关冷却液
G00 X100.0 Z100.0;	
M30;	主轴停转，程序结束，并返回程序开头

扫码观看视频

工件右端外圆半精加工操作

参见视频“工件右端外圆精加工操作”。

表 1-31　工件右端外圆加工程序（精车）

程序内容	程序说明
O0032;	程序名
T0101;	换 1 号刀（外圆刀）
M03 S1200;	主轴正转，转速 1200r/min
M08;	开冷却液
G00 X35.0 Z2.0;	刀具定位

扫码观看视频

工件右端外圆精加工操作

续表

程序内容	程序说明
G01 X26.0.Z0.0 F0.25;	精加工
X30.5 Z-2.0;	
Z-17.0;	
X54.0;	
X56.0 Z-18.0	
M09;	关冷却液
G00 X100.0 Z100.0;	
M30;	主轴停转，程序结束，并返回程序开头

参见视频“工件右端端面沟槽粗加工操作”。

表 1-32 工件右端端面沟槽加工程序（粗车）

程序内容	程序说明
O0004;	程序名
T0303;	换 3 号刀（端面沟槽刀），刀宽为 3mm
M03 S400;	主轴正转，转速 400r/min
M08;	开冷却液
G00 X49.0 Z5.0;	快速接近工件
G74 R0.5;	粗车端面沟槽
G74 X47.0 Z-5.0 P2900 Q2000 F0.05;;	
M09;	关冷却液
G00 X100.0 Z100.0;	返回安全位置
M30;	主轴停转，程序结束，并返回程序开头

扫码观看视频

工件右端端面沟槽粗加工操作

参见视频“工件右端端面沟槽精加工操作”。

表 1-33 工件右端端面沟槽加工程序（精车）

程序内容	程序说明
O0041;	程序名
T0303;	换 3 号刀（端面沟槽刀），刀宽为 3mm
M03 S400;	主轴正转，转速 400r/min
M08;	开冷却液
G00 X50.0 Z5.0;	快速接近工件

扫码观看视频

工件右端端面沟槽精加工操作

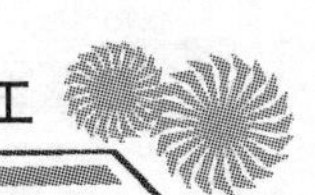

续表

程序内容	程序说明
G74 R0.5;	精车端面沟槽
G74 X46.0 Z-5.0 P2900 Q100 F0.1;	
M09;	关冷却液
G00 0 Z100.0;	返回安全位置
M30;	主轴停转，程序结束，并返回程序开头

1.3.3　零件加工

1. 确定机床

针对任务零件，其最大外形尺寸为ϕ50mm，而且加工精度要求不是很高，目前市场上的数控车床基本都能满足以上要求，故选用系统 FANUC 0i-T 系列经济型，型号为 CAK6140，无级变速，前置刀架（机床选择满足加工要求即可），见表 1-34 所示。

表 1-34　机床配备清单

序号	名称	型号
1	数控车床	CK6140 FACUK-0i-TD
2	卡盘扳手	200mm 卡盘用
3	刀架扳手	水平回转四工位刀架
4	铁屑钩子	
5	毛刷	

2. 确定材料

备料建议清单见表 1-35。

表 1-35　备料建议清单

序号	材料	规格/mm	数量
1	PVC 棒	ϕ60×50（程序调试用）	1 段/人

续表

序号	材料	规格/mm	数量
2	45 钢	$\phi 60\times 50$	1 段/人

3. 操作步骤

1）开机，X、Z 轴回参考点。

2）装夹工件，安装刀具，检查刀尖中心高度是否正确。

3）切换 MDI 模式，输入 M03 指令启动主轴，输入 T 指令选择刀具。

4）切换 JOG 模式，装入锥柄钻头，移动尾座，完成底孔加工。

5）切换 EDIT 模式输入加工程序，并检查程序的正确性。（也可进入程序模拟状态，通过图形化功能检查程序是否正确）

6）切换手轮模式，进行对刀，完成刀具长度补偿和建立工件坐标系工作。

7）切换 MDI 模式，校验对刀的正确性。

8）切换 MEMORY 模式，按下程序启动键，完成零件粗加工。

9）测量加工表面，计算加工精度，如有偏差，在刀具磨耗菜单下进行补偿。

10）调用精加工程序，完成零件的加工。

11）重复以上步骤 6）～10），完成所有要素的加工任务。

12）卸下工件和刀具，完成机床保养工作。

1.3.4 操作测评

加工完此工件后，请按照表 1-36 进行评分并得出成绩。

表 1-36 评分表

序号	项目	检验内容		分值	评分标准	实测	得分
1	外圆	$\phi 30_{-0.033}^{\ 0}$ mm		10	每超差 0.01mm 扣 2 分		
2		$\phi 56_{-0.046}^{\ 0}$ mm		10	每超差 0.01mm 扣 2 分		
3	长度	（48±0.02）mm		8	每超差 0.01mm 扣 2 分		
4		17mm		3	每超差 0.01mm 扣 1 分		
5		17mm		3	每超差 0.01mm 扣 1 分		
6		6mm		3	每超差 0.01mm 扣 1 分		
7	外槽	槽 1	6mm	3	每超差 0.01mm 扣 1 分		
8			$\phi 38_{-0.039}^{\ 0}$ mm	8	每超差 0.01mm 扣 2 分		
9		槽 2	6mm	3	每超差 0.01mm 扣 1 分		
10			$\phi 38_{-0.039}^{\ 0}$ mm	8	每超差 0.01mm 扣 2 分		

续表

序号	项目	检验内容	分值	评分标准	实测	得分
11	端面槽	$\phi 50_{0}^{+0.062}$ mm	8	每超差 0.01mm 扣 2 分		
12		$\phi 40_{-0.039}^{0}$ mm	8	每超差 0.01mm 扣 2 分		
13		5mm	4	每超差 0.01mm 扣 1 分		
14	倒角	*C*1（9 处）	1×9	每超差 0.01mm 扣 1 分		
15		*C*2（1 处）	2	每超差 0.01mm 扣 2 分		
16	粗糙度	*Ra*3.2μm	10	每处超差扣 1 分		
17	文明生产	发生重大安全事故的，取消加工资格；每违反一项规定，总分扣除 5 分				
18	其他项目	工件不完整，局部有缺陷（如夹伤、刮痕等），酌情扣分				
19	程序编制	程序中严重违反工艺规程的取消加工资格，其他问题酌情扣分				
合计						

1.3.5　相关知识

1．编程指令

利用单一程序指令也能完成沟槽零件的编程与加工，但程序过于复杂，容易出错，接下来利用 G74、G75 循环指令来完成沟槽的编程。

（1）G74——端面切槽循环（同样适用于端面槽加工）

格式：

```
G74 R e;
G74  X(U) Z(W) PΔiQDkRDdF;
```

参数含义（参考图 1-36）：

e——每次沿 *Z* 方向切削 *Dk* 后的退刀量。另外，没有指定 *R*（*e*）时，用参数（No056）也可以设定，根据程序指令，参数值也改变；

X——*B* 点的 *X* 方向绝对坐标值；

U——*A* 到 *B* 的增量；

Z——*C* 点的 *Z* 方向绝对坐标值；

W——*A* 到 *C* 的增量；

ΔI——*X* 方向的每次循环移动量（无符号，直径）；

Δk——*Z* 方向的每次切削移动量（无符号）；

Δd——切削到终点时 *X* 方向的退刀量（直径），通常不指定，省略 *X*（*U*）和Δi 时，则视为 0；

F——进给速度。

注：① e 和 Dd 都用地址 R 指定，它们的区别在于有无指定 X（U），也就是说，如果 X（U）被指定了，则为 Dd。

② 循环动作用含 X（U）指定的 G74 指令进行。

按照上面程序指令，进行如图 1-38 所示的动作。在此循环中，可以处理外形切削的断屑，另外，如果省略 X（U）、P，只是 Z 轴动作，则为深孔钻循环。

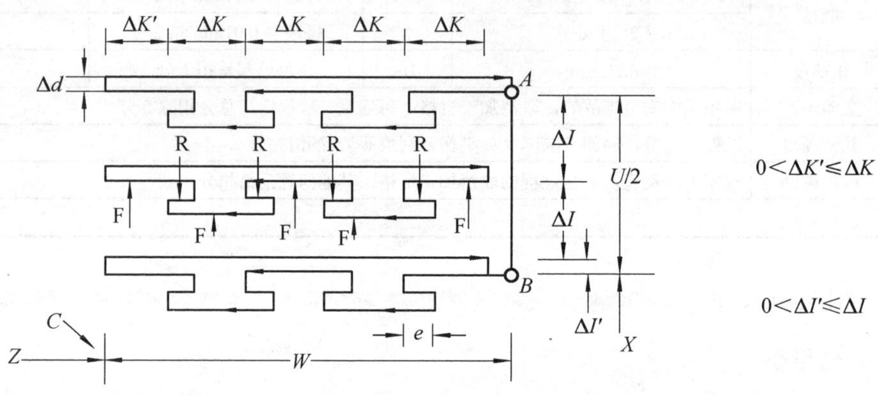

图 1-38　G74 循环路线

【例】　如图 1-39 所示，要在工件上钻 ϕ8mm、长 50mm 的孔，使用 G74 指令进行钻孔。

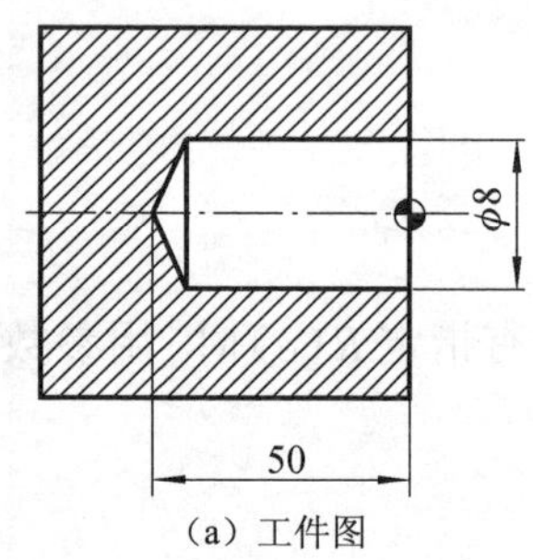

（a）工件图

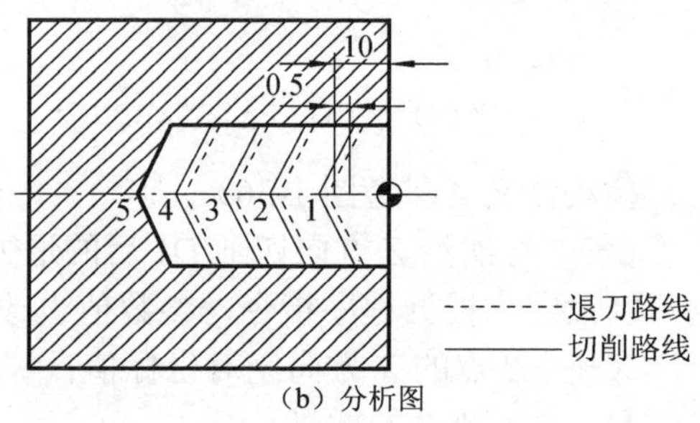

（b）分析图

图 1-39　钻孔循环

程序如下：

```
O2342;
T0202  S500 M03;             T0202 为φ8mm 钻头，主轴低速正转
G00   X0.0   Z5.0;           快速接近工件
G01   Z0.0;                  接近到工件端面处
G74   R0.5;                 }
G74   Z-50.0   Q10000   F40; } 钻孔
G00   Z150.0;                Z 方向返回安全位置
```

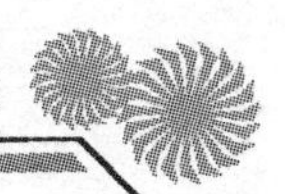

```
M05;                                  主轴停止
M30;                                  程序结束
```

注：G74 指令省略 X、P、R（Δd）值为深孔钻循环，Q10000 实际等于 10mm，一共分五次钻削加工。

【例】 如图 1-40 所示，已知工件已钻好ϕ10mm 的内孔，要求用 G74 进行扩孔。

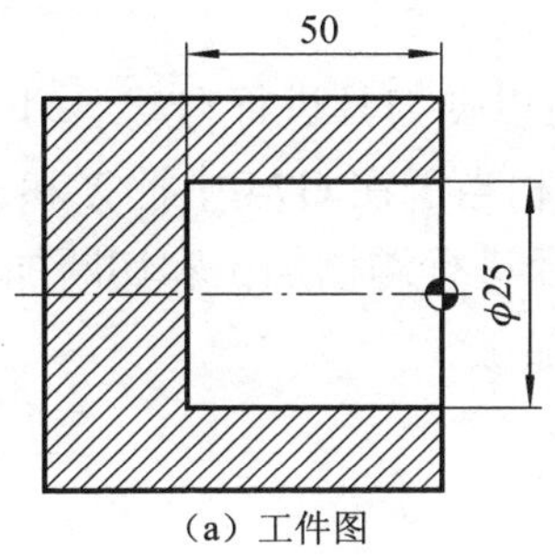

（a）工件图

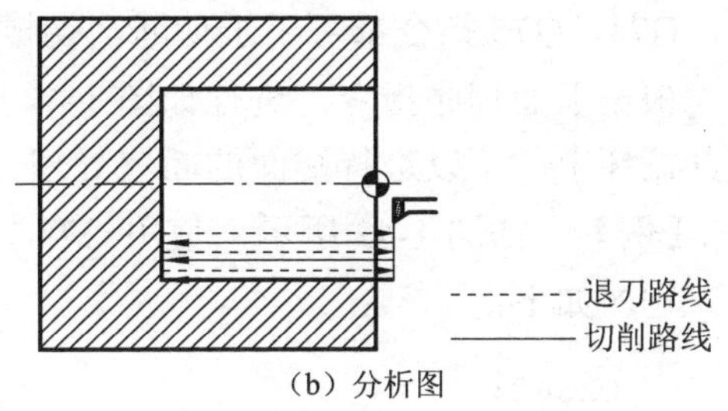

（b）分析图

图 1-40　扩孔循环

程序如下：

```
O2342;
T0202  S02  M03;                                    T0202 镗孔刀，主轴低速正转
G00  X10.0  Z5.0;                                   快速接近工件
G74  R0.0;                                          扩孔
G74  X25.0  Z-50.0  P5000  Q50000  R2  F40;
G00  Z150.0;                                        Z 方向返回安全位置
M05;                                                主轴停止
M30;                                                程序结束
```

注：G74 用于扩孔就等于用数个 G90 指令组成循环加工，R0、Q50000 可以使加工过程中不必退刀，节省时间。

（2）G75——径向切槽循环

格式：

```
G75 R e;
G75  X(U)  Z(W)  PΔIQΔKRΔdF;
```

参数含义（参考图 1-39）：

e——每次沿 *Z* 方向切削ΔI 后的退刀量。另外，用参数（No056）也可以设定，根据程序指令，参数值也改变；

X——*C* 点的 *X* 方向绝对坐标值；

U——*A* 到 *C* 的增量；

Z——B 点的 Z 方向绝对坐标值；

W——A 到 B 的增量；

ΔI——X 方向的每次循环移动量（无符号，直径）；

Δk——Z 方向的每次切削移动量（无符号）；

Δd——切削到终点时 Z 方向的退刀量，通常不指定，省略 X（U）和Δi 时，则视为 0。

F——进给速度。

G74、G75 指令都可用于切断、切槽或孔加工，可以使刀具进行自动退刀。

根据下面程序指令，进行如图 1-41 所示的动作。相当于在 G74 中把 X 和 Z 调换，在此循环中，可以进行端面的断屑处理，并可以对外径进行沟槽加工和切断加工。

【例】 如图 1-42 所示，使用 G75 指令进行多槽加工。

程序如下：

```
O2342;
T0202  S500.0  M03;                          T0202为4mm的切断刀，主轴低速正转
G00   X52.0   Z-14.0;                        快速接近工件
G75   R0.5;                                  } 切槽循环
G75   X40.0  Z-56.0  P3000  Q14000  F40;     }
G00   X80.0   Z80.0;                         返回安全位置
M05;                                         主轴停止
M30;                                         程序结束
```

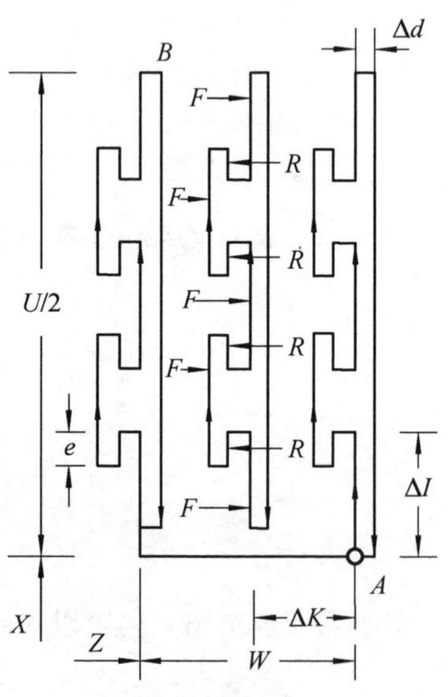

图 1-41 G75 循环路线

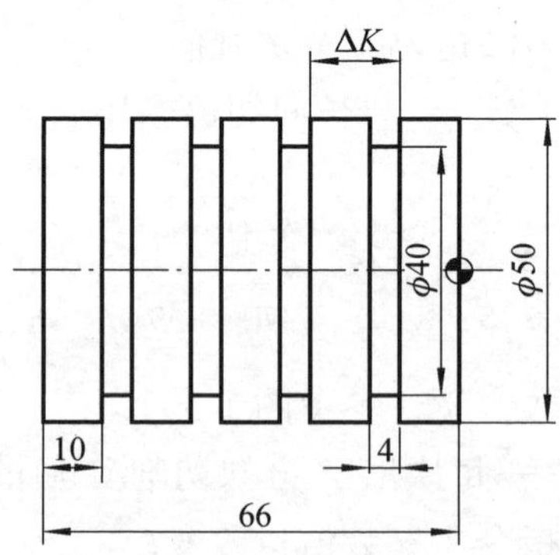

图 1-42 多槽加工

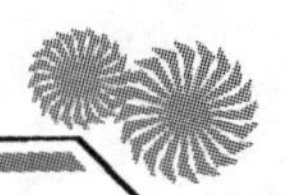

注：① G75 指令中的 Q14000 表示每次切完一条槽 Z 方向所移动的距离，进行多槽切削。

② G75 指令中省略 R（Dd）是避免切削到 X 终点，Z 方向的退刀量碰撞工件（Z 方向没有足够的退刀量的情况下）。

【例】　如图 1-43 所示，用 G75 指令进行切槽加工。

程序如下：

```
O2342;
T0202  S500  M03;                              T0202为4mm的切断刀,主轴低速正转
G00   X52.0  Z-19.0;                           快速接近工件
G75   R0.3;                                  }
G75   X30.0  Z-35.0  P5000  Q3900  F40;      } 切槽
G00   X80.0  Z80.0;                          } 返回安全位置
M05;                                           主轴停止
M30;                                           程序结束
```

注：G75 用于切槽就等于用数个 G94 指令组成循环加工，Q3900 不能大于刀宽。

【例】　如图 1-44 所示，使用 G75 指令对工件进行切断。

程序如下：

```
O2342;
T0202  S500   M03;                T0202为3mm的切断刀,主轴低速正转
G00   X52.0   Z-38.0;             快速接近工件
G75   R0.3;                     }
G75   X-0.1  P5000  F40;        } 切断
G00   X80.0   Z80.0;            } 返回安全位置
M05;                              主轴停止
M30;                              程序结束
```

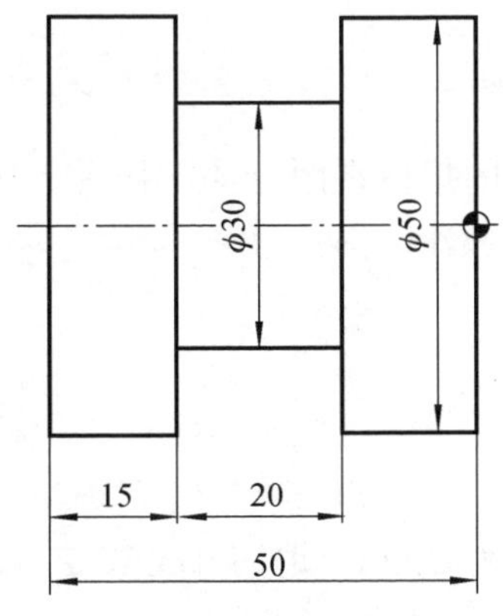

图 1-43　切槽加工

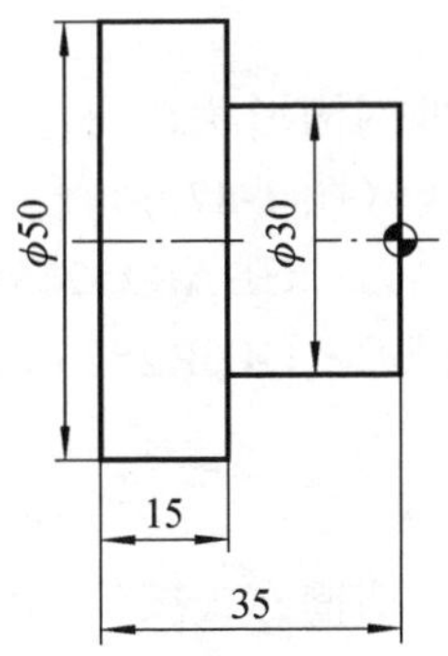

图 1-44　切断加工

注：G75 指令中省略 Z、Q、R（Δd）为直接切槽（即 Z 方向不移动）。

2. 刀具的选择

零件材料为 45 号钢，沟槽加工要求并不高，粗、精加工使用同一刀具，在选择刀片时根据这几点要求在图 1-45 中进行选择，刀片宽度选择 3mm，刀尖圆弧选择 0.4mm。

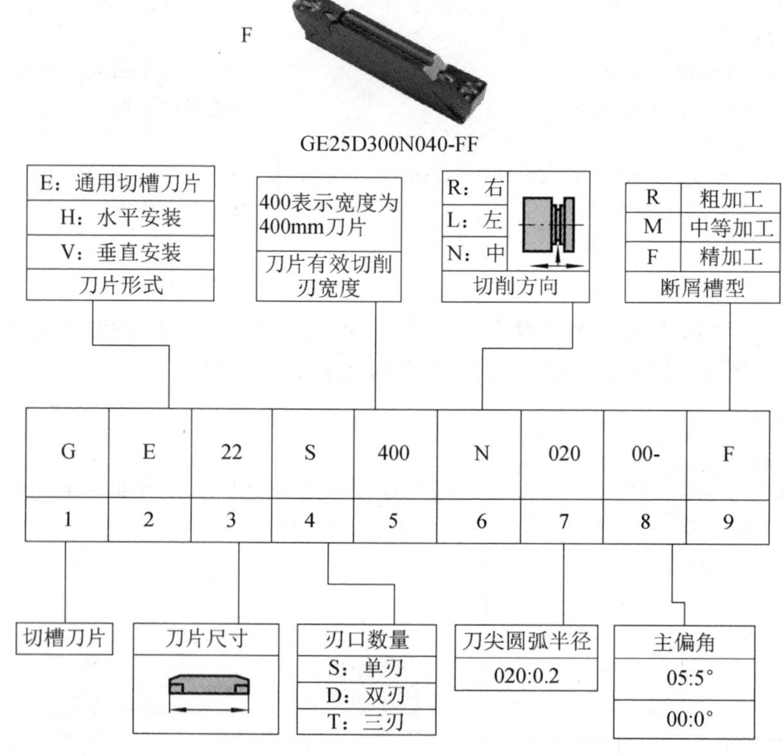

图 1-45　切槽刀片参数

根据零件沟槽形状、刀片型号以及数控车床刀架的规格在图 1-46 中进行刀杆的选择，具体如下（图 1-47）：

外圆沟槽刀：GDAR2525M300-10。

端面沟槽刀：GDJR2525M30034-12。

3. 加工参数的确定

吃刀量：切槽方式按分层切削法进行，每次切深为 2mm，退刀 1mm，*Z* 向进刀距离因小于刀片宽度，故选用 3mm 宽刀片，*Z* 向移动距离可选 2.5mm。

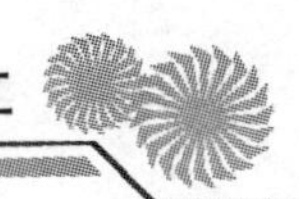

转速：切槽时刀具所受切削力较大，切槽刀刚性又较差，所以粗加工时切削速度不宜过高，一般转速选择为 300～500r/min；精加工时余量较小，可选择转速为 800～1000r/min。

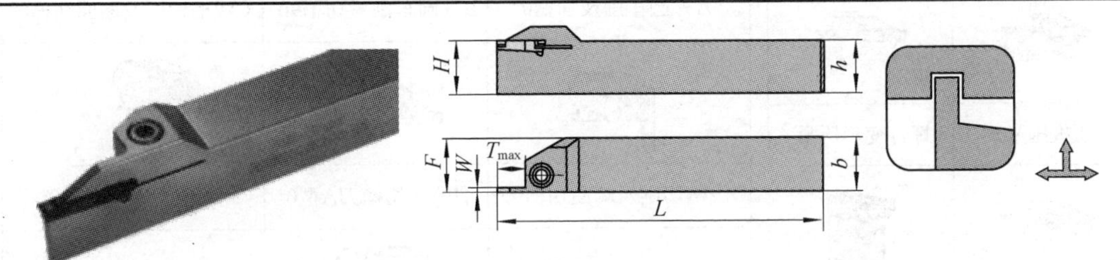

图示为右刀

型号		尺寸/mm							刀片	螺钉	扳手
左刀	右刀	W	T_{max}	h	b	H	F	L			
GDAL2525M300-10	GDAR2525M300-10	3	10	25	25	25	25.3	150	GE22D300	SCC060200	S5
GDAL2525M400-25	GDAR2525M400-25			25	25	25	25.6	150			

（a）外圆沟槽刀

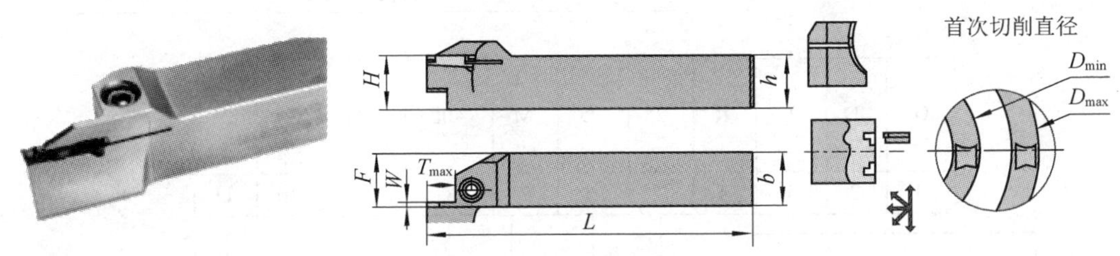

图示为右刀

型号		尺寸/mm								刀片	螺钉	扳手
左刀	右刀	W	T_{max}	D_{min}～D_{max}	h	b	H	F	L			
GDJL2525M300034-12	GDJR2525M300034-12	3	12	34～44	25	25	25	25.3	150		SCC050160	S4

（b）端面沟槽刀

图 1-46　切槽刀参数

进给量：根据以上刀片的选择，切槽粗加工时 F 一般为 0.03～0.06mm/r，精加工时选择 F 为 0.08～0.12mm/r。

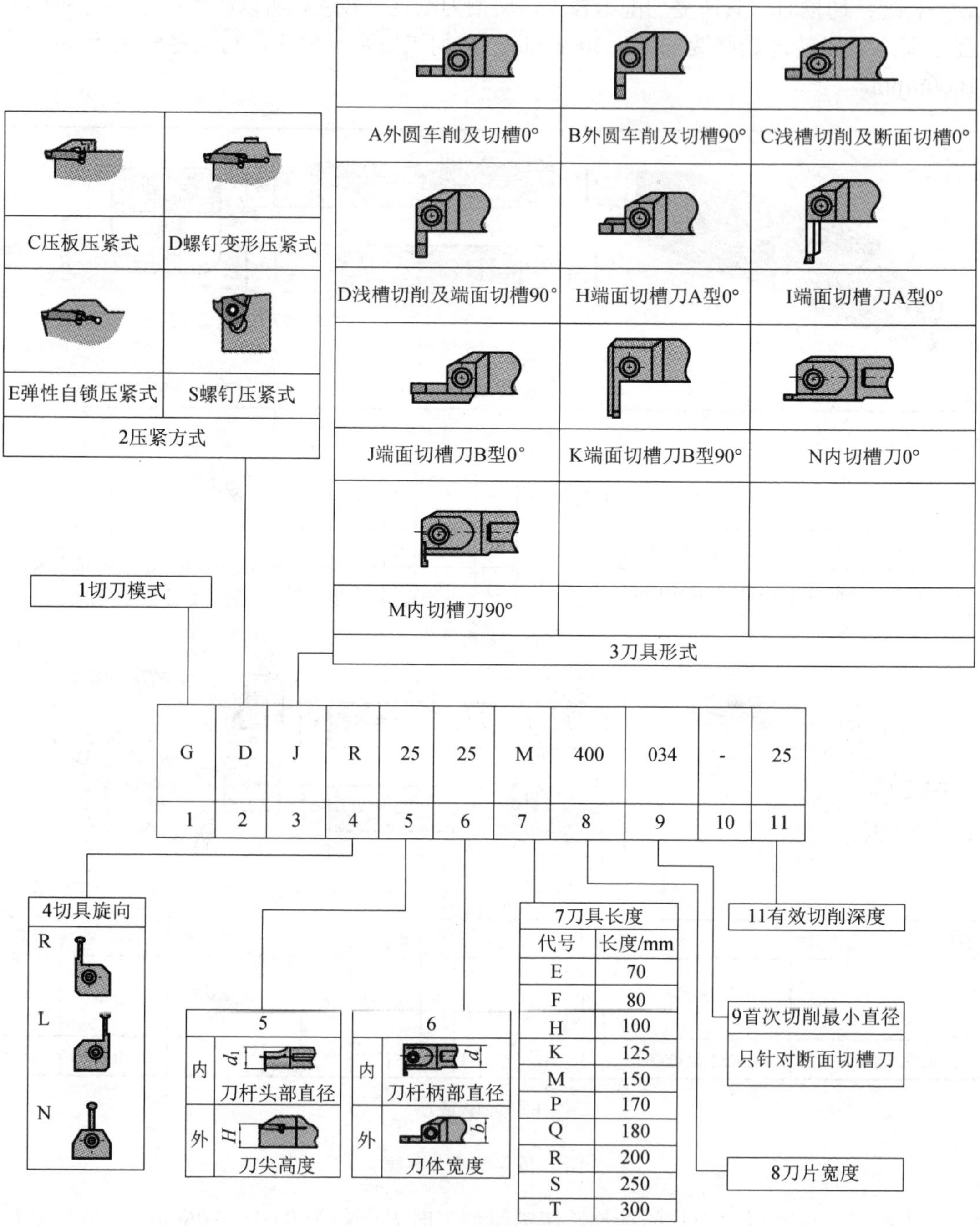

1	2	3	4	5	6	7	8	9	10	11
G	D	J	R	25	25	M	400	034	-	25

1切刀模式

2压紧方式

C压板压紧式	D螺钉变形压紧式
E弹性自锁压紧式	S螺钉压紧式

3刀具形式

A外圆车削及切槽0°	B外圆车削及切槽90°	C浅槽切削及断面切槽0°
D浅槽切削及端面切槽90°	H端面切槽刀A型0°	I端面切槽刀A型0°
J端面切槽刀B型0°	K端面切槽刀B型90°	N内切槽刀0°
M内切槽刀90°		

4切具旋向

R

L

N

5	
内	d 刀杆头部直径
外	H 刀尖高度

6	
内	d 刀杆柄部直径
外	b 刀体宽度

7刀具长度

代号	长度/mm
E	70
F	80
H	100
K	125
M	150
P	170
Q	180
R	200
S	250
T	300

8刀片宽度

9首次切削最小直径

只针对断面切槽刀

11有效切削深度

图 1-47　切槽刀型号的含义

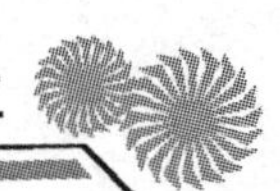

1.3.6　注意事项及常见问题

1. 注意事项

1）为了减少加工时的振动并保证刀具侧面不与工件端面摩擦，安装刀具要保证刀具与工件轴心线垂直，可用百分表检测刀具侧面，如图1-48所示。

2）端面槽的首切必须保证在刀杆允许的最大和最小的直径内切入，这样才能使刀杆侧面和工件之间有间隙，如图1-49所示。

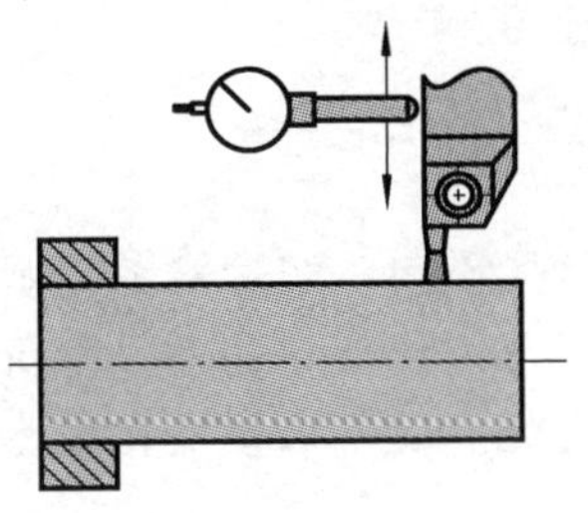

图1-48　刀具安装

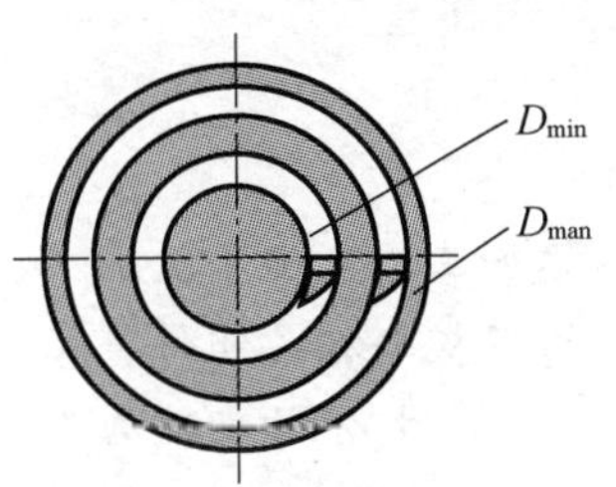

图1-49　切入要求

2. 常见问题及解决方法

常见问题及解决方法见表1-37。

表1-37　常见问题及解决方法

<table>
<tr><th>问题</th><th>切槽加工中的解决办法</th><th>问题</th><th>切槽加工中的解决办法</th></tr>
<tr><td rowspan="2">毛刺</td><td rowspan="2">1. 调整刀尖高度。
2. 使用锋利的刀具（常换刃口）。
3. 使用正前角的PVD涂层刀片。
4. 加工不同的工件材料时，应使用正确刀片材质。
5. 使用正确的刀片断屑槽型（如在加工硬化的工件材质时，应使用正前角刀片）。
6. 改变刀具路径</td><td>铁屑控制差</td><td>1. 使用锋利的刀具（常换刃口）。
2. 提高切削液浓度。
3. 调整进给率（通常先尝试提高）</td></tr>
<tr><td>振动</td><td>1. 减少刀具和工件的悬伸量。
2. 调整切削速度（通常先尝试提高）。
3. 调整进给量（通常先尝试提高）。
4. 调整刀尖高度</td></tr>
<tr><td>表面质量差</td><td>1. 提高车削速度。
2. 使用锋利的刀具（常换刃口）。
3. 最多在底部顿刀1～3转。
4. 使用正确的断屑槽。
5. 提高切削液流量。
6. 调整刀具设置（悬伸、刀杆尺寸）。
7. 使用正确的刀片槽型（如在加工硬化的工件时，应使用正前角刀片）</td><td>刀片崩刃</td><td>1. 针对不同的工件材料，使用正确的刀片材质。
2. 提高切削速度。
3. 降低进给速度。
4. 使用韧性更好的刀片材质。
5. 提高刀具和工件装夹的刚性</td></tr>
</table>

续表

问题	切槽加工中的解决办法	问题	切槽加工中的解决办法
槽的底部不平	1．使用锋利的刀具（常换刃口）。 2．最多在槽底部顿刀 1～3 转。 3．减少刀杆悬伸（提高刚性）。 4．在到达槽底时，减少刀具的进刀量。 5．使用修光刃口刀片。 6．调整刀尖中心高	积屑瘤	1．使用正前角 PVD 涂层刀片。 2．提高切削速度。 3．加大切削液流量/浓度。 4．使用金属陶瓷刀片。 5．降低进给速度

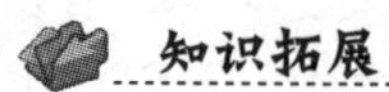

知识拓展

模块化切槽刀

实际加工中，由于被加工槽型、分布、宽度、深度不同，组合众多，应尽量使用少量的刀柄与相关组件、零件，夹持各种规格的刀片，优质、高效、经济地完成各种加工。各大公司都致力于使刀柄与安装机构模块化。近年来模块化技术创意越来越新颖，下面以三菱公司的设计发展来做一说明。

（1）DG 系列

DG 系列切槽刀分解图如图 1-50 所示。DG 系列切槽刀包括一个刀柄、一个压板、两个压板螺钉、两类刀片支承板（外圆切槽用和端面切槽用）和两个支承板固定螺钉。

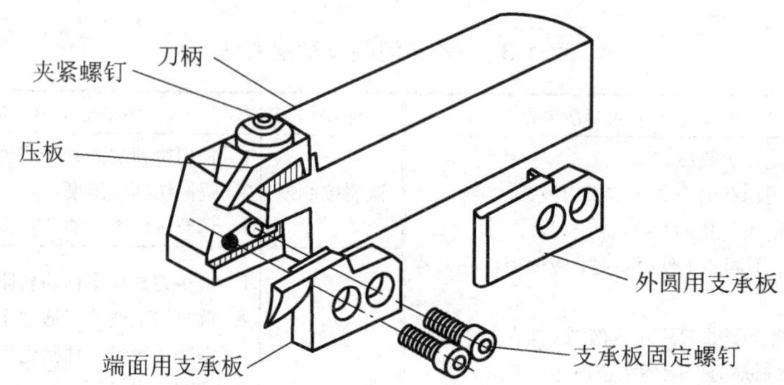

图 1-50　DG 系列切槽刀分解图

刀柄因左右手不同、截面尺寸不同，长度不同，而有不同的规格。装窄刀片时，某些长度的压板可和支承板做成一体。但为对应各种更宽刀片，压板和支板可采用分体式，外圆切槽加工与退刀槽加工的刀片支承板对应左右手，焊体截面与不同的刀片宽度、形状与长度有许多可选规格。

端面切槽的支承板按不同的刀焊截面、左右手、不同的刀宽、加工直径范围、刀片形状和长度，也有很多可选规格。但只要刃宽一致，左右手一致，就可用同一

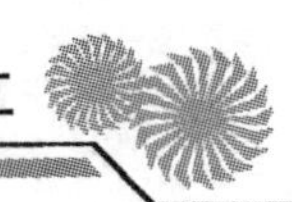

种压板。只要加工目的（外圆槽、端面槽、退刀槽）一致，左右手一致，切槽的切断宽度、深度一致，就可以用同一支承板。只要左右手一致，在一定范围的切槽宽度、深度，加工目的（是否需刀柄偏置，是否需仿形加工，是否加工退刀槽，加工空间是否需刀头转 90° 形成 L 形刀头）一致，就可以用同一刀柄。实际使用时，据切槽部位、宽度、深度，左右手可迅速查样本，决定刀柄、支承件、压板型号和三者合在一起的组件型号、刀片型号，以便配对采购。

由图 1-51 知，DG 模块结构向下的主切削力，主要靠凸键、凹槽与两个螺钉支承，同时压板向下的夹紧刀片的力也作用在此。整个支承刚性尚不足，这样就影响了这类模块件与刀片的使用寿命与精度。DG 系列虽比以往模块系列有很大进步，但模块零件数很多，将它们排列组合起来，需要的各尺寸规格数仍相当多，因此需继续改进。

（2）GY 系列

GY 系列模块化切槽刀系统是三菱公司最新开发的系统，特点是模块组成零件只有两个，一个是模块化刀柄，一个是模块化支承板。其余是 6 个标准化的螺钉。它没有刀片压板，压板与支承板做成一体。支承板通过三个方向，用螺钉与刀柄结合在一起。压板夹紧力不再集中在支承板螺钉与键槽上，它通过半孔，一半作用在结实刀体上。切削力与刀片夹紧力不仅靠侧面三个螺钉承担，也由前面两个螺钉和更厚实、宽大的刀柄下托板承担。各零件紧密结合，浑然一体，使其综合刚性接近于整体切槽刀，如图 1-51 所示。

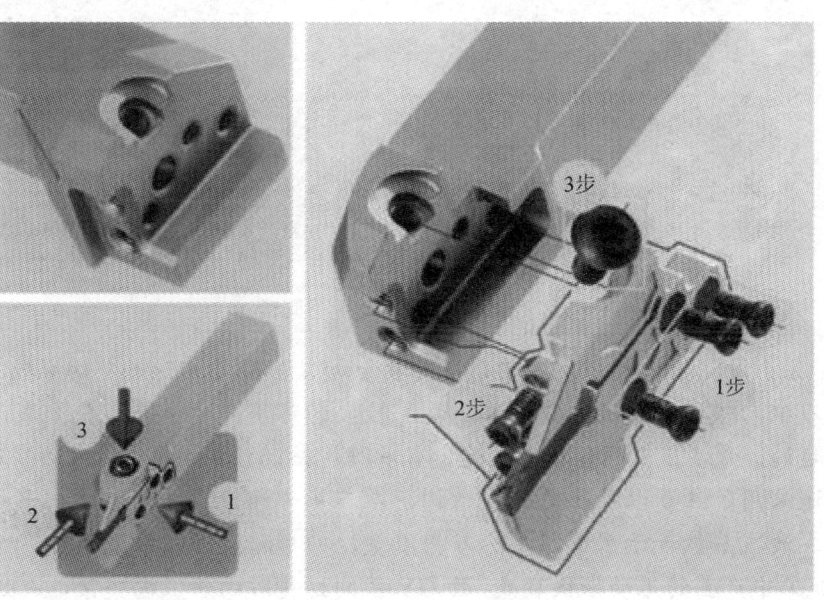

图 1-51　GY 系列模块化切槽刀

GY 系列切槽刀在设计结构上考虑切槽切断加工严酷的切削条件，特意在 GY 系列专用切槽刀片底部前后做出两个凹槽，在模块支承板上做出相对应两个凸起，限制刀片在加工中这一方向的移动。同时在刀片底面和顶面做出相对的两个 V 形展开的凹曲面，在模块支承板的压板下和刀片定位面上，分别做出相应的 V 形凸峰，共同对 GY 系列刀片上下凹槽定位。这种独特的定位方式不仅具有一般长 V 形块可限制圆柱体四个自由度的作用，刀片绕自身长轴线的回转自由度也限制住了，故刀片在刀柄、支承件中的对中性很好，重复定位精度高。多方向的限制约束，使加工中刀片在承受各方面力及冲击、振动和高速运转时，安装刚性始终保持得很好，不易变形、移动脱落，加工精度高，加工过程稳定。

这种高刚性的定位安装结构也保证了 GY 系列刀具在通过横向进给加工宽槽与仿形加工时的加工精度与表面质量。在结构上，由于螺钉尺寸与分布位置固定，在同一模块刀柄上，更换安装不同的模块支承板，即可对应加工不同槽深（图 1-52）。

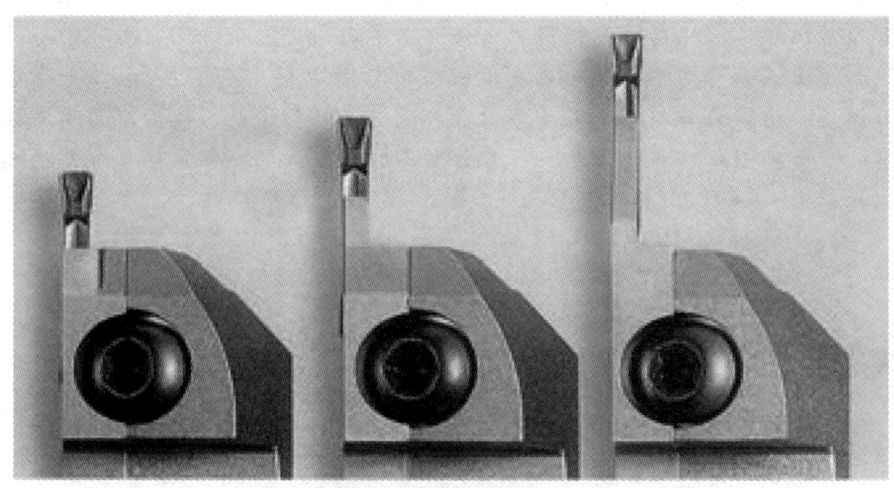

图 1-52　刀柄共用适合不同槽深

GY 系列加工孔内槽所用刀具，目前最小加工直径是 ϕ25mm。切深较小时，可用模块刀柄与模块支承板做成一体，切深较大的可用支承板与刀柄分成两件，组装在一起的。为适应不同的加工用途，有多种规格的产品。GY 系列切槽刀的许多规格，还采用了三菱以往阻尼镗焊结构，在刀头部设计制造出三维凹形槽。按振动方程，衰减系数等于系统阻尼除刀头质量，凹形槽使刀头质量减轻，衰减系数增大，加工中产生的振动很快衰减，故 GY 系列切槽刀由于三向夹紧，安装刚性高，振动衰减快，加工表面粗糙度比以往切槽刀减少 1/2～2/3。内孔切槽刀采用双切削

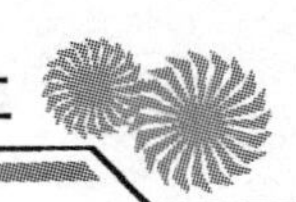

液孔，并利用工件旋转向刀头供应足够的切削液，故排屑能力好，并进一步提高了加工质量。

思考与练习

一、填空题

1．G74用于扩孔就相当于用数个________指令组成循环加工。

2．________、________指令都可用于切断、切槽或孔加工，可以使刀具进行自动退刀。

二、判断题

1．数控机床的伺服系统由伺服驱动和伺服执行两个部分组成。　（　　）

2．用三爪自定心卡盘夹持工件进行车削时，属于完全定位。　（　　）

三、简答题

1．试写出切槽循环指令G75的指令格式，并说明指令中各参数的含义。

2．采用切槽循环指令G74、G75时的注意事项有哪些？

3．试用G75指令编写题图1-3所示工件（设所用切槽刀的刀宽为3mm）的沟槽加工程序。

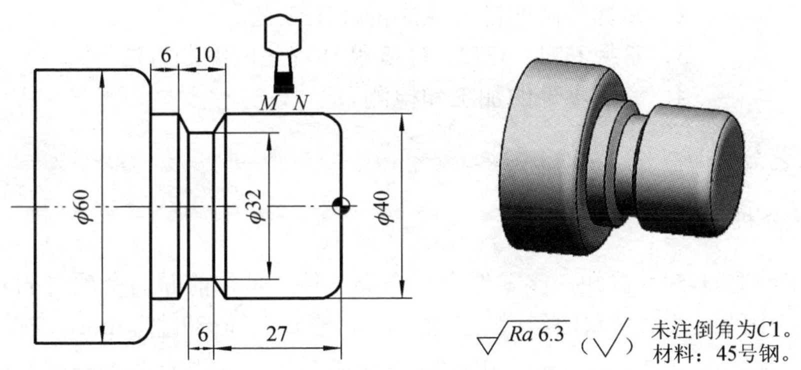

题图1-3　工件图样

任务 1.4 球头手柄零件的编程与加工

任务描述

本任务主要学习复合循环指令的编程方法，掌握工件非沟槽类凹轮廓加工刀具的选用依据，能进行综合型零件的工艺分析。通过识读零件图，能完成加工工序的安排，选择合理的加工参数和相关刀具、量具，最终完成零件的编程与加工，如图 1-53 所示。

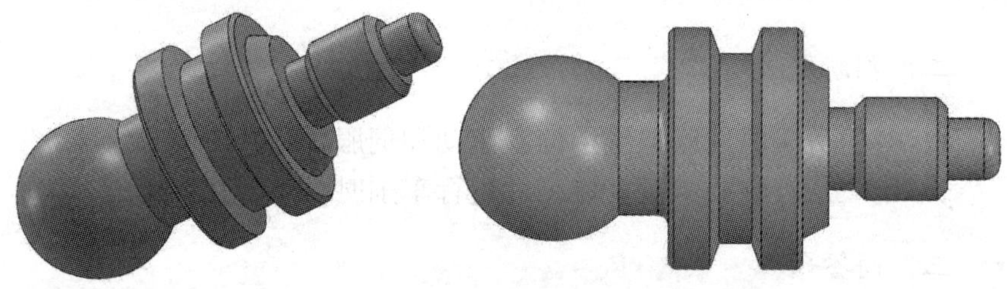

图 1-53 球头手柄零件

任务目标

1. 掌握尖刀的使用方法和使用要求。
2. 掌握外圆凹部分轮廓的加工工艺。
3. 掌握 G71、G72、G73 循环程序的编制方法。
4. 完成零件的加工和检测。

1.4.1 工艺分析

1. 图样分析

根据图样（图 1-54）得知，该零件为综合类零件，是在前面两个项目的基础上进行的综合加工，中间一处槽是双边斜槽，夹角 40°，槽底直径$\phi37_{-0.039}^{0}$ mm，左端为 R18mm 的 3/4 球头，颈部直径$\phi26_{-0.033}^{0}$ mm，用 R2mm 圆弧过渡，右端有两处外圆精度要求，分别是$\phi47_{-0.039}^{0}$ mm、$\phi20_{-0.033}^{0}$ mm，长度 $38_{0}^{+0.04}$ mm，总长（104±0.03）mm 和中间长度 $26_{-0.05}^{0}$ mm 要通过尺寸链计算间接保证。未注尺寸精度按 IT12 要求，表面粗糙度均为 Ra3.2μm。

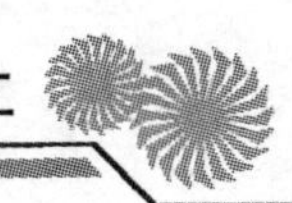

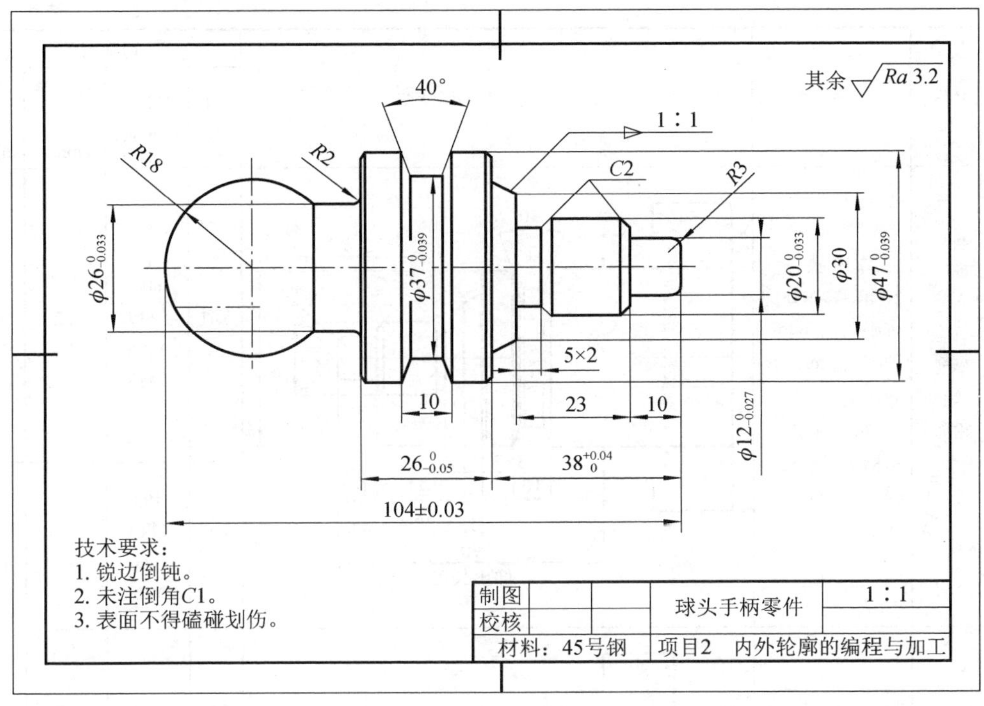

图 1-54 零件图

2. 工艺编制

根据零件结构及精度要求，通过两次装夹即可完成加工，左右两端无加工先后顺序，但都必须保证在第一次装夹时完成中间沟槽部分加工，以槽外圆作为第二次掉头装夹的基准夹持部位。球头零件的数控车加工工艺过程见表 1-38。

表 1-38 球头零件数控车加工工艺过程

设备名称		设备型号	夹具名称	零件名称	零件图号		材料
数控车		CK6140	三爪自定心卡盘	沟槽回转	图 1-55		45 号钢
序号	名称	工序内容	工序（或工具）示意图	切削用量			
				刀具	转速 S /(r/min)	进给速度 F /(mm/r)	切削深度 /mm
1	备料	棒料 ϕ50mm×106mm					

续表

序号	名称	工序内容	工序（或工具）示意图	切削用量			
				刀具	转速 S /(r/min)	进给速度 F /(mm/r)	切削深度 /mm
2	车削左端外轮廓	1．车端面。 2．粗、精车外圆达 $\phi47_{-0.039}^{\ 0}$ mm、$\phi20_{-0.033}^{\ 0}$ mm 尺寸要求。 3．粗、精车沟槽达到槽底 $\phi37_{-0.039}^{\ 0}$ mm 要求	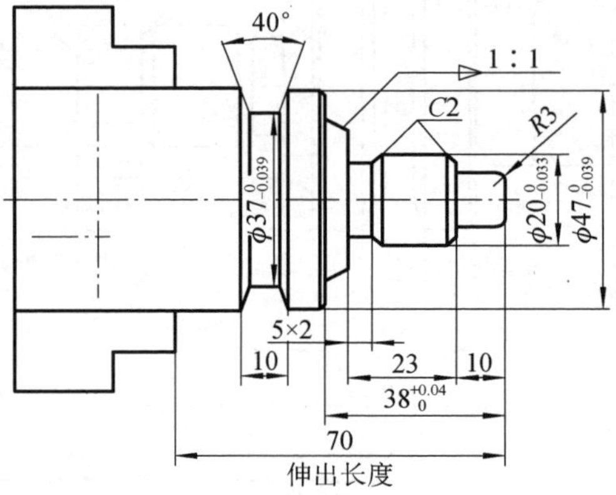	T01	600（粗） 1200（精）	0.2 0.1	1.5 0.25
				T02	400（粗） 1000（精）	0.05 0.1	2 0.1
3	车削右端外轮廓	1．车端面，保证总长（104±0.03）mm 要求。 2．粗、精车球头轮廓，达到 $\phi26_{-0.033}^{\ 0}$ mm 及 R18mm、R2mm 尺寸要求	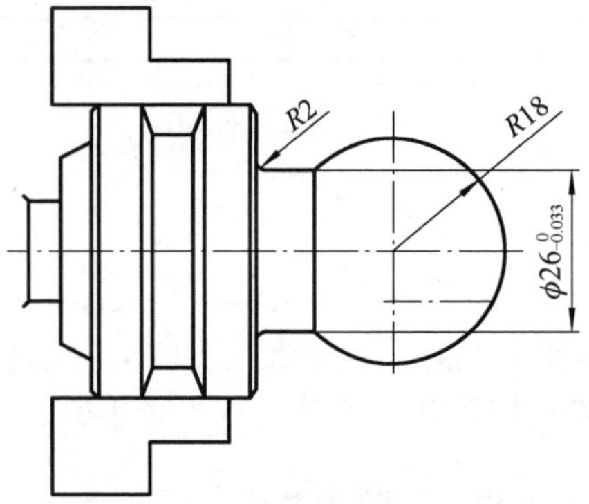	T01	600 1200	0.2 0.1	1.5 0.25
				T03	400 1000	0.05 0.1	2 0.1
4	零件检测	1．测量外轮廓各项尺寸要求。 2．测量长度尺寸要求	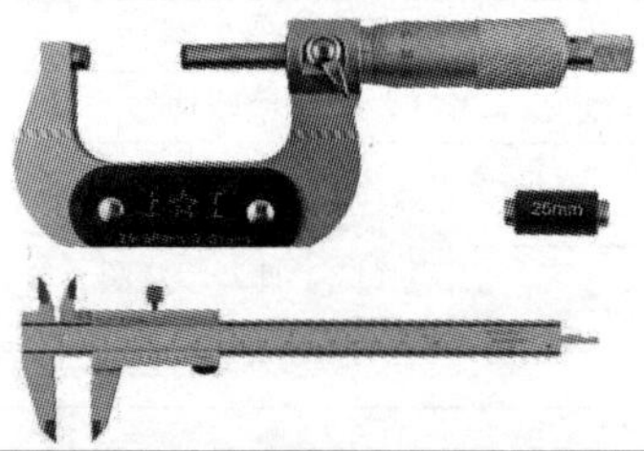				

回转轴套数控车加工刀具卡见表 1-39。

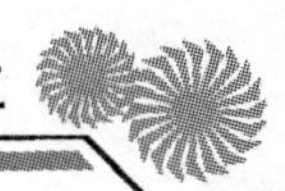

表 1-39　回转轴套数控车加工刀具卡

序号	刀具号	刀具名称	刀具规格	刀片规格	加工表面
1	T01	95° 外圆粗、精车刀	MWLNR2525K08	WNMG080404	外圆、端面
2	T02	外圆沟槽刀	GDAR2525M300-10	GE25D300N040-FF	外圆沟槽
3	T03	≤35° 93° 外圆尖刀	SVJCR2525M16	VCMT160404HQTN60	外凹部轮廓

1.4.2　程序编制

表 1-40 和表 1-41 为本任务的参考加工程序，请注意领会表中程序说明的含义。详情参见视频“工件右端外轮廓粗、精加工操作（G71）”。

表 1-40　工件右端外轮廓加工程序（粗、精车，G71）

程序内容	程序说明
O0002;	程序名
T0101;	换 1 号刀（外圆刀）
M03 S600;	主轴正转，转速 600r/min
M08;	开冷却液
G00 X55.0 Z5.0;	快速定位，接近工件
G71 U2 R1;	每次进刀量 4mm（直径），退刀 1mm
G71 P10 Q20 U0.8 W0 F0.2;	粗车加工，余量 *X* 方向 0.8mm
N10 G00 X6.0;	精加工轮廓程序群
G01 Z-0.0 F0.1;	
G03 X12.0 Z-3 R3;	
G01 Z-10.0;	
G01 X16.0;	

续表

程序内容	程序说明
X20.0 Z-12.0;	精加工轮廓程序群
Z-33.0;	
X30.0;	
X35.0 Z-38.0;	
X45.0;	
X47.0 Z-39.0;	
Z-65.0;	
N20 G01 X50.0;	
G00 X55.0 Z5.0;	返回起刀点
M03 S1200;	主轴正转，转速 1200r/min
G00 X25.0 Z5.0;	快速定位，接近工件
G70 P10 Q20;	精车轮廓
G00 X55.0 Z5.0;	返回起刀点
M09;	关冷却液
M30;	主轴停转，程序结束，并返回程序开头

扫码观看视频

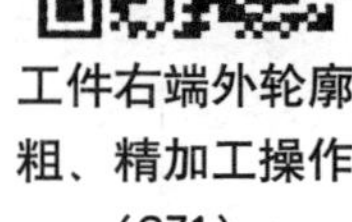

工件右端外轮廓粗、精加工操作（G71）

参见视频“工件右端外轮廓粗、精加工操作（G73）”。

表 1-41 工件右端外轮廓加工程序（粗、精车，G73）

程序内容	程序说明
O0002;	程序名
T0101;	换 1 号刀（外圆刀）
M03 S600;	主轴正转，转速 600r/min
M08;	开冷却液
G00 X55.0 Z5.0;	快速定位，接近工件
G71 U2 R1;	每次进刀量 4mm（直径），退刀 1mm
G71 P10 Q20 U0.8 W0 F0.2;	粗车加工，余量 *X* 方向 0.8mm
N10 G00 X38.0;	精加工轮廓程序群
G01 Z-0.0 F0.1;	
Z-40.0;	

扫码观看视频

工件右端外轮廓粗、精加工操作（G71）

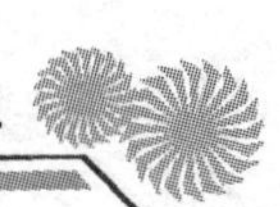

续表

程序内容	程序说明
X45.0;	精加工轮廓程序群
Z41.0;	
N20 G01 X50.0;	
G00 X55.0 Z5.0;	返回起刀点
T0303 M03 S400;	换3号刀（外圆尖刀）、主轴正转，转速400r/min
G73 U19.0 Q0.0 R10;	Δi取值为19.0mm，加工次数为10
G73 P30 Q40 U0.5 W0.0 F0.05;	粗车加工，余量*X*方向0.5mm
N30 G00 X0.0;	精加工轮廓程序群
G01 Z-0.0 F0.1;	
G03 X26.0 Z-30.5 R18;	
G01 Z-38.0;	
G02 X40.0 Z-40.0 R2;	
N40 G01 X38.0;	
G70 P30 Q40;	精车轮廓
G00 X55.0 Z5.0;	返回起刀点
M09;	关冷却液
M30;	主轴停转，程序结束，并返回程序开头

1.4.3 零件加工

1. 确定机床

针对任务零件，其最大外形尺寸为ϕ50mm，而且加工精度要求不是很高，目前市场上见到的数控车床基本都能满足以上要求，故选用系统FANUC 0i-T系列经济型，型号CAK6140，无级变速，前置刀架（机床选择满足加工要求即可），如表1-42所示。

表1-42 机床配备清单

序号	名称	型号
1	数控车床	CK6140 FACUK-0i-TD
2	卡盘扳手	200mm卡盘用
3	刀架扳手	水平回转四工位刀架
4	铁屑钩子	
5	毛刷	

2. 确定材料

备料建议清单见表 1-43。

表 1-43 备料建议清单

序号	材料	规格/mm	数量
1	PVC 棒	ϕ50×106（程序调试用）	1 段/人
2	45 号钢	ϕ50×106	1 段/人

3. 操作步骤

1）开机，X、Z 轴回参考点。

2）装夹工件，安装刀具，检查刀尖中心高度是否正确。

3）切换 MDI 模式，输入 M03 指令启动主轴，输入 T 指令选择刀具。

4）切换 JOG 模式，装入锥柄钻头，移动尾座，完成底孔加工。

5）切换 EDIT 模式，输入加工程序，并检查程序的正确性（也可进入程序模拟状态，通过图形化功能检查程序是否正确）。

6）切换手轮模式，进行对刀，完成刀具长度补偿和建立工件坐标系工作。

7）切换 MDI 模式，校验对刀的正确性。

8）切换 MEMORY 模式，按下程序启动键，完成零件粗加工。

9）测量加工表面，计算加工精度，如有偏差，在刀具磨耗菜单下进行补偿。

10）调用精加工程序，完成零件的加工。

11）重复以上步骤 6）～10）步，完成所有要素的加工任务。

12）卸下工件和刀具，完成机床保养工作。

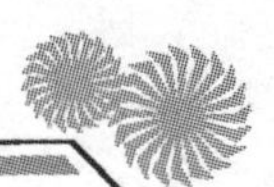

1.4.4　操作测评

加工完此工件后，请按照表 1-44 进行评分并得出成绩。

表 1-44　评分表

序号	项目	检验内容		分值	评分标准	实测	得分
1	外圆	$\phi26_{-0.033}^{0}$ mm	尺寸公差	6	每超差 0.01mm 扣 2 分		
2			*Ra* 值为 3.2μm	4	每降一级扣 1 分		
3		$\phi20_{-0.033}^{0}$ mm	尺寸公差	6	每超差 0.01mm 扣 2 分		
4			*Ra* 值为 3.2μm	4	每降一级扣 1 分		
5		$\phi47_{-0.039}^{0}$ mm	尺寸公差	6	每超差 0.01mm 扣 1 分		
6			*Ra* 值为 3.2μm	4	每降一级扣 1 分		
7		$\phi12_{-0.027}^{0}$ mm	尺寸公差	6	每超差 0.01mm 扣 2 分		
8			*Ra* 值为 3.2μm	4	每降一级扣 1 分		
9	长度	（104±0.03）mm		6	每超差 0.01mm 扣 2 分		
10		$26_{-0.05}^{0}$ mm		6	每超差 0.01mm 扣 2 分		
11		$38_{0}^{+0.04}$ mm		6	每超差 0.01mm 扣 2 分		
12		10mm		6	每超差 0.01mm 扣 2 分		
13		23mm		6	每超差 0.01mm 扣 2 分		
14	槽	$\phi37_{-0.039}^{0}$ mm	尺寸公差	6	每超差 0.01mm 扣 2 分		
15			*Ra* 值为 3.2μm	4	每降一级扣一分		
16		10mm		4	每超差 0.01mm 扣 2 分		
17	锥度	1∶1（1 处）		4	超差不得分		
18	倒圆	*R*2mm		2	超差不得分		
19		*R*2mm		2	超差不得分		
20	倒角	*C*1（2 处）		4	每处超差不得分		
21		*C*2（2 处）		4	每处超差不得分		
22	文明生产	发生重大安全事故取消加工资格；每违反一项规定,扣除 5 分					
23	其他项目	工件不完整，局部有缺陷（如夹伤、刮痕等），酌情扣分					
24	程序编制	程序中严重违反工艺规程的取消加工资格,其他问题酌情扣分					
合计							

1.4.5　相关知识

1. 编程指令

（1）G71——内/外圆粗车循环指令

格式：

```
G71  U(Δd)R(e);
```

```
G71  P(ns) Q(nf) U(Δu) W(Δw) F(f) S(s) T(t);
```

参数含义：

Δd——X 向切削深度（半径给定），没有正、负号；

E——每次切削循环的退刀量，可以由参数指定；

Ns——精加工轮廓程序中的第一个程序段的顺序号；

nf——精加工轮廓程序中的最后一个程序段的顺序号；

Δu——X 轴方向的精车余量，直径编程，有正、负号，加工外圆时设定为正，加工内径时设定为负；

Δw——Z 轴方向的精车余量；

F、S、T——在 G71 循环中，顺序号 ns～nf 之间程序段中的 F、S、T 功能都无效，全部忽略，仅在有 G71 指令的程序段中，F、S、T 是有效的。

G71 的循环加工轨迹如图 1-55 所示，在程序中，给出 *AA'B* 之间的精加工形状，留出Δu/2，用Δw 精加工余量，用Δd 表示每次的切削深度。

注：G71 指令适用于加工直径尺寸递增或递减的零件，如果在轴线方向上直径尺寸不是单调递增或递减，就不能用这个指令。另外，还需要注意在精加工第一个程序段中只能有 X 方向的地址，不能有 Z 方向的地址（即在第一个程序段里只能按指令直径方向移动，不能按指令轴向移动）。

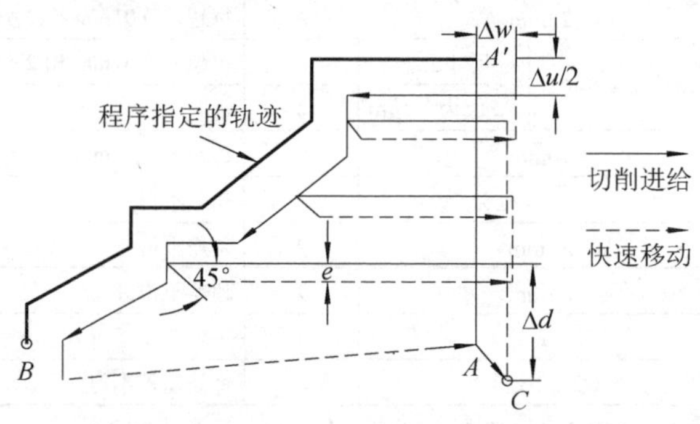

图 1-55　G71 循环路线

【例】　用 G71 指令对图 1-56 所示工件进行粗加工，毛坯为ϕ55mm。

程序如下：

```
O0233;
N10  G50  X80.0  Z50.0;           设定坐标系(起刀点)
N20  M3   S500  T0202;            调用粗车刀,主轴低速正转
N30  G00  X55.0  Z2.0;            快速定位,接近工件
```

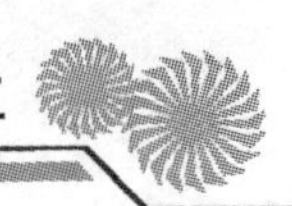

```
N40  G71  U2  R1;                               每次进刀量4mm(直径),退刀1mm
N50  G71  P60  Q110  U0.2  W0.2  F0.2;          对B→G粗车加工,余量X、Z方向0.2mm
N60  G00  X15.0;
N70  G01  Z-10.0  F0.1;
N80  X30.0  Z-20.0;                             A→G的精加工轮廓程序群
N90  Z-28.0;
N100  X50.0  Z-43.0;
N110  Z-53.0;
N120  G00  X80.0  Z50.0;                        返回起刀点
N190  M30;                                      程序结束
```

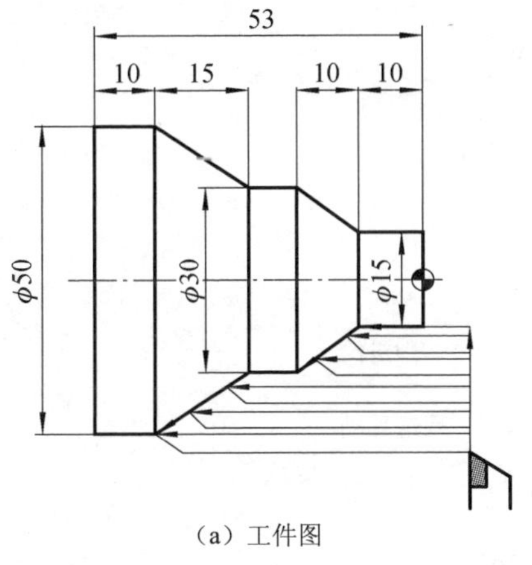

(a) 工件图

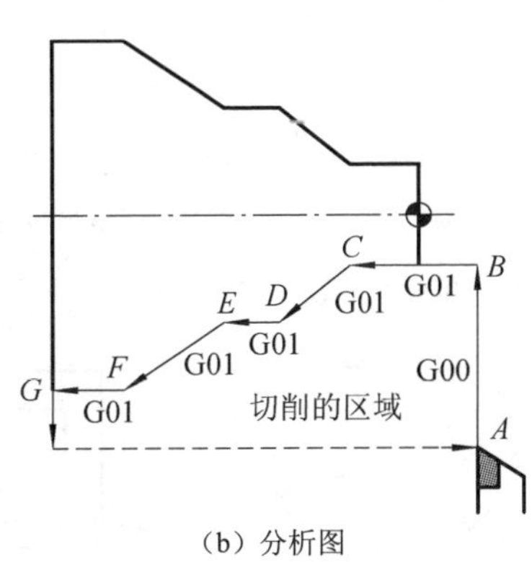

(b) 分析图

图1-56 G71循环加工

注：G71指令切削完毕返回G71指令的刀具定位点。

(2) G70——精车循环

格式：

```
G70 P (ns) Q (nf);
```

参数含义：

ns——精车程序第一个程序段的段号；

nf——精车程序最后一个程序段的段号。

注：G70指令用在G71、G72、G73指令的程序内容之后，不能单独使用。

例如，

```
G70 P10 Q20;
```

（3）G72——端面粗车循环

格式：

```
G72 W(Δd) R(e);
G72  P(ns) Q(nf) U(Δu) W(Δw) F(f) S(s) T(t);
```

参数含义：

Δd——切深（每次 Z 方向的进刀量），无符号，且为模态量；其余同 G71 指令中的参数。

G72 的循环加工轨迹如图 1-57 所示，该轨迹与 G71 轨迹相似，不同之处在于该循环是沿 Z 向进行分层切削的。

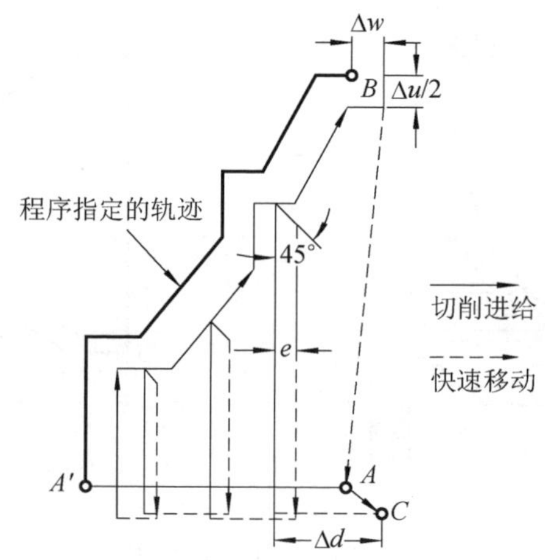

图 1-57　G72 循环路线

注：G72 循环所加工的轮廓形状，必须采用单调递增或单调递减的形式。

【例】　用 G72 指令对图 1-58 所示工件进行粗加工，毛坯为 ϕ62mm。

程序如下：

```
O0233;
N10  G50  X80.0  Z50.0;                  设定坐标系(起刀点)
N20  M3  S500  T0202;                    调用切断刀,刀宽为 3mm,主轴低速正转
N30  G00  X65.0  Z0.0;                   快速定位,接近工件
N40  G72  W2  R1;                        每次进刀量 2mm,退刀 1mm
N50  G72  P60  Q110  U0.2  W0.2  F0.2;对 B→G 粗车加工,余量 X、Z 方向 0.2mm
```

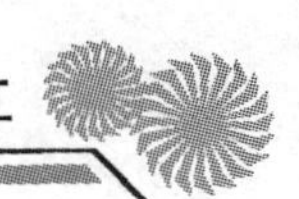

```
N60  G00  Z-45.0;
N70  G01  X60.0  F0.1;
N80  Z-35.0;                      A→G的精加工轮廓程序群
N90  X30.0  Z-20.0;
N100  Z-10.0;
N110  X15.0  Z0.0;
N160  G70  P80  Q110;             粗车A→G的轮廓
N170  G00  X80.0  Z50.0;          返回起刀点
N180  T0101  M05;                 换回基准刀，主轴停止
N190  M30;                        程序结束
```

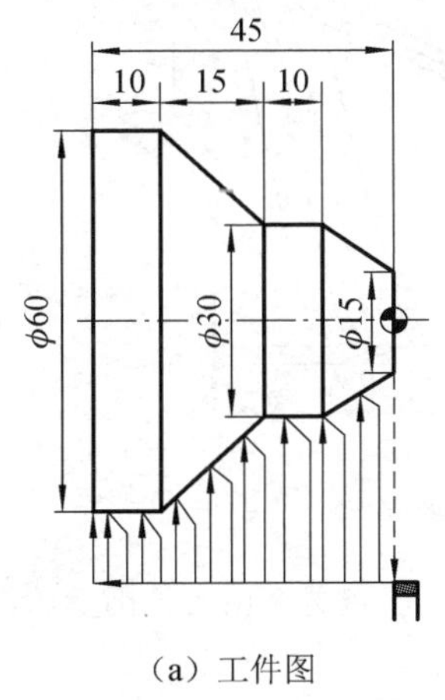

（a）工件图

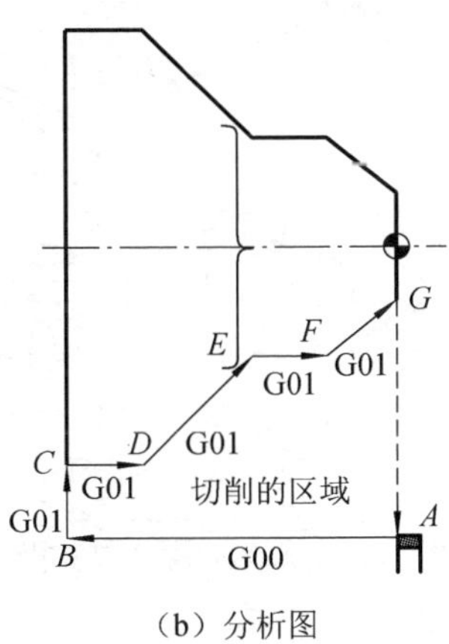

（b）分析图

图 1-58　G72 循环加工

注：G70 指令与 G72 指令的刀具定位一般相同，在一个位置；G72 指令切削完毕返回 G72 指令刀具定位点。

（4）G73——多重复合循环

格式：

```
G73  U(Δi)  W(Δk)  R(d);
G73  P(ns)  Q(nf)  U(Δu)  W(Δw)  F(f)  S(s)  T(t);
```

参数含义：

ΔI——*X* 方向退刀量的距离和方向（半径指定），该值是模态的，直到其他值指定以前不改变；

Δk——*Z* 方向退刀量的距离和方向，该值是模态的，直到其他值指定以前不改变；

d——重复加工次数；

ns——精加工轮廓程序段中开始程序段的段号；

nf——精加工轮廓程序段中结束程序段的段号；

Δu——*X* 轴向精加工余量；

Δw——*Z* 轴向精加工余量；

F、S、T——在 ns～nf 间任何一个程序段上的 F、S、T 功能均无效。仅在 G73 中指定的 F、S、T 功能有效。

注：G73 循环所加工的轮廓形状，没有单调递增或单调递减形式的限制。

G73 的循环加工轨迹如图 1-59 所示。

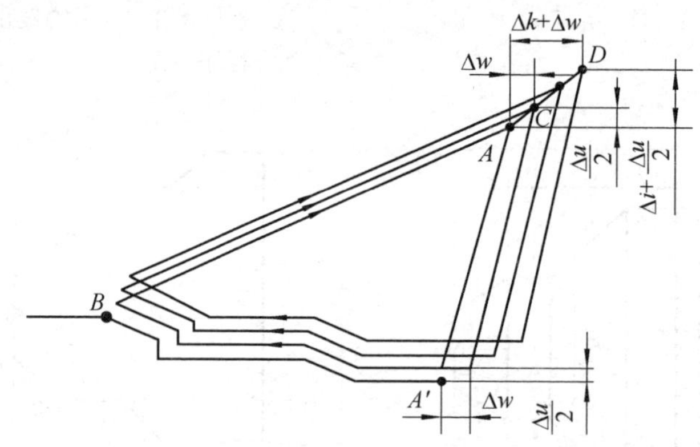

图 1-59　G73 循环路线

【例】　如图 1-60 所示，用 G73 指令对铸件余量为 6mm（指 *X* 方向的半径）的均匀的毛坯进行粗加工。

程序如下：

```
O0233;
N10  G50  X80.0  Z50.0;                    设定坐标系(起刀点)
N20  M3  S500  T0202;                      调用切断刀,刀宽为 3 mm,主轴低速正转
N30  G00  X65.0  Z0.0;                     快速定位,接近工件
N40  G73  U5.5  W5.5  R0.003;              Δi,Δk 取值为 5.5mm,加工次数为 3 次
N50  G73  P60  Q110  U0.5  W0.5  F0.2;对 B→H 粗车加工,余量 X、Z 方向 0.5mm
N60  G00  X20.0  Z0.0;          ⎫
N70  G01  Z-15.0  F0.1;         ⎪
N80  X40.0  Z-25.0;             ⎬          A→H 的精加工轮廓程序群
N90  Z-45.0;                    ⎪
N100  G02  X60.0  Z-55.0  R10;  ⎭
N110  G01  Z-70.0;
N160  G70  P60  Q110;                      粗车 A→H 的轮廓
N170  G00  X80.0  Z50.0;                   返回起刀点
```

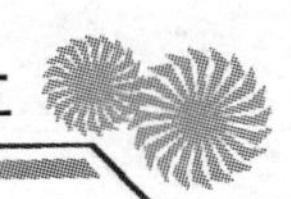

```
N180  T0101  M05;                           换回基准刀,主轴停止
N190  M30;                                  程序结束
```

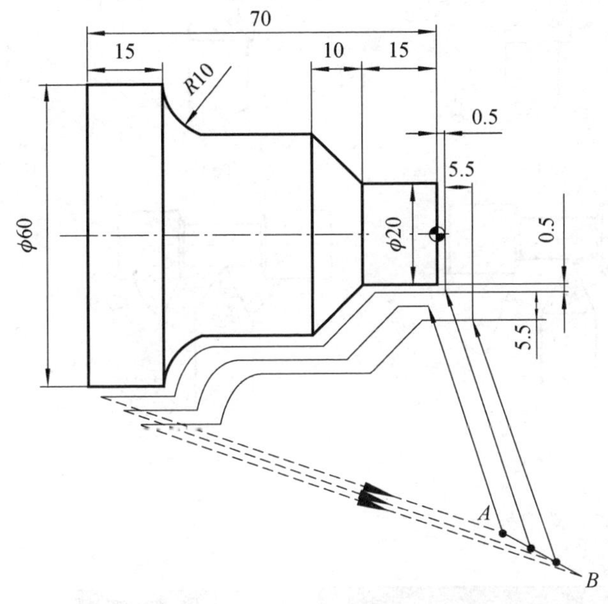

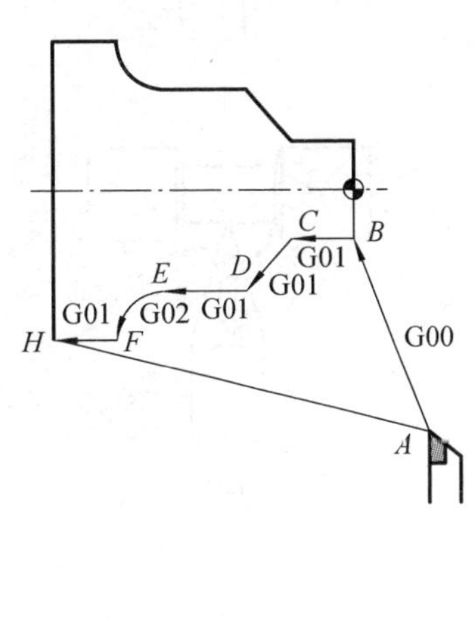

图 1-60　G73 循环加工

注：① G70 指令与 G73 指令的刀具定位一般相同，在一个位置。

② G73 指令切削完毕返回 G73 指令刀具定位点。

2. 刀具的选择

该零件材料为 45 号钢，这里主要针对球头凹轮廓部位的刀具进行选择。要保证整个球头表面圆滑，就必须用一把刀对整个轮廓加工，所以要考虑刀具后角是否会和工件发生干涉的问题（图 1-61）。很明显，常用刀具过圆弧最高点后就会碰到工件，无法完成凹部轮廓加工。

这种情况下就要选用大后角的外圆车刀进行加工，俗称尖刀。常用尖刀的规格如图 1-61 所示，可以选择图 1-62（a）刀具作为球头凹部的加工用刀。

刀具型号：SVJCR2525M16（图 1-63）。

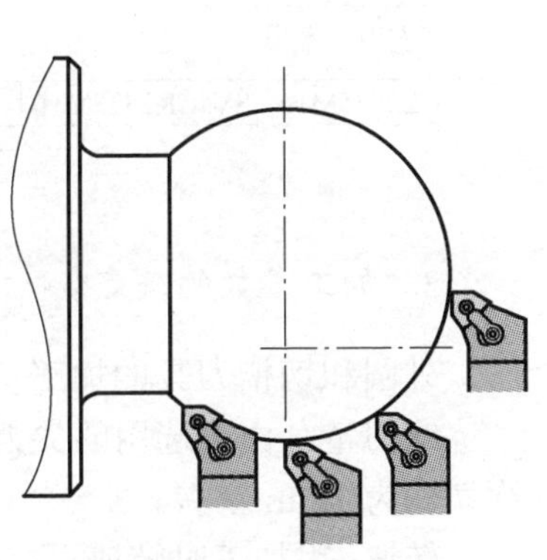

图 1-61　球头零件

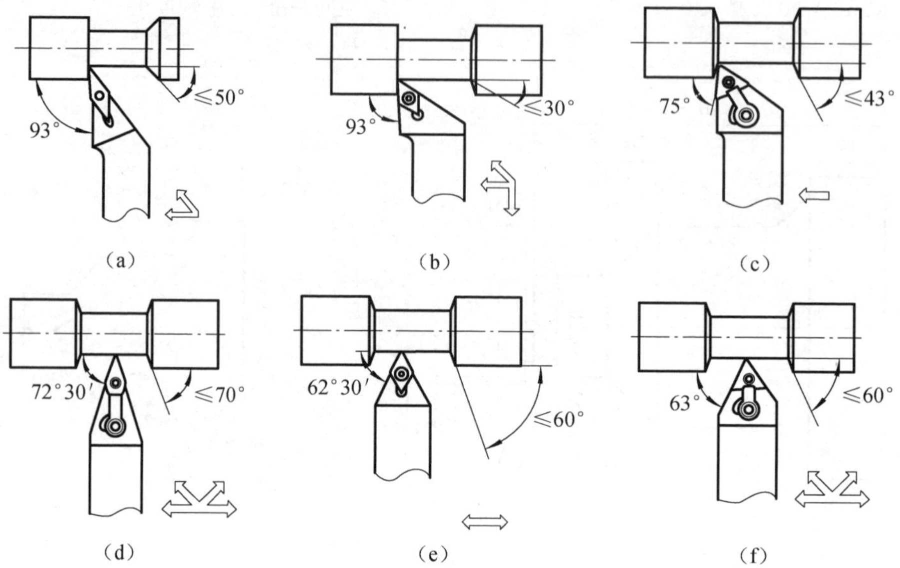

(a) (b) (c)

(d) (e) (f)

图 1-62 常用外圆尖刀规格

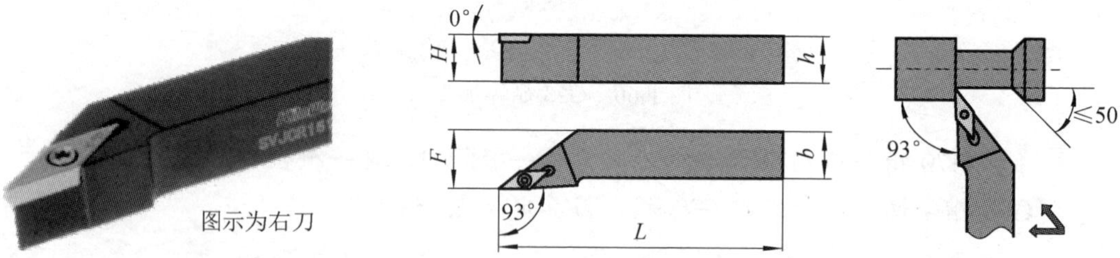

图示为右刀

型号		尺寸/mm					刀片	螺钉	扳手
左刀	右刀	*h*	*b*	*H*	*F*	*L*			
SVJCL2525M16	SVJCR2525M16	25	25	25	32	150	VC160404	SIC035080	FT15

图 1-63 尖刀选用参数

3. 加工参数的确定

外圆和切槽刀具的加工参数选择同任务 2.3，这里只讨论尖刀的参数。

吃刀量：由于选用的尖刀刀尖角度为 35°，刀尖刚性较差，故吃刀量不宜过多，每次切深为 1mm 左右。

转速：粗加工时转速不宜过高，以防刀尖磨损过快，一般转速选择为 600～800r/min；精加工时余量较小，为得到较好的表面粗糙度，可选择转速为 1200～1500r/min。

进给量：根据以上刀片的选择，粗加工时 *F* 一般为 0.15～0.2mm/r，精加工时 *F* 为

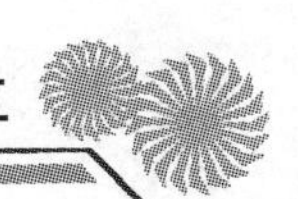

0.08～0.1mm/r。

1.4.6　注意事项及常见问题

注意事项及常见问题同任务1.3。

知识拓展

花盘与角铁

数控车削时，常会遇到一些形状复杂和不规则的零件，不能用卡盘和顶尖进行装夹，这时，可借助花盘、角铁等辅助夹具进行装夹。花盘、角铁及其常用附件如图1-64所示。

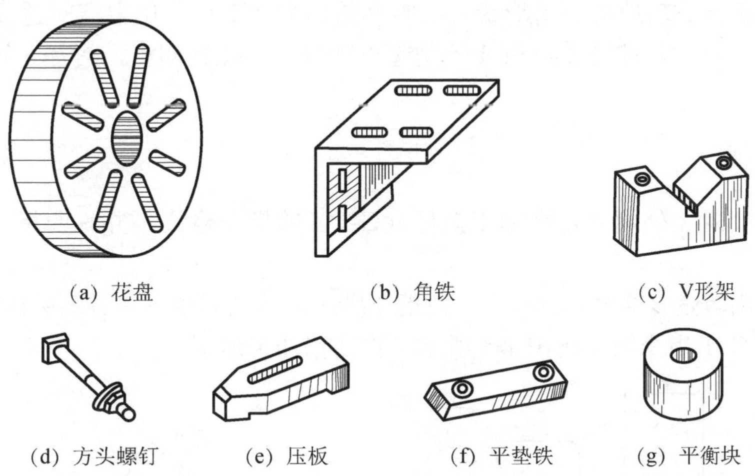

图1-64　花盘、角铁及其常用附件

加工表面的回转轴线与基准面垂直、外形复杂的零件可以装夹在花盘上加工，如图1-65所示。而一些加工表面的回转轴线与基准面平行、外形复杂的零件则可以装夹在角铁上加工，如图1-66所示。

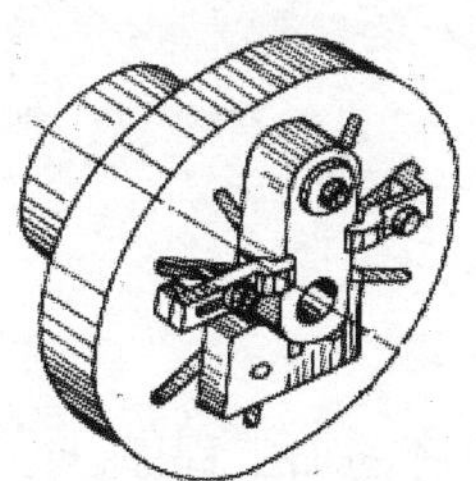

图1-65　在花盘上加工双孔连杆

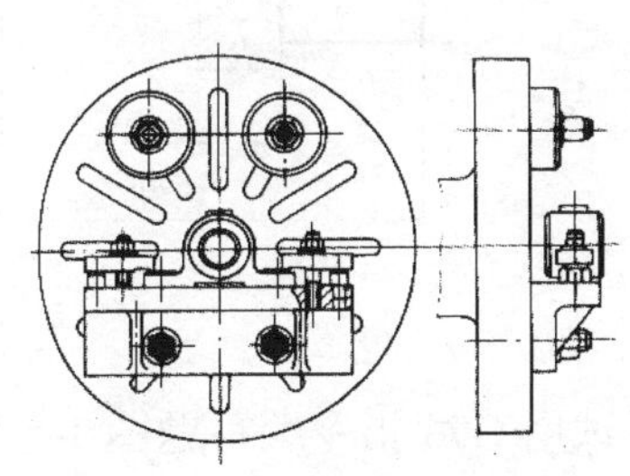

图1-66　在角铁上加工轴承座孔

思考与练习

一、填空题

1. G73 循环所加工的轮廓形状，没有单调________或单调________形式的限制。
2. G71 指令适合加工直径尺寸________或________的零件。

二、判断题

1. 数控机床成功地解决了形状复杂零件的切削加工自动化生产问题。（　）
2. 轮廓控制的数控机床，只要控制起点和终点的位置即可，对加工过程中的轨迹没有严格要求。（　）

三、简答题

1. 试写出内、外圆复合粗加工循环（G71）的指令格式，并说明指令中各参数的意义。
2. 试写出多重复合循环（G73）的指令格式，并说明指令中各参数的意义。
3. 试用 G71 指令编写题图 1-4 所示工件的粗加工程序。

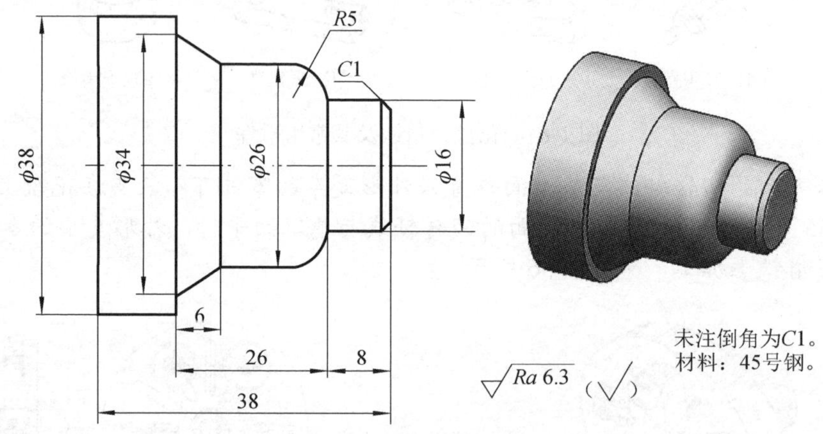

题图 1-4　工件图样

4. 试用 G73 指令编写题图 1-5 所示工件右侧外形轮廓的加工程序。

Ra 1.6
Ra 1.6
Ra 1.6
R20
ϕ50$^{0}_{-0.05}$
ϕ36$^{0}_{-0.05}$
ϕ32
ϕ30$^{0}_{-0.05}$
ϕ40$^{0}_{-0.05}$
N
M
R18
P
14$^{+0.06}_{0}$
18.8
14
30
78
Ra 6.3 (√)
未注倒角为C1。
材料：45号钢。

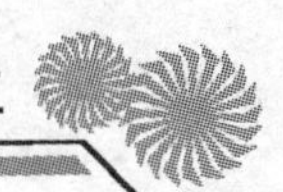

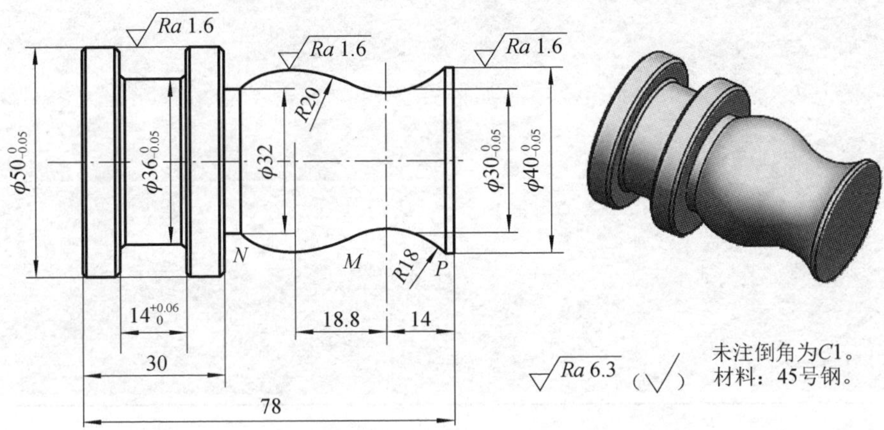

题图 1-5　工件图样 2

项目 2
内外螺纹的编程与加工

项目概述

本项目主要介绍数控车削螺纹的原理，数控车削螺纹的基本方法及普通螺纹、梯形螺纹和管螺纹加工的编程方法与操作技巧，进行内、外螺纹零件的加工工艺和加工程序编制，完成零件的加工，并在加工后完成质量检验和质量分析。

项目目标

- 掌握螺纹单一循环指令 G92 的编程格式和方法。
- 掌握螺纹复合循环指令 G76 的编程格式和方法。
- 了解普通三角螺纹、梯形螺纹和管螺纹的相关工艺知识。
- 能根据零件的几何形状、材料，合理地选择切削用量和加工方法。

技能目标

- 能运用编程指令完成零件加工程序的编制。
- 能进行机床操作并完成零件的加工。
- 能完成零件的质量检验和质量分析。

规范标准

- 《数控车工国家职业标准》。

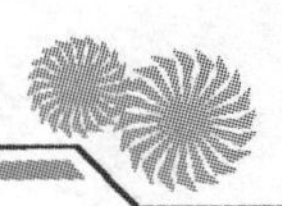

任务 2.1　普通螺纹配合零件的编程与加工

任务描述

典型的内外螺纹连接零件，是一种广泛使用的可拆卸的固定连接，具有结构简单、连接可靠、装拆方便等优点。通过本任务的学习，了解并掌握加工普通三角螺纹的编程指令和编程方法，了解并掌握数控车削螺纹的加工工艺和操作方法。根据图样的要求，合理选择加工参数、相关刀具和量具，完成图 2-1 所示的零件的编程和加工。

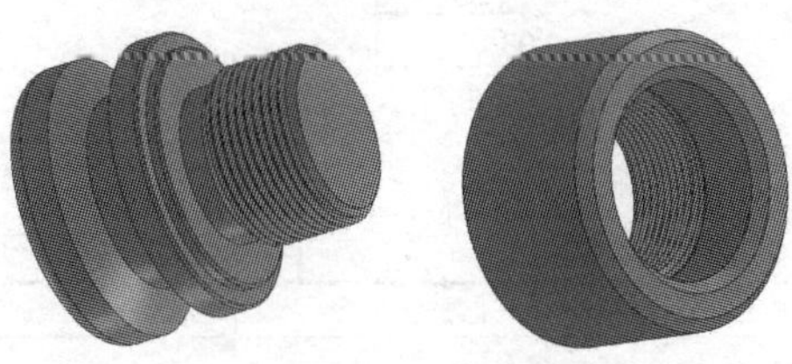

图 2-1　螺纹类零件

任务目标

1．掌握螺纹刀对刀的方法与操作步骤。
2．掌握螺纹单一循环指令 G92 的编程格式和方法。
3．了解螺纹刀的种类和选用原则。
4．完成零件的编程与加工。
5．完成零件的质量检测和分析。

2.1.2　工艺分析

1．图样分析

根据图样（图 2-2）得知，件一和件二组成了典型的螺纹配合零件，材料为 45 钢，整体结构简单，尺寸精度要求一般，适合数控车加工。件一左端为皮带槽形状结构，槽底直径为$\phi 32_{-0.039}^{0}$ mm，槽底宽度 5mm，槽口宽度 11mm，最大外圆直径为$\phi 46_{-0.025}^{0}$ mm，右端为外螺纹形状结构，螺纹尺寸要求为 M30×1.5mm，螺纹退刀槽 4mm×2mm，台阶外圆尺寸精度为$\phi 40_{-0.025}^{0}$ mm，总长尺寸精度为（47±0.03）mm。件二为单一内螺纹结构，螺纹尺寸要求为 M30×1.5mm，外圆尺寸精度为$\phi 48_{-0.025}^{0}$ mm，内孔尺寸精度为$\phi 32_{0}^{+0.025}$ mm，孔

深度 $12^{+0.04}_{0}$ mm，总长（28±0.03）mm，件一、件二内外螺纹没有配合要求，能轻松旋合即可。

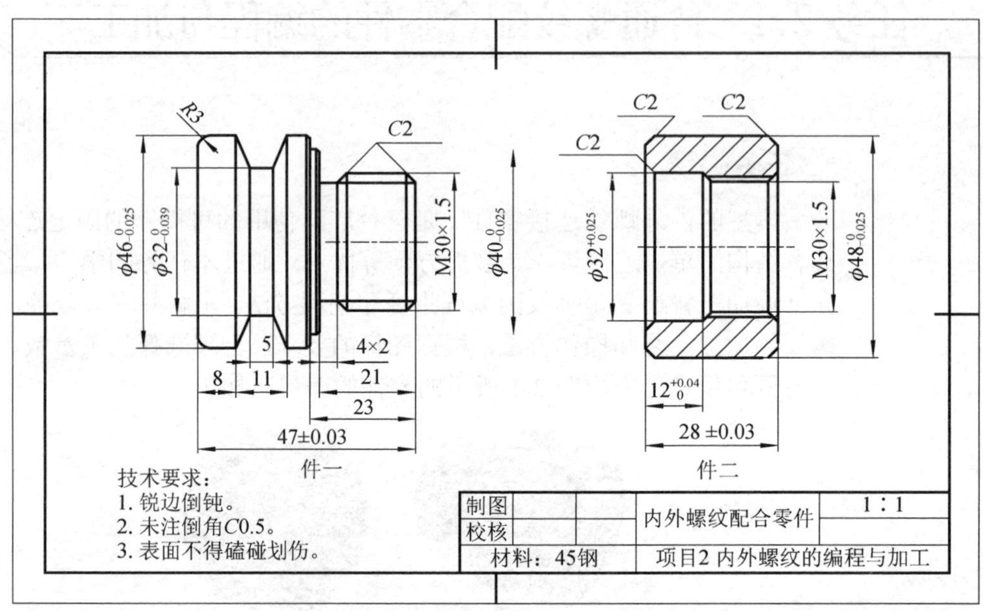

图 2-2　零件图

2. 工艺编制

该零件采用整段圆钢加工两件，按零件的结构特点，应先做件二，完成内孔、内螺纹和外圆（切断处外圆一并加工出来）的加工后进行切断，然后加工件一的左端沟槽，最后加工件一外螺纹部分，加工外螺纹时应用件二内螺纹来进行配作，以保证最后能顺利旋合。

回转轴套零件的数控车加工工艺过程见表 2-1。

表 2-1　回转轴套数控车加工工艺过程

设备名称		设备型号	夹具名称	零件名称	零件图号		材料
数控车		CK6140	三爪自定心卡盘	回转轴套	图 2-2		45 钢
序号	名称	工序内容	工序（或工具）示意图	切削用量			
				刀具	转速 S /（r/min）	进给速度 F /（mm/r）	切削深度 /mm
1	备料	棒料 φ50mm×85mm					

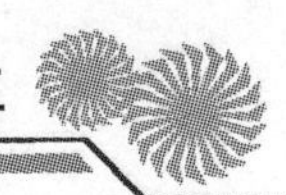

续表

序号	名称	工序内容	工序（或工具）示意图	切削用量			
				刀具	转速 S /（r/min）	进给速度 F /（mm/r）	切削深度 /mm
2	车削件二内外轮廓	1．钻 ϕ20mm 底孔，深度 32mm（平底孔）。 2．车端面、车外圆达到外圆 $\phi48_{-0.025}^{0}$ mm，台阶长度 32mm。 3．镗内孔达尺寸 $\phi32_{0}^{+0.025}$ mm 和螺纹底孔要求。 4．车削内螺纹 M30×1.5mm。 5．切断		ϕ20mm 锥柄平底钻	500	手动	
				T01	800 1200	0.2 0.1	2 0.25
				T02	600 1000	0.15 0.1	1 0.2
				T03	600	1.5	0.8 0.6 0.4 0.16
				T04	300	0.05	
3	车削件一左端轮廓	1．车端面。 2．粗、精车各段外圆达到尺寸 $\phi46_{-0.025}^{0}$ mm、R3mm 要求。 3．车削皮带槽，槽底直径 $\phi32_{-0.039}^{0}$ mm，槽宽 5mm、11mm 尺寸要求		T01	800 1200	0.2 0.1	1.5 0.25
				T02	400 800	0.05 0.08	2
4	车削内轮廓	1．车端面，保证总长（47±0.03）mm 要求。 2．粗、精车外圆达到 $\phi40_{-0.025}^{0}$ mm 及外螺纹大径 ϕ29.8mm 尺寸要求。 3．车退刀槽。 4．外螺纹车削 M30×1.5mm，与件一内螺纹配作		T01	800 1200	0.2 0.1	1 0.2
				T04	400 800	0.05 0.08	2 0.1
				T05	600	1.5	

续表

序号	名称	工序内容	工序（或工具）示意图	切削用量			
				刀具	转速 S /（r/min）	进给速度 F /（mm/r）	切削深度 /mm
5	掉头加工内外轮廓	1．车端面，保证总长（28±0.03）mm 要求。 2. 内外圆倒角 $C2$	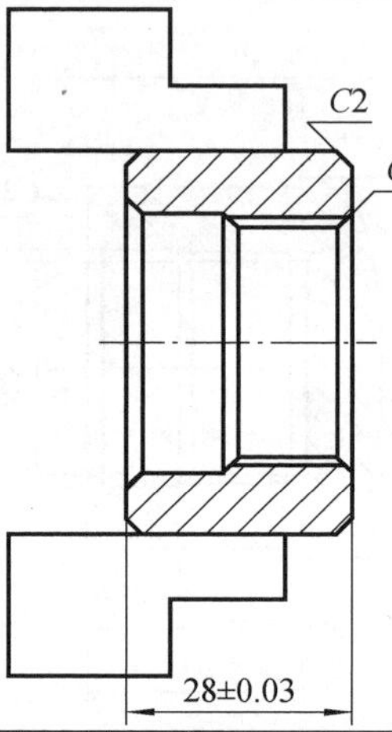 C2 C2 28±0.03	T01	600 1200	0.2 0.1	1.5 0.25
				T02	600 1000	0.2 0.1	1 0.2
6	零件检测	1．测量外轮廓各项尺寸要求。 2．测量内轮廓各项尺寸要求。 3．测量长度尺寸要求。 4．测量内外螺纹要求	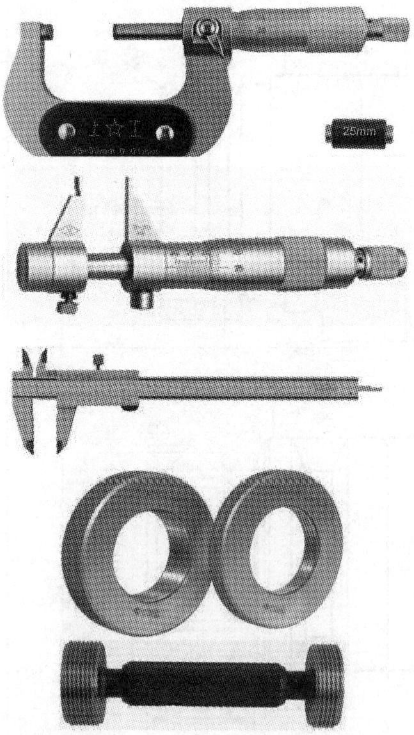 25mm				

回转轴套数控车加工刀具卡见表 2-2。

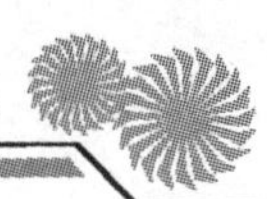

表 2-2 回转轴套数控车加工刀具卡

序号	刀具号	刀具名称	刀具规格	刀片规格	加工表面	备注
1	T01	外圆车刀	MWLNR2525K08	WNMG080404	外圆、端面	
2	T02	内孔镗刀	S16Q-SCLCR09	CCMT09T304HQ	内孔	
3	T03	内螺纹刀	SNR1620Q16	16NR1.5ISO	内螺纹	
4	T04	外圆切断刀	GDAR2525M300-10	GE25D300N040-FF	切断	
5	T05	外螺纹刀	SER2525M16T	16ER1.5ISO	外螺纹	

2.1.2 程序编制

表 2-3、表 2-4 为本任务的参考加工程序，请注意领会表中程序说明的含义。详情参见视频“工件二右端内螺纹加工操作”。

表 2-3 工件二右端内螺纹加工程序

程序内容	程序说明
O0001;	程序名
T0303;	换 3 号刀（内螺纹刀）
M03 S600;	主轴正转，转速 600r/min
M08;	开冷却液
G00 X20.0 Z5.0;	固定循环起点

续表

程序内容	程序说明
G92 X29.3 Z20.0 F1.5;	多刀螺纹切削，模态指令，只需指令 *X*，其余值不变
X29.9.0;	
X30.3;	
X30.46;	
M09;	关冷却液
G00 Z100.0;	
X100.0;	
M30;	主轴停转，程序结束，并返回程序开头

扫码观看视频

工件二右端内螺纹加工操作

参见视频“工件一右端外螺纹加工操作”。

表 2-4 工件一右端外螺纹加工程序

程序内容	程序说明
O0001;	程序名
T0505;	换 5 号刀（外螺纹刀）
M03 S600;	主轴正转，转速 600r/min
M08;	开冷却液
G00 X35.0 Z5.0;	固定循环起点
G92 X29.2 Z-19.0 F1.5;	多刀螺纹切削，模态指令，只需指令 *X*，其余值不变
X28.6.0;	
X28.2.0;	
X28.04;	
M09;	关冷却液
G00 X100.0 Z100.0;	
M30;	主轴停转，程序结束，并返回程序开头

扫码观看视频

工件一右端外螺纹加工操作

2.1.3 零件加工

1. 确定机床

针对任务零件，其最大外形尺寸为ϕ50mm，而且加工精度要求不是很高，目前市场上见到的数控车床基本能满足以上要求，故选用系统 FANUC 0i-T 系列经济型，型号 CAK6140，无级变速，由于本项目使用 5 把刀具，可选用六工位卧式回转刀架，以避免加工中频繁装拆刀具，见表 2-5。

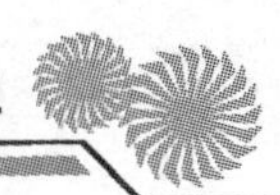

表 2-5　机床配备清单

序号	名称	型号	数量
1	数控车床	CK6140 FACUK 0i-Tc	2～3 人/台
2	卡盘扳手	200mm 卡盘用	1 把/台
3	刀架扳手	卧式回转六工位刀架	1 把/台
4	铁屑钩子		1 把/台

2. 确定材料

备料建议清单见表 2-6。

表 2-6　备料建议清单

序号	材料	规格/mm	数量
1	PVC 棒	ϕ50×85（程序调试用）	1 段/人
2	45 钢	ϕ50×85	1 段/人

3. 操作步骤

1）开机，X、Z 轴回参考点。

2）装夹工件，安装刀具，检查刀尖中心高度是否正确。

3）切换 MDI 模式，输入 M03 指令启动主轴，输入 T 指令选择刀具。

4）切换 JOG 模式，装入锥柄钻头，移动尾座，完成底孔加工。

5）切换 EDIT 模式，输入加工程序，并检查程序的正确性。（也可进入程序模拟状态，通过图形化功能检查程序是否正确）

6）切换手轮模式，进行对刀，完成刀具长度补偿和建立工件坐标系工作。

7）切换 MDI 模式，校验对刀的正确性。

8）切换 MEMORY 模式，按下程序启动键，完成零件粗加工。

9）测量加工表面，计算加工精度，如有偏差，在刀具磨耗菜单下进行补偿。

10）调用精加工程序，完成零件的加工。

11）重复以上步骤 6）～步骤 10），完成所有要素的加工任务。

12）卸下工件和刀具，完成机床保养工作。

2.1.4 操作测评

加工完此工件后，请按照表 2-7 进行评分并得出成绩。

表 2-7 评分表

序号	项目	检验内容		分值	评分标准	实测	得分
1	件一	外圆	$\phi46_{-0.025}^{0}$mm	4	每超差 0.01mm 扣 2 分		
2			$\phi40_{-0.025}^{0}$mm	4	每超差 0.01mm 扣 2 分		
3		长度	8mm	4	每超差 0.01mm 扣 2 分		
4			（47±0.03）mm	4	每超差 0.01mm 扣 2 分		
5			11mm	4	每超差 0.01mm 扣 2 分		
6			21mm	4	每超差 0.01mm 扣 2 分		
7			23mm	4	每超差 0.01mm 扣 2 分		
8		槽一	$\phi32_{-0.039}^{0}$mm	4	每超差 0.01mm 扣 2 分		
9			5mm	4	每超差 0.01mm 扣 2 分		
10		槽二	4mm×2mm	4	每超差 0.01mm 扣 2 分		
11		外螺纹	M30×1.5mm	10	超差不得分		
12		倒角	*C*1、*C*2 各 2 个	8	每处超差不得分		
13		倒圆	*R*3mm	1	每处超差不得分		
14	件二	外圆	$\phi48_{-0.025}^{0}$mm	5	每超差 0.01mm 扣 2 分		
15		内孔	$\phi32_{0}^{+0.025}$mm	5	每超差 0.01mm 扣 2 分		
16		长度	（28±0.03）mm	6	每超差 0.01mm 扣 2 分		
17			$12_{0}^{+0.04}$mm	5	每超差 0.01mm 扣 2 分		
18		内螺纹	M30×1.5mm	10	超差不得分		
19		倒角	*C*0.5×2	4	每处超差不得分		
20			*C*2×3	6	每处超差不得分		
21	文明生产	发生重大安全事故取消加工资格；每违反一项规定，总分扣除 5 分					
22	其他项目	工件不完整，局部有缺陷（如夹伤、划痕等），酌情扣分					
23	程序编制	程序中严重违反工艺规程的，取消加工资格；其他问题酌情扣分					
合计							

2.1.5 相关知识

1. 编程指令

（1）G32——等螺距直螺纹切削指令

格式：

```
G32  X(U)_  Z(W)_  F_;
```

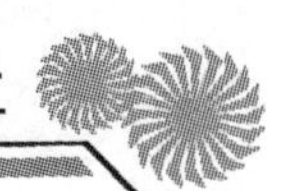

参数含义：

X（U）_Z（W）_——螺纹终点坐标；

F——螺纹导程。

G32 指令可以加工圆柱螺纹和圆锥螺纹。它和 G01 指令的根本区别：它能使刀具沿直线移动的同时，使刀具的移动和主轴保持同步，即主轴转一周，刀具移动一个导程；而 G01 指令刀具的移动和主轴的旋转位置不同步，用来加工螺纹时会产生乱牙现象。

如果螺纹牙型较深或螺距较大，可分多次进给。每次进给的背吃刀量是用实际牙型高度减精加工背吃刀量后所得的差，并按递减规律分配。常用米制螺纹切削时的进给次数与实际背吃刀量（直径量）可参考表 2-8 选取。

表 2-8　常用的螺纹加工进给次数与背吃刀量　　单位：mm

米制螺纹								
螺距		1.0	1.5	2.0	2.5	3.0	3.5	4.0
牙深		0.649	0.947	1.299	1.624	1.949	2.273	2.598
吃刀量	1 次	0.7	0.8	0.9	1.0	1.2	1.5	1.5
	2 次	0.4	0.6	0.6	0.7	0.7	0.7	0.8
	3 次	0.2	0.4	0.6	0.6	0.6	0.6	0.6
	4 次		0.16	0.4	0.4	0.4	0.6	0.6
	5 次			0.1	0.4	0.4	0.4	0.4
	6 次				0.15	0.4	0.4	0.4
	7 次					0.2	0.2	0.4
	8 次						0.15	0.3
	9 次							0.2

【例】　如图 2-2 所示，螺纹外径已车至ϕ29.8mm；4×2 的槽已加工，此螺纹加工查表 2-1。已知切削 5 次（0.9、0.6、0.6、0.4、0.1），至小径 d=30−1.3×2=27.4（mm）。

编程如下：

```
O0301;
…
G00  X32.0  Z5.0;        快速定位
     X29.1;              切进
G32  Z-28.0   F2;        螺纹第一刀切削  ┐
G00  X28.5;              退刀            │ X 方向尺寸按每次吃刀量递减，直
     Z5.0;               返回            │ 至终点尺寸 27.4mm
G32  Z-28.0   F2;        螺纹第二刀切削  ┘
```

```
G00  X27.9;          退刀      ⎫
     Z5.0;           返回      ⎪
…                              ⎬ X 方向尺寸按每次吃刀量递减，直
G00  X27.4;          切至尺寸  ⎪ 至终点尺寸 27.4mm
G32  Z-28.0  F2;               ⎭
G00  X32.0;
     Z5.0;
```

（2）G92——圆柱螺纹切削循环（切螺纹可以不需退刀槽）

通过前面例题可以看出，螺纹加工须多次进刀，如果使用 G32 指令编写，程序较长，且易发生错误。为此，数控车床一般均在数控系统中设置螺纹加工循环指令 G92。

格式：

```
G92  X(U)_  Z(W)_   F _
```

参数含义：

X、Z——螺纹终点绝对坐标值；

U、W——螺纹终点相对循环起点的坐标增量；

F——螺纹的导程。

刀具路线如图 2-3 所示。

【例】 如图 2-4 所示螺纹加工，用 G92 指令编写，程序如下：

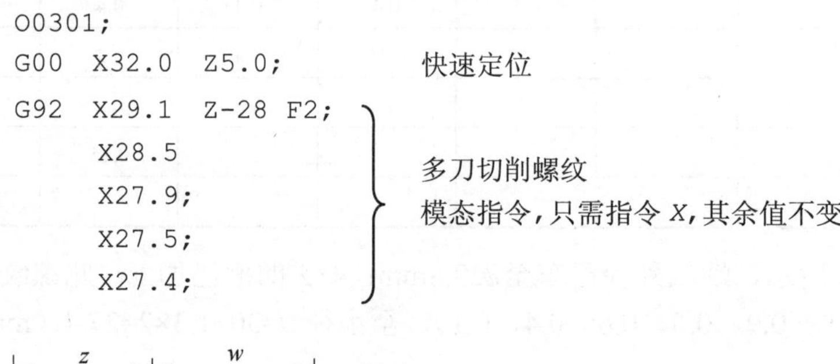

```
O0301;
G00  X32.0  Z5.0;          快速定位
G92  X29.1  Z-28  F2;   ⎫
     X28.5              ⎪
     X27.9;             ⎬  多刀切削螺纹
     X27.5;             ⎪  模态指令，只需指令 X，其余值不变
     X27.4;             ⎭
```

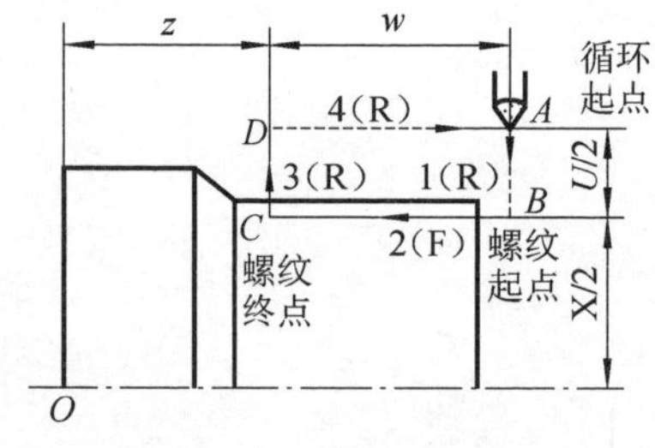

图 2-3　刀具路线图

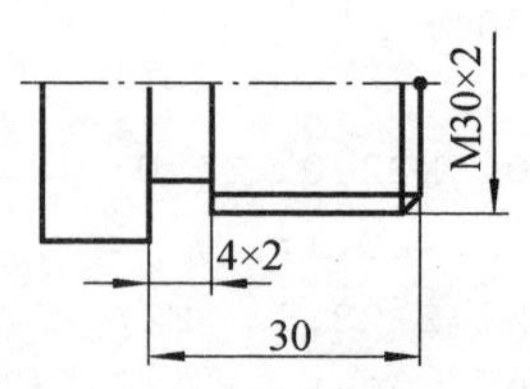

图 2-4　常见螺纹

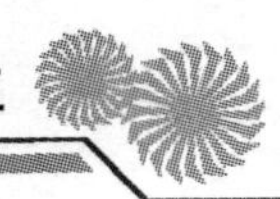

2. 刀具的选择

（1）螺纹刀片型号编制规则

螺纹刀片型号编制规则如图 2-5 所示。

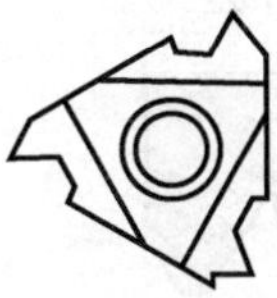

16	N	R	1.75	ISO
1	2	3	4	5

1刀片尺寸

L/mm	I.C./mm
6	3.97
8	4.76
11	6.35
16	9.525
22	12.7
27	15.875

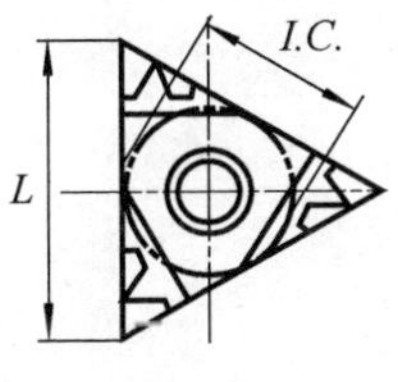

2切削类型

E	外螺纹切削
N	内螺纹切削

3切削方向

R	右切
L	左切

4螺距代号

全牙型（螺距用数字表示）0.35～9.0 mm　72～2　TPI（牙/英寸）

V牙型（范围以字母表示）	螺距/mm	TPI（牙/英寸）
A	0.5～1.5	48～16
AG	0.5～3.0	48～8
G	1.75～3.0	14～8
N	3.5～5.0	7～5
U	5.5～9.0	4.5～2.75
Q	5.5～6.0	4.5～4

5螺纹刀片牙型

代号	牙型
60	60°牙型螺纹刀片
55	55°牙型螺纹刀片
ISO	ISO米制全牙型螺纹刀片
UN	美制UN全牙型螺纹刀片
W	惠氏全牙型螺纹刀片
TR	Trapeze DIN 103螺纹刀片
ACME	ACME梯形螺纹刀片
STACME	短齿ACME梯形螺纹刀片
UNJ	UNJ螺纹刀片
NPT	NPT全牙型螺纹刀片
NPTF	NPTF全牙型螺纹刀片
RD	API圆齿螺纹刀片

图 2-5　螺纹刀片型号编制规则

（2）螺纹刀片型号选用原则

1）根据加工要求的不同进行选择。如果要精确控制螺纹牙型和直径，可选择定螺距刀片（图 2-6）。

① 螺纹尺寸是按照已制定的螺纹标准确定的。

② 由于螺纹外径和底径同时加工，可以得到同心度的螺纹。

③ 最后一刀加工出准确的螺纹牙型，减少额外的操作或去毛刺操作，降低加工成本。

如果要用刀片加工各种不同螺距的螺纹，可选择泛螺距刀片（图 2-7）。

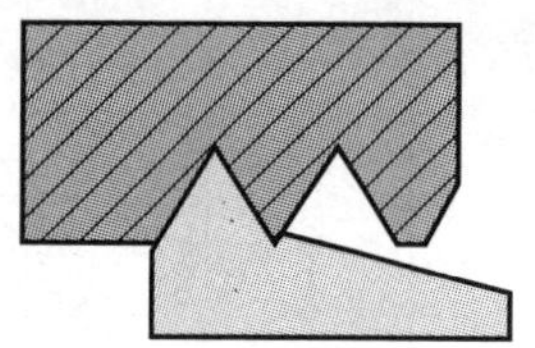

图 2-6　定螺距刀片

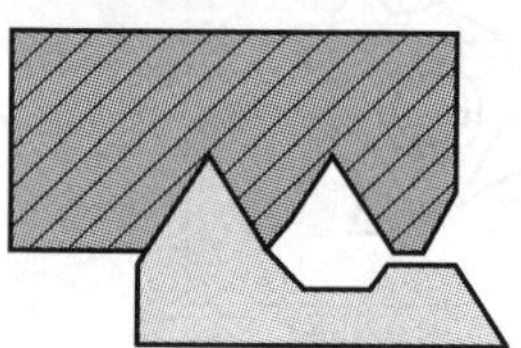

图 2-7　泛螺距刀片

泛螺距刀片有以下特点：

① 同一刀片可以加工规定范围内的不同螺距的螺纹。

② 对非标准螺纹的加工有较大的柔性。

2）根据加工对象的不同进行选择，如图 2-8 所示。

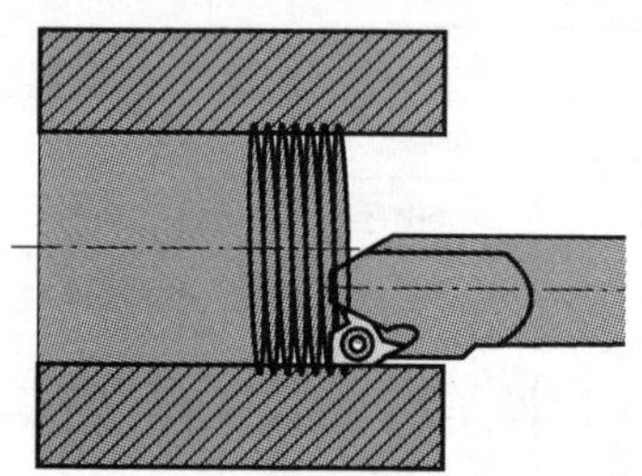

图 2-8　内外螺纹

②　加工外螺纹还是内螺纹。

② 确定内螺纹加工时最小孔径。

③ 刀具方向（左旋螺纹还是右旋螺纹）。

④ 螺纹的牙型角度（60°、55° 等）。

⑤ 加工材质的不同（铁、不锈钢、有色金属等）。

3）根据螺纹标准的不同进行选择。

① 公制螺纹。

② 美制螺纹。

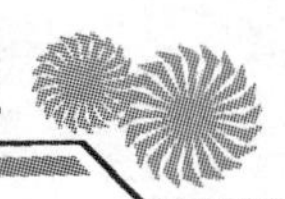

③ 英制螺纹。

根据以上选用原则，这里选用的刀片型号为外螺纹刀片 16ER1.5ISO，内螺纹刀片 16NR1.5ISO。

（3）螺纹车刀型号编制规则

螺纹车刀型号编制规则，如图 2-9 所示。

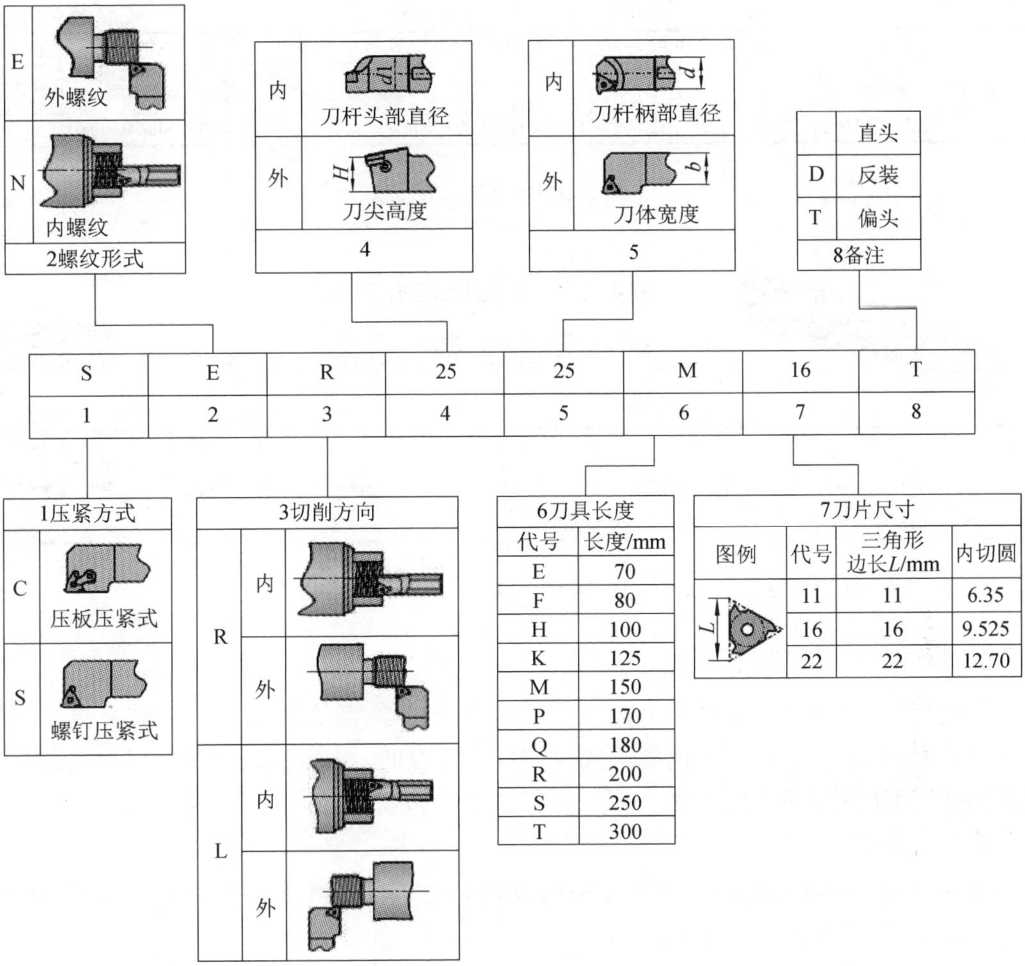

S	E	R	25	25	M	16	T
1	2	3	4	5	6	7	8

2螺纹形式	
E	外螺纹
N	内螺纹

4	
内	刀杆头部直径 d
外	刀尖高度 H

5	
内	刀杆柄部直径 d
外	刀体宽度 b

8备注	
	直头
D	反装
T	偏头

1压紧方式	
C	压板压紧式
S	螺钉压紧式

3切削方向	
R	内
	外
L	内
	外

6刀具长度	
代号	长度/mm
E	70
F	80
H	100
K	125
M	150
P	170
Q	180
R	200
S	250
T	300

7刀片尺寸			
图例	代号	三角形边长L/mm	内切圆
L	11	11	6.35
	16	16	9.525
	22	22	12.70

图 2-9　螺纹车刀型号编制规则

（4）螺纹刀杆的选择

根据选用刀片的型号和数控车刀架的规格，选择外螺纹刀杆型号为 SER2525M16T（图 2-10），内螺纹刀杆型号为 SNR1620Q16（图 2-11）。

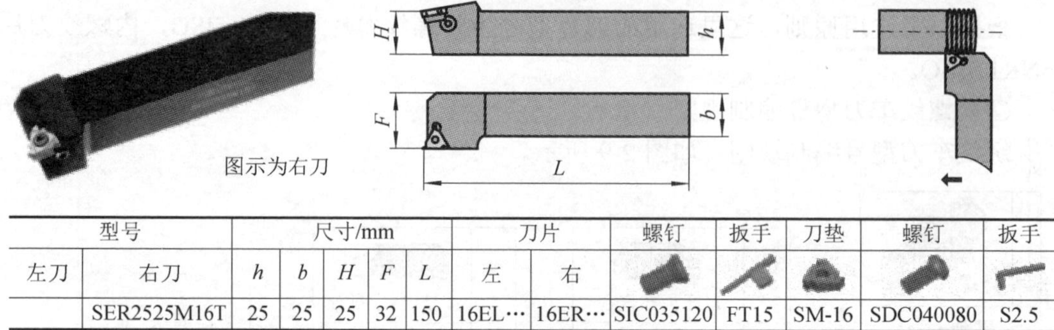

型号		尺寸/mm					刀片		螺钉	扳手	刀垫	螺钉	扳手
左刀	右刀	*h*	*b*	*H*	*F*	*L*	左	右					
	SER2525M16T	25	25	25	32	150	16EL…	16ER…	SIC035120	FT15	SM-16	SDC040080	S2.5

图 2-10　外螺纹车刀

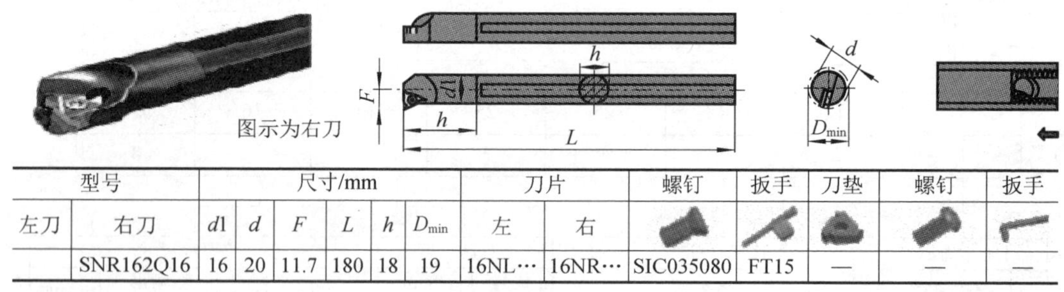

型号		尺寸/mm						刀片		螺钉	扳手	刀垫	螺钉	扳手
左刀	右刀	*d*1	*d*	*F*	*L*	*h*	D_{min}	左	右					
	SNR162Q16	16	20	11.7	180	18	19	16NL…	16NR…	SIC035080	FT15	—	—	—

图 2-11　内螺纹车刀

3．加工参数的确定

在数控车床上用车削的方法可加工直螺纹和锥螺纹。车螺纹的进刀方式有直进式和斜进式，如图 2-12 所示。采用斜进式时刀具单侧刃加工，可减轻负荷。每次进给背吃刀量用螺纹深度减去精加工背吃刀量，所得的差按递减分配。常用的螺纹切削进给次数与背吃刀量见表 2-1。

螺纹切削时应注意在两端设置足够的升速δ_1进刀段和降速δ_2退刀量，一般δ_1=2～5mm，δ_2=(1/4～1/2)δ_1，如图 2-13 所示。

经验公式：

$$\delta_1=3.605\delta_2，\delta_2=\frac{NL}{1800}$$

式中，　N——主轴转速，r/min；

　　　　L——螺纹导程，mm；

1800——常数，是基于伺服系统时间常数 0.033s 得出的。

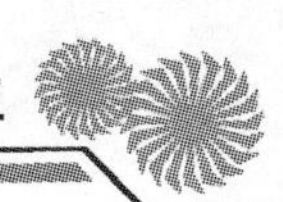

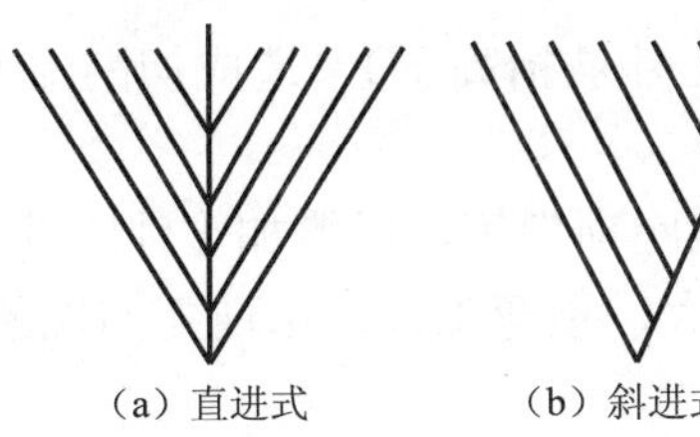

图 2-12　车螺纹进刀方式

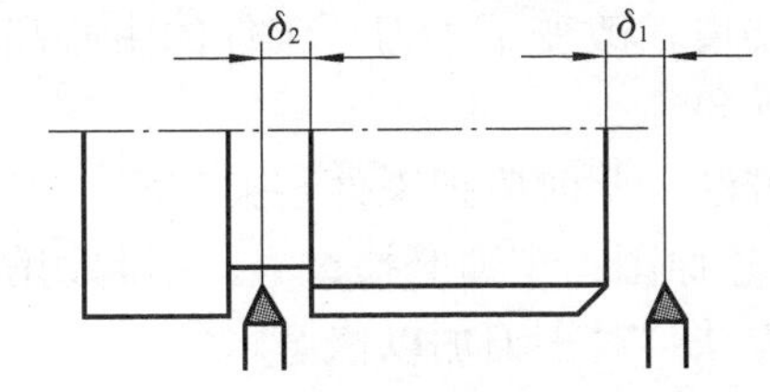

图 2-13　螺纹切削的进刀段和退刀段

2.1.6　注意事项及常见问题

1. 注意事项

1）螺纹对刀时由于刀尖较尖，*X* 方向试切时应放慢走刀速度，*Z* 向对刀刀尖对齐端面即可。

2）螺纹刀装刀时要注意刀尖角和工件表面的对称，可用刀具样板辅助对刀。

3）加工过程中，注意右手食指和中指不要离开“循环开始”和“循环暂停”按钮。

4）工件加工过程中，要注意检验工件质量。如果加工质量出现异常，应停止加工，并请示教师，以便采取相应措施。

2. 常见问题及解决方法

在数控车床上车削螺纹，由于主机系统能同时控制主轴与 *X*、*Y* 轴的运动，而且数控车床是以μm 为单位的，所以能获得精确的螺距。但是在实际车削螺纹时，由于各种原因（如主轴同步传动带磨损，*X*、*Y* 轴丝杆磨损，刀具磨损，机床检测系统错误等）造成由主轴到刀具之间的运动在某一环节出现问题，引起车削螺纹时产生故障，影响正常生产，这时应及时加以解决。在数控车床上车削螺纹时常见的故障及解决方法如下。

（1）扎刀

1）故障原因：车刀的前角太大，机床 *X* 轴丝杆间隙较大。

解决方法：减小车刀前角，维修机床调整 *X* 轴的丝杆间隙，利用数控车床的丝杆间隙自动补偿功能补偿机床 *X* 轴丝杆间隙。

2）故障原因：车刀安装得过高或过低；过高，则吃刀到一定深度时，车刀的后刀面顶住工件，增大摩擦力，甚至把工件顶弯，造成扎刀现象；过低，则切屑不易排出，车刀径向力的方向是工件中心，加上横进丝杠与螺母间隙过大，致使吃刀量不断自动趋向加深，从而把工件抬起，出现扎刀现象。

解决方法：应及时调整车刀高度，使其刀尖与工件的轴线等高（可利用尾座顶尖对刀）。在粗车和半精车时，刀尖位置比工件的中心高出 1%*D* 左右（*D* 表示被加工工件的直径）。

3）故障原因：工件装夹不牢，工件本身的刚性不能承受车削时的切削力，因而产

生过大的挠度，改变了车刀与工件的中心高度（工件被抬高了），造成切削深度突增，出现扎刀现象。

解决方法：此时应把工件装夹牢固，可使用尾座顶尖等，以增加工件刚性。

4）故障原因：车刀磨损过大，引起切削力增大，顶弯工件，出现扎刀现象。

解决方法：对车刀加以修磨。

5）故障原因：切削用量（主要是背吃刀量和切削速度）太大。

解决方法：根据工件导程大小和工件刚性，选择合理的切削用量。

（2）乱扣

1）故障原因：机床主轴编码器同步传动带磨损，检测不到主轴的同步真实转速。

解决方法：更换主轴同步皮带。

2）故障原因：编制输入主机的程序不正确。车削螺纹时为了防止乱扣，必须保证后一刀车削轨迹与前一刀车削轨迹重合，在普通车床上用倒顺车法来预防乱扣。在数控车床上，用程序来预防乱扣，就是在编制加工程序时，用程序控制螺纹刀在车削前一刀后退刀，使后一刀起点位置与前一刀起点位置重合，这样车出的螺纹就不会乱扣。

解决方法：检查程序，更改程序。

3）故障原因：X轴或Z轴丝杆磨损，传动精度丢失，不能达到同步要求。

解决方法：维修或更换X轴或Z轴丝杆。

（3）螺距不正确

1）故障原因：主轴编码器传送回机床系统的数据不准确。

解决方法：维修机床，更换主轴编码器或同步传送皮带。

2）故障原因：X轴或Y轴丝杆和主轴窜动过大。

解决方法：调整主轴轴向窜动，X轴或Y轴丝杆间隙可以用系统间隙自动补偿功能补偿。

3）故障原因：编制和输入的程序不正确。

解决方法：检视程序，务必使程序中的指令导程与图样要求一致。

（4）牙型不正确

1）故障原因：刀尖形状不正确。

解决方法：选择合适的螺纹刀片。

2）故障原因：车刀安装不正确。

解决方法：装刀时用样板对刀，或者通过百分表找正螺纹刀杆来装正螺纹刀。

3）故障原因：车刀磨损。

解决方法：根据车削加工的实际情况，合理选用切削用量，及时更换刀片。

（5）螺纹表面粗糙度大

1）故障原因：刀尖产生积屑瘤。

解决方法：降低切削速度，并正确选择切削液。

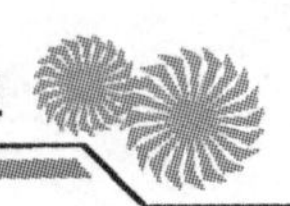

2）故障原因：刀柄刚性不够，切削时产生振动。

解决方法：增加刀柄截面，并减小刀柄伸出长度。

3）故障原因：高速切削螺纹时，切削厚度太小或切屑向倾斜方向排出，拉毛已加工牙侧表面。

解决方法：最后一刀的切削厚度一般要大于 0.1mm，并使切屑沿垂直轴线方向排出。

4）故障原因：刀具表面粗糙度差。

解决方法：刀具切削刃口的表面粗糙度应比零件加工表面粗糙度小 2～3 个挡。

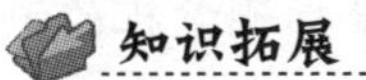

知识拓展

三坐标测量技术

三坐标测量仪又称三次元，是机械测量的必备工具。三坐标测量仪，是指在一个六面体的空间范围内，能够表现几何形状、长度及圆周分度等测量能力的仪器，又称为三坐标测量仪或三坐标量床。

三坐标测量仪是指一种具有可做三个方向移动的探测器，可在三个相互垂直的导轨上移动，此探测器以接触或非接触等方式传送信号，三个轴的位移测量系统（如光学尺）经数据处理器或计算机等计算出工件的各点坐标（X、Y、Z）及各项功能测量的仪器。三坐标测量仪的测量功能包括尺寸精度、定位精度、几何精度及轮廓精度等。

几十年以前，三坐标测量仪（图 2-14）在工业界仅极少人知道。自从 20 世纪 60 年代起，由于电子、计算机及传感器等技术的发展，三坐标测量仪的功能改善了许多，可满足制造工业高质量、高效率及多功能等测量需求。因此，质量管理部门可以对工件的尺寸、几何形状及轮廓等的测量达到快速且精确的程度。

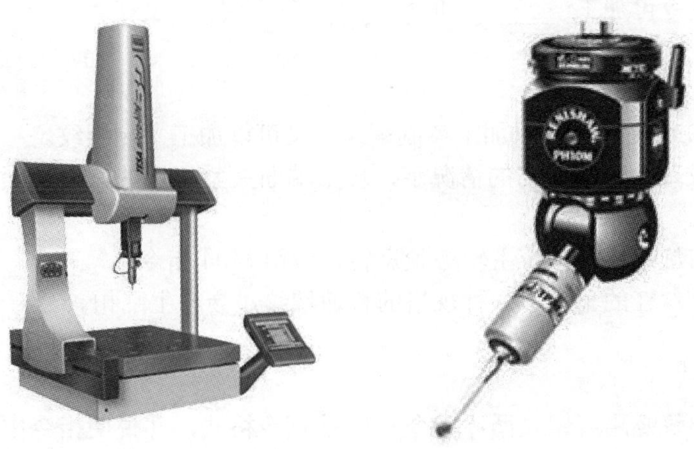

图 2-14　三坐标测量仪

从机械上讲，三坐标测量仪（三次元）的优点如下。

1）探测头可以在空间沿 X、Y、Z 三个轴向移动，以直角坐标或极坐标表示。

2）工件立方体的五个面皆可测量，无须变换工件位置，若加装适当夹具及特殊测头，第六面也可测量。

3）坐标测量机的操作和测量工作，不需要特殊的技术即可实现。

4）可以在任何位置设定工作坐标系原点，并且以间接主算法计算出测量结果，增加了测量的功能与使用弹性。

5）以数据处理机快速准确地计算出测量值，配合预编程序使坐标测量机的测量工作自动化。

6）取代传统测量方式，提高检验准确度，并且对高精度产品，可以百分之百地检验。

7）对复杂的工件与测量难度高的工件，皆可以进行精确的测量。

8）大幅度减少检验时间、检验费用、人力，增加测量效率。

思考与练习

一、填空题

1．在数控车床上用车削的方法可加工________和________。

2．车螺纹的进刀方式有________和________。

3．G32 指令可加工________和________。

二、判断题

1．利用 G33 指令既可以加工英制螺纹，又可以加工米制螺纹。（　　）

2．在螺纹基本直径相同的情况下，球形端面夹紧螺钉的许用夹紧力等于平头螺钉的许用夹紧力。（　　）

3．加工右旋螺纹，车床主轴必须反转，应用 M04 指令。（　　）

4．用英制丝杠的车床车各种规格的普通螺纹，会产生乱扣。（　　）

三、简答题

1．试写出等螺距直螺纹循环指令 G32 的指令格式，并说明指令中各参数的含义。

2．试写出圆柱螺纹切削循环指令 G92 的指令格式，并说明指令中各参数的含义。

3．试用 G92 指令编写题图 2-1 所示内螺纹的加工程序。

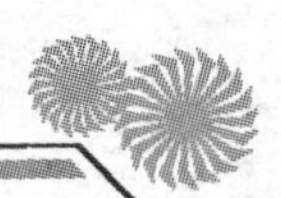

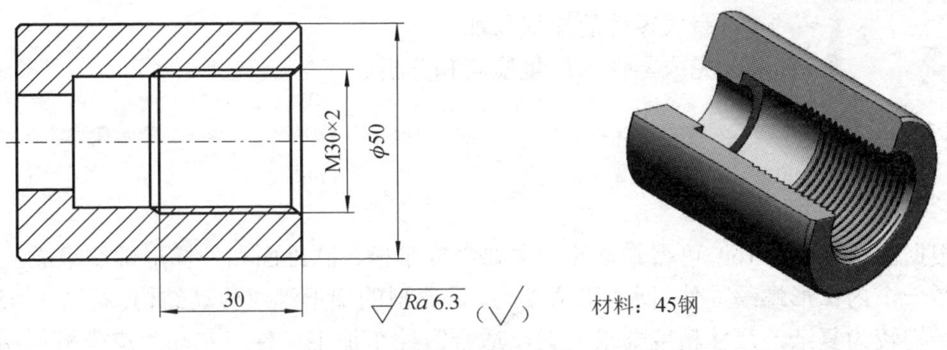

题图 2-1　内螺纹加工图样

任务 2.2　梯形螺纹配合零件的编程与加工

任务描述

梯形螺纹（图 2-15），主要用于传给（进给和升降）和位置调整装置中，在机械行业有着广泛的应用，也可用于紧固连接场合。通过本任务的学习，了解并掌握加工梯形螺纹的编程指令和编程方法，了解并掌握数控车削梯形螺纹的加工工艺和操作方法。根据图样的要求，合理选择相应的加工参数、相关刀具和量具，最终完成零件的编程和加工。

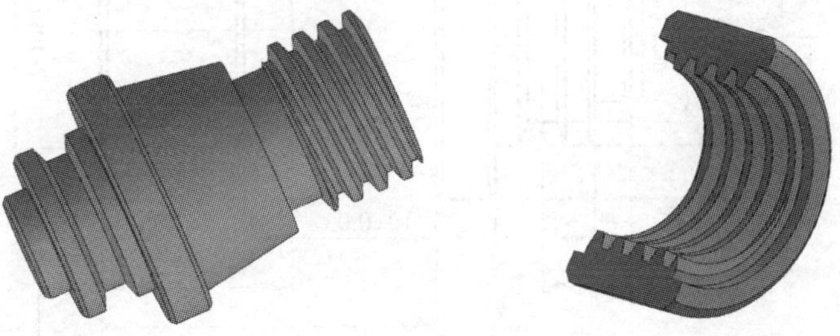

图 2-15　梯形螺纹类零件

任务目标

1. 掌握梯形螺纹的加工工艺与加工方法。
2. 掌握螺纹复合循环指令 G76 的编程格式和应用技巧。
3. 了解梯形螺纹刀的规格和选用原则。

4．完成零件的编程与加工。

5．完成零件的质量检测和分析。

2.2.1 工艺分析

1．图样分析

根据图样（图 2-16）可得知，件一主要由皮带槽、圆锥面和外梯形螺纹组成，件二主要是一个内梯形螺纹零件，两件形成配合，是典型的梯形螺纹传动结构；材料为 45 钢，整体结构较为复杂，尺寸精度要求一般，适合数控车加工。件一左端为皮带槽形结构，槽底直径为$\phi32_{-0.039}^{0}$ mm，槽底宽度 5mm，槽口夹角 40°，槽外圆直径为$\phi40_{-0.025}^{0}$ mm，台阶外圆$\phi25_{-0.021}^{0}$ mm，最大外圆$\phi58_{-0.025}^{0}$ mm，右端锥度 1∶3，单线梯形螺纹 Tr40×6−7h，大径尺寸为$\phi40_{-0.375}^{0}$mm，中径$\phi37_{-0.383}^{-0.118}$mm，小径$\phi33_{-0.57}^{0}$mm，牙形角 30°，螺距 6mm，螺纹退刀槽 8mm×4mm，总长尺寸要求为（89±0.03）mm。件二内梯形螺纹 Tr40×6−7H，和外梯形螺纹配作，外圆尺寸要求为$\phi56_{-0.025}^{0}$ mm，两端对称台阶孔尺寸要求为$\phi44_{0}^{+0.039}$ mm，孔深度 3mm，总长尺寸要求为（32±0.02）mm，件一、件二内外螺纹未有具体配合要求，能轻松旋合即可。

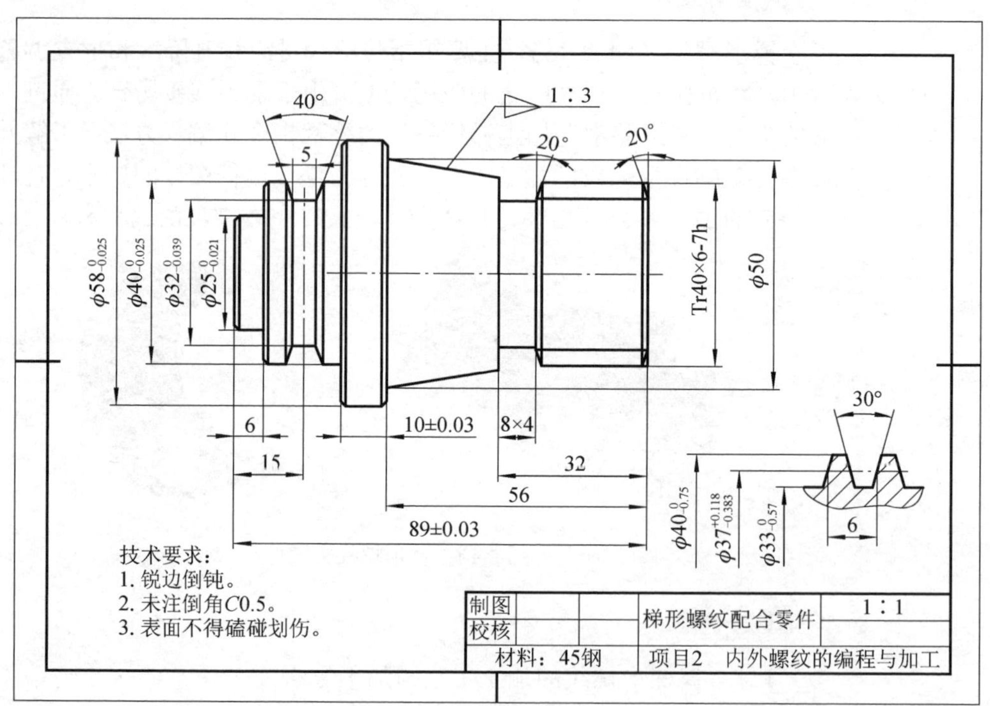

图 2-16 零件图

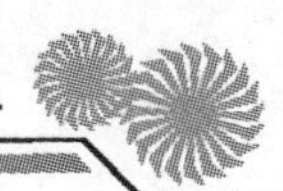

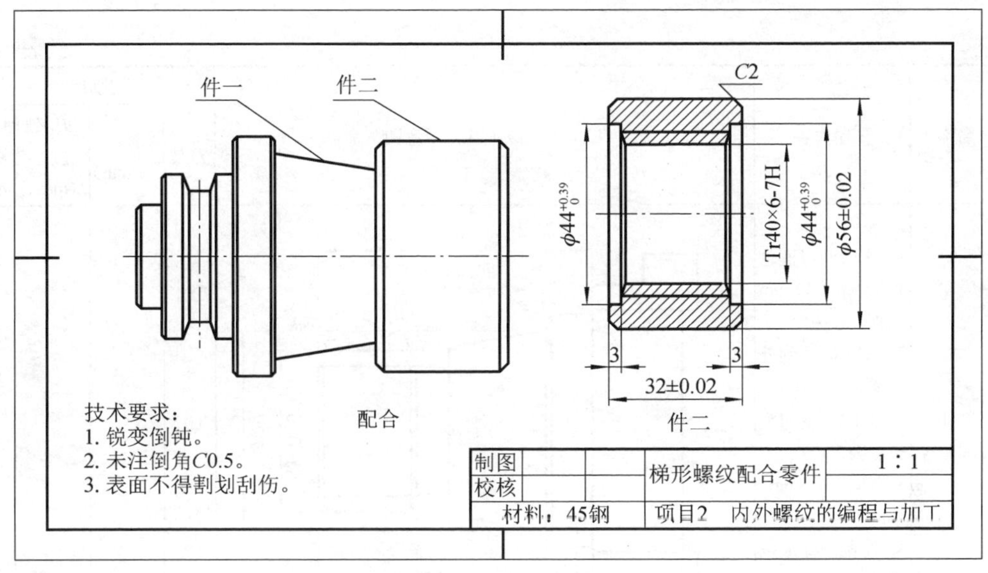

图 2-16 零件图（续）

2. 工艺编制

件一加工时，因车削梯形螺纹所受切削力较大，应先加工梯形螺纹后加工其他要素。如果机床刚性不好，加工梯形螺纹时可用顶尖辅助支撑，以提高加工的稳定性。掉头加工时，可用铜皮或者夹套包裹梯形螺纹外圆进行装夹，也可夹持大外圆进行加工，但因大外圆的长度较短，需进行找正后再加工。

件二先加工内梯形螺纹和同侧台阶孔，然后用件一做心轴，并在件二内孔镶入隔套，其厚度因大于 6mm，故将件二旋在件一上进行件二外圆和另一内孔加工。

梯形螺纹配合零件的数控车加工工艺过程见表 2-9。

表 2-9 梯形螺纹配合零件的数控车加工工艺过程

<table>
<tr><td colspan="2">设备名称</td><td>设备型号</td><td colspan="2">夹具名称 | 零件名称</td><td>零件图号</td><td colspan="4">材料</td></tr>
<tr><td colspan="2">数控车</td><td>CK6140</td><td colspan="2">三爪自定心卡盘 | 回转轴套</td><td>图 2-16</td><td colspan="4">45 钢</td></tr>
<tr><td rowspan="2">序号</td><td rowspan="2">名称</td><td rowspan="2">工序内容</td><td rowspan="2" colspan="3">工序（或工具）示意图</td><td colspan="4">切削用量</td></tr>
<tr><td>刀具</td><td>转速 S /(r/min)</td><td>进给速度 F /(mm/r)</td><td>切削深度 /mm</td></tr>
<tr><td>1</td><td>备料</td><td>棒料 φ60mm×90mm</td><td colspan="3"></td><td></td><td></td><td></td><td></td></tr>
</table>

续表

序号	名称	工序内容	工序（或工具）示意图	切削用量			
				刀具	转速 S /(r/min)	进给速度 F /(mm/r)	切削深度 /mm
2	车削件一右端轮廓	1．车端面保证总长（89±0.03）mm要求。 2．车外圆达到外圆 $\phi58_{-0.025}^{0}$ mm，锥度1∶3及相关长度要求。 3. 车退刀槽8mm×4mm。 4．车削外梯形螺纹，达到Tr40×6-7h要求	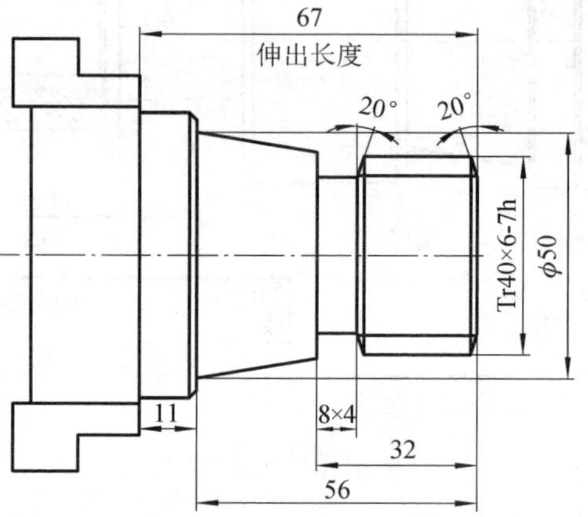	T01 T02 T03			
3	车削件一左端轮廓	1．装夹找正。 2．粗、精车各段外圆达到尺寸 $\phi40_{-0.025}^{0}$ mm、$\phi25_{-0.021}^{0}$ mm要求。 3．车削皮带槽，达到槽底直径 $\phi25_{-0.021}^{0}$ mm，槽宽5mm，夹角40°要求	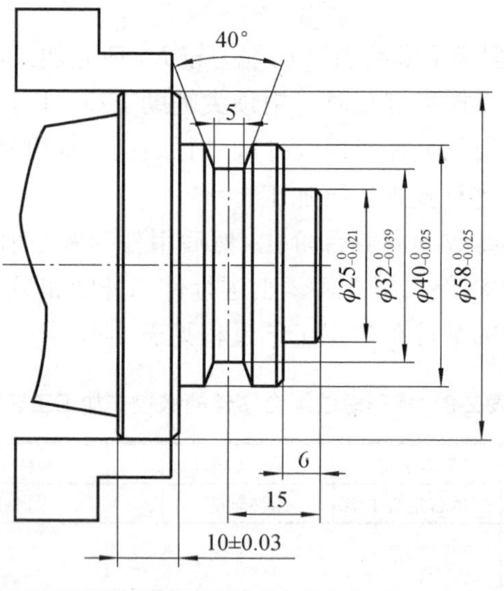	T01	800 1200	0.2 0.1	1.5 0.25
				T02	400 800	0.05 0.08	2

续表

序号	名称	工序内容	工序（或工具）示意图	切削用量			
				刀具	转速 S /(r/min)	进给速度 F /(mm/r)	切削深度 /mm
4	车削件二内轮廓	1．钻底孔（通孔）ϕ22mm。 2．车端面，倒角 C2。 3．镗孔达到 $\phi44^{+0.039}_{0}$ mm 要求，深度 3mm。 4．车削内梯形螺纹，达到 Tr40×6-7H 要求	$C2$ Tr40×6-7H $\phi44^{+0.039}_{0}$ $\phi56^{0}_{-0.025}$ 3	T01	800 1200	0.2 0.1	1 0.2
				T04	400 800	0.05 0.08	2 0.1
				T05	600	1.5	
5	车削件二外轮廓	1．车端面，保证总长（32±0.02）mm 要求。 2．车削内孔达到 $\phi44^{+0.039}_{0}$ mm 要求	隔套 8 $\phi44^{+0.039}_{0}$ $\phi56^{0}_{-0.025}$ 3 32±0.02	T01	600 1200	0.2 0.1	1.5 0.25
				T02	600 1000	0.2 0.1	1 0.2
6	零件检测	1．测量外轮廓各项尺寸要求。 2．测量内轮廓各项尺寸要求。 3．测量长度尺寸要求。 4．测量梯形螺纹尺寸要求					

梯形螺纹配合零件数控车加工刀具卡见表 2-10。

表 2-10　梯形螺纹配合零件数控车加工刀具卡

序号	刀具号	刀具名称	刀具规格	刀片规格	加工表面	备注
1	T01	外圆车刀	MWLNR2525K08	WNMG080404	外圆、端面	
2	T02	外圆沟槽刀	GDAR2525M300-10	GE25D300N040-FF	外圆沟槽	
3	T03	外螺纹刀	SER2525M22T	22ER6	外梯形螺纹	
4	T04	内孔镗刀	S16Q-SCLCR09	CCMT09T304HQ	内孔	
5	T05	内螺纹刀	SNR0020Q22	22IR6	内梯形螺纹	

2.2.2　程序编制

表 2-11～表 2-16 为本任务的参考加工程序，请注意领会表中程序说明的含义。详情参见视频“件一工件右端梯形螺纹加工操作”。

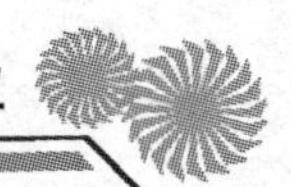

表 2-11　件一工件右端梯形螺纹加工程序

程序内容	程序说明
O0003;	程序名
T0303;	换 3 号刀（梯形螺纹车刀）
M03 S600;	主轴正转，转速 600r/min
M08;	开冷却液
G00 X42.0 Z2.0;	
G76 P021060 Q50 R0.08;	梯形螺纹加工
G76 X33.0 Z25.0 P1200 Q400 F6.0;	
G00 X100.0 Z100.0;	返回安全位置
M09;	关闭冷却液
M30;	主轴停转，程序结束，并返回程序开头

扫码观看视频

件一工件右端梯形螺纹加工操作

参见视频“件一工件左端外轮廓加工操作”。

表 2-12　件一工件左端外轮廓加工程序

程序内容	程序说明
O0004;	程序名
T0101;	换 1 号刀（外圆刀）
M03 S800;	主轴正转，转速 800r/min，进给速度 0.2mm/r
M08;	开冷却液
G00 X60.0 Z2.0;	刀具定位
G71 U2 R1;	
G71 P10 Q20 U0.8 W0 F0.2;	
N10 G01 X23.0 Z0;	
X25.0 Z-1.0;	
Z-6.0;	
X40.0 Z-7.0;	
Z-24.0;	
N20 X60.0;	
G70 P10 Q20 S1200 F0.1;	主轴正转，转速 1200r/min，进给速度 0.1mm/r
M09;	关闭冷却液
G00 X100.0 Z100.0;	
M30;	主轴停转，程序结束，并返回程序开头

扫码观看视频

件一工件左端外轮廓加工操作

参见视频“件一工件左端外沟槽加工操作”。

表 2-13 件一工件左端外沟槽加工程序（精车）

程序内容	程序说明
O0005;	程序名
T0202;	换 2 号刀（外切槽车刀）
M03 S400;	主轴正转，转速 400r/min，进给速度 0.05mm/r
M08;	开冷却液
G00 X42.0 Z2.0;	刀具定位
G75 R0.1;	精加工 0.1mm 的余量
G75 X32 Z-17.5 P2000 Q2900 F0.05;	
G00 X42.0 Z-14.0;	
G01 X32.0 Z-15.5;	
G00 X42.0;	
Z-19.0;	
G01 X32.0 Z-17.5 F0.05	
G00 X50.0;	
M09;	关闭冷却液
G00 X100.0 Z100.0;	
M30;	主轴停转，程序结束，并返回程序开头

扫码观看视频

件一工件左端外沟槽加工操作

参见视频“件二工件右端内孔加工操作”。

表 2-14 件二工件右端内孔加工程序

程序内容	程序说明
O0006;	程序名
T0404;	换 4 号刀（内孔车刀）
M03 S600;	主轴正转，转速 600r/min
M08;	开冷却液
G00 X22.0 Z5.0;	刀具定位
G71 U1.5 R1;	
G71 P10 Q20 U0.8 W0 F0.2;	
N10 G01 X44.0 Z0;	
Z-3.0;	
X33.5;	
Z-32.0;	
X22.0;	

扫码观看视频

件二工件右端内孔加工操作

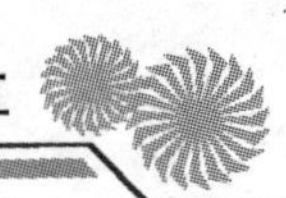

续表

程序内容	程序说明
N20　　X22.0;	精车加工，余量 X 方向 0.8mm
G70 P10 Q20 S1000 F0.1;	精加工转速 1000r/min
M09;	
G00 Z200.0;	关闭冷却液
X100.0;	
M30;	主轴停转，程序结束，并返回程序开头

参见视频“件二工件右端梯形螺纹加工操作”。

表 2-15　件二工件右端梯形螺纹加工程序

程序内容	程序说明
O0007;	程序名
T0505;	换 5 号刀（梯形螺纹车刀）
M03 S600;	主轴正转，转速 600r/min
M08;	开冷却液
G00 X42.0 Z2.0;	刀具定位
G76 P021060 Q50 R0.08;	梯形螺纹加工
G76 X40.1 Z-32.0 P1200 Q400 F6.0;	
G00 Z200.0;	返回安全位置
X100.0;	
M09;	关闭切削液
M30;	主轴停转，程序结束，并返回程序开头

扫码观看视频

件二工件右端梯形螺纹加工操作

参见视频“件二工件左端内孔加工操作”。

表 2-16　件二工件左端内孔加工程序

程序内容	程序说明
O0002;	程序名
T0404;	换 4 号刀（内孔车刀）
M03 S600;	主轴正转，转速 600r/min
M08;	开冷却液
G00 X22.0 Z5.0;	快速定位，接近工件
G71 U1.5 R1;	粗加工
G71 P10 Q20 U0.8 W0 F0.2;	
N10 G01 X44.0 Z0;	

扫码观看视频

件二工件左端内孔加工操作

续表

程序内容	程序说明
Z-3.0;	
N20 X22.0;	精车转速 1200r/min
G70 P10 Q20 S1200 F0.1;	
M09;	关闭冷却液
G00 Z200.0;	返回安全位置
X100.0;	
M30;	主轴停转，程序结束，并返回程序开头

2.2.3 零件加工

1. 确定机床

针对任务零件，其最大外形尺寸为ϕ50mm，而且加工精度要求不是很高，目前市场上见到的数控车床基本能满足以上要求，故选用系统 FANUC-0i-T 系列经济型，型号 CAK6140，无级变速。由于本项目使用 5 把刀具，可选用六工位卧式回转刀架，避免加工中频繁装拆刀具，见表 2-17。

表 2-17 机床配备清单

序号	名称	型号	数量
1	数控车床	CK6140 FACUK-0i-Tc	2～3 人/台
2	卡盘扳手	200mm 卡盘用	1 把/台
3	刀架扳手	卧式回转六工位刀架	1 把/台
4	铁屑钩子		1 把/台

2. 确定材料

备料建议清单见表 2-18。

表 2-18 备料建议清单

序号	材料	规格/mm	数量
1	PVC 棒	ϕ60×90（程序调试用）	1 段/人

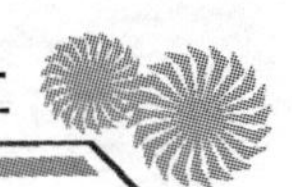

续表

序号	材料	规格/mm	数量
2	45 钢	$\phi50\times85$	1 段/人

3. 操作步骤

1）开机，X、Z 轴回参考点。

2）装夹工件，安装刀具，检查刀尖中心高度是否正确。

3）切换 MDI 模式，输入 M03 指令启动主轴，输入 T 指令选择刀具。

4）切换 JOG 模式，装入锥柄钻头，移动尾座，完成底孔加工。

5）切换 EDIT 模式输入加工程序，并检查程序的正确性。（也可进入程序模拟状态，通过图形化功能检查程序是否正确）

6）切换手轮模式，进行对刀，完成刀具长度补偿和建立工件坐标系工作。

7）切换 MDI 模式，校验对刀的正确性。

8）切换 MEMORY 模式，按下程序启动键，完成零件粗加工。

9）测量加工表面，计算加工精度，如有偏差，在刀具磨耗菜单下进行补偿。

10）调用精加工程序，完成零件的加工。

11）重复以上步骤 6）～10），完成所有要素的加工任务。

12）卸下工件和刀具，完成机床保养工作。

2.2.4 操作测评

加工完此工件后，请按照表 2-19 进行评分并得出成绩。

表 2-19　评分表

序号	项目	检验内容		分值	评分标准	实测	得分
1	件一	外圆	$\phi58_{-0.025}^{0}$ mm	4	每超差 0.01mm 扣 2 分		
2			$\phi40_{-0.025}^{0}$ mm	4	每超差 0.01mm 扣 2 分		
3			$\phi25_{-0.021}^{0}$ mm	4	每超差 0.01mm 扣 2 分		
4		长度	6mm	4	每超差 0.01mm 扣 2 分		
5			（10±0.03）mm	4	每超差 0.01mm 扣 1 分		
6			32mm	4	每超差 0.01mm 扣 2 分		
7			56mm	4	每超差 0.01mm 扣 2 分		
8			（89±0.03）mm	4	每超差 0.01mm 扣 2 分		
9		槽一	$\phi32_{-0.039}^{0}$ mm	4	每超差 0.01mm 扣 2 分		

续表

序号	项目	检验内容		分值	评分标准	实测	得分
10	件一	槽一	5mm	4	每超差 0.01mm 扣 2 分		
11		槽二	8mm×4mm	4	每超差 0.01mm 扣 2 分		
12		锥度	1∶3	2	超差不得分		
13		梯形螺纹	Tr40×6-7h	10	超差不得分		
14	件二	倒角	C0.5×4	2	每处超差不得分		
15		外圆	$\phi 0.56_{-0.025}^{\ 0}$ mm	6	每超差 0.01mm 扣 2 分		
16		内孔	$\phi 44_{\ 0}^{+0.039}$ mm	4	每超差 0.01mm 扣 2 分		
17			$\phi 44_{\ 0}^{+0.039}$ mm	6	每超差 0.01mm 扣 2 分		
18		长度	（32±0.02）mm	6	每超差 0.01mm 扣 1 分		
19			3mm	4	每超差 0.01mm 扣 2 分		
20			3mm	4	每超差 0.01mm 扣 2 分		
21	件二	梯形螺纹	Tr40×6-7H	10	超差不得分		
22		倒角	C2×2	2	每处超差不得分		
23	文明生产	发生重大安全事故取消加工资格；每违反一项规定，总分扣除 5 分					
24	其他项目	工件不完整，局部有缺陷（如夹伤、划痕等），酌情扣分					
25	程序编制	程序中严重违反工艺规程的，取消加工资格；其他问题酌情扣分					
合计							

2.2.5 相关知识

1. 编程指令

下面介绍复合型螺纹切削循环指令——G76。

格式：

```
G76 P(m)(r)(α)Q(Δdmin)R(d);
G76  X(U)_Z(W)_R(i)P(k)Q(Δd)F(f);
```

以如图 2-17 所示的螺纹切削循环为例对指令参数进行介绍。

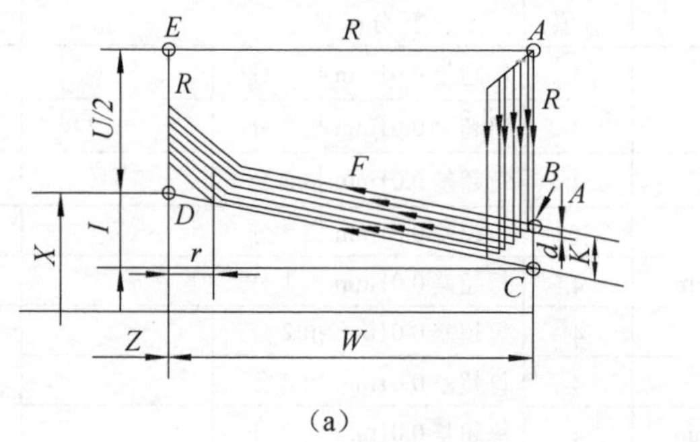

(a)

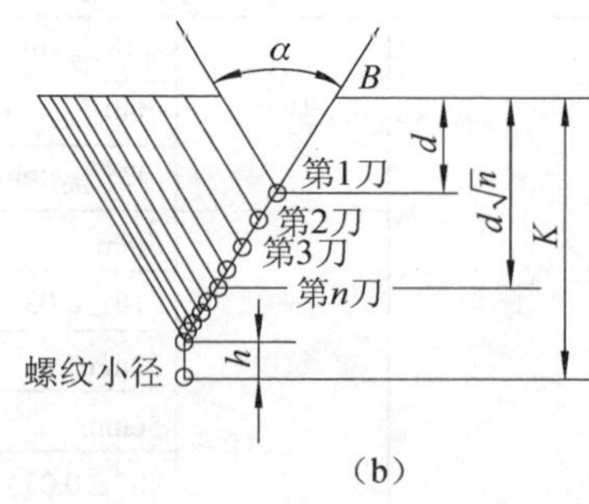

(b)

图 2-17　G76 循环路线

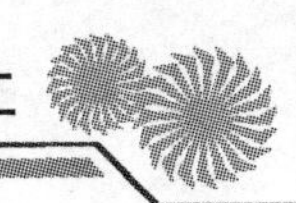

参数含义：

m——精车重复次数，从 01～99，用两位数表示，该参数为模态量；

r——螺纹尾部倒角量，该值的大小可设置在（0.0～9.9）L 之间，系数应为 0.1 的整数倍，用 00～99 之间的两位整数来表示，其中 L 为导程，该参数为模态量；

α——刀尖角度，可从 80°、60°、55°、30°、29°、0° 六个角度中选择，用两位整数来表示，该参数为模态量；

Δd_{min}——最小车削深度，用半径编程指定，单位为μm。车削过程中每次的车削深度（$\Delta d\sqrt{n}-\Delta d\sqrt{n-1}$），当计算深度小于此极限值时，车削深度锁定在这个值，该参数为模态量，单位为μm；

D——精车余量，用半径编程指定，单位为 mm，该参数为模态量；

X（U）、Z（W）——螺纹终点绝对坐标或增量坐标；

I——螺纹锥度值，螺纹部分的半径差，用半径编程指定。如果 $i=0$，则为直螺纹，可省略；

K——螺纹高度，用半径编程指定，单位为μm；

Δd——第一次车削深度，用半径编程指定，单位为μm；

F——螺纹的导程。

注：① 用 P、Q、R 指定的数据，根据有无地址 X（U）、Z（W）来区别。

② 循环动作由地址 X（U）、Z（W）指定的 G76 指令进行。

③ m、r、α用地址 P 同时指定。例如，m=2，r=1.2L，α=60°，表示为 P021260。

2. 刀具的选择

（1）根据梯形螺纹的导程选择

需要加工的梯形螺纹的导程是 6mm，所以在表 2-20 中选择外梯形螺纹刀片的型号为 22ER6，内梯形螺纹刀片的型号为 22IR6。

表 2-20　梯形螺纹刀片的型号

	d/in	螺距/mm	型号右手	型号左手	I	X	Y
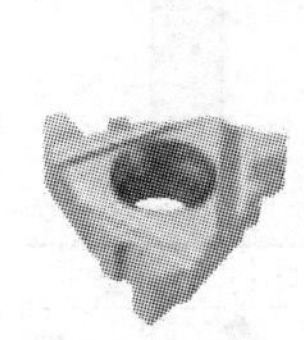 外螺纹	3/8	1.5	16ER1.5　TR	16EL1.5　TR	16	1.0	1.1
		2.0	16ER2　TR	16EL2　TR	16	1.1	1.3
		3.0	16ER3　TR	16EL3　TR	16	1.3	1.5
	1/2	4.0	22ER4　TR	22EL4　TR	22	1.7	1.9
		5.0	22ER5　TR	22EL5　TR	22	2.1	2.5
	5/6	6.0	27ER6　TR	27EL6　TR	27	2.3	2.7
		7.0	27ER7　TR	27EL7　TR	27	2.2	2.6

续表

	d/in	螺距/mm	型号右手	型号左手	l	X	Y
内螺纹	3/16	1.5	08IR1.5 TR	08IL1.5 TR	8	0.6	0.6
	3/8	2.0	16IR2 TR	16IL2 TR	16	1.1	1.3
		3.0	16IR3 TR	16IL3 TR	16	1.3	1.5
	1/2	4.0	22IR4 TR	22IL4 TR	22	1.7	1.9
		5.0	22IR5 TR	22IL5 TR	22	2.1	2.5
	5/8	6.0	27IR6 TR	27IL6 TR	27	2.3	2.7
		7.0	27IR7 TR	27IL7 TR	27	2.2	2.6

注：1in=2.54cm。

（2）根据刀片形状选择

考虑加工时刀具的干涩情况，选择普通型（图 2-18）。

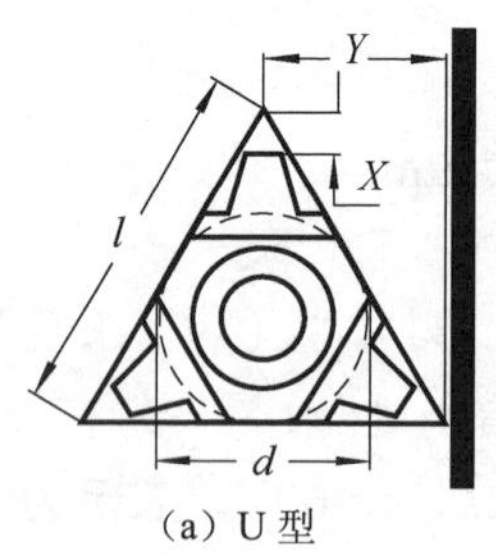

（a）U 型

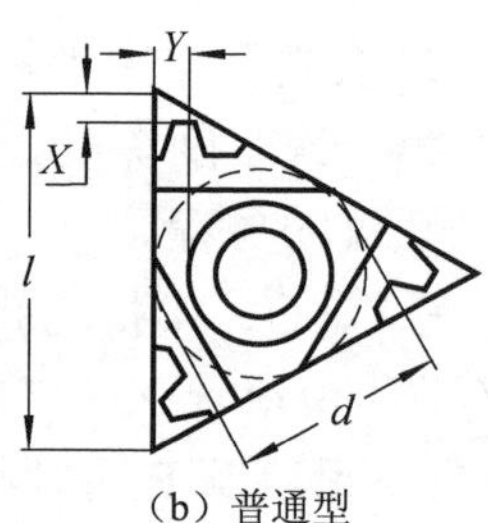

（b）普通型

图 2-18　梯形螺纹刀片的形状

（3）螺纹刀杆的选择

根据选用刀片的型号和数控车刀架的规格，外螺纹刀杆的型号选择为 SER2525M22T（图 2-19），内螺纹刀杆的型号为 SNR0020Q22（图 2-20）。

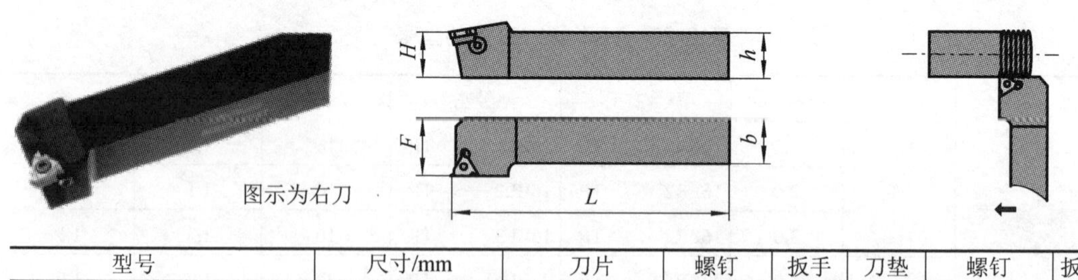

型号		尺寸/mm					刀片		螺钉	扳手	刀垫	螺钉	扳手
左刀	右刀	h	b	H	F	L	左	右					
SEL2525M22T	SER2525M22T	25	25	25	32	150	22EL…	22ER…	SIC040140	FT15	SM-22	SDC040080	S2.5

图 2-19　外梯形螺纹刀型号

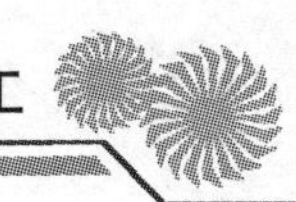

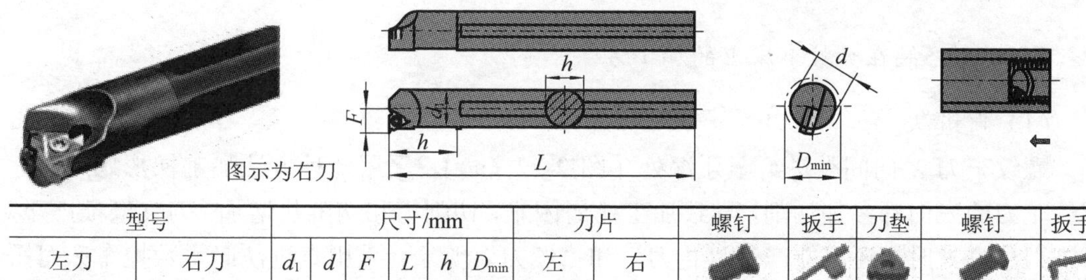

型号		尺寸/mm						刀片		螺钉	扳手	刀垫	螺钉	扳手
左刀	右刀	d_1	d	F	L	h	D_{min}	左	右					
SNL0020Q22	SNR0020Q22	20	20	15.6	180	18	24	22NL…	22NR…	SID040110	FT15	—	SDC040080	S2.5

图 2-20　内梯形螺纹刀型号

（4）加工参数的确定

梯形螺纹加工时，刀具三条切削刃同时参加切削，故所受切削力较大，主轴转速不宜过高，否则容易引起振动，这里选择 300r/min。

梯形螺纹的代号用字母“Tr”及公称直径×螺距表示，单位均为 mm。左旋螺纹需在尺寸规格之后加注“LH”，右旋则不用标注，如 Tr36×6，Tr44×8LH 等。

国家标准规定，米制梯形螺纹的牙型角为 30°。

梯形螺纹的牙型如图 2-21 所示。

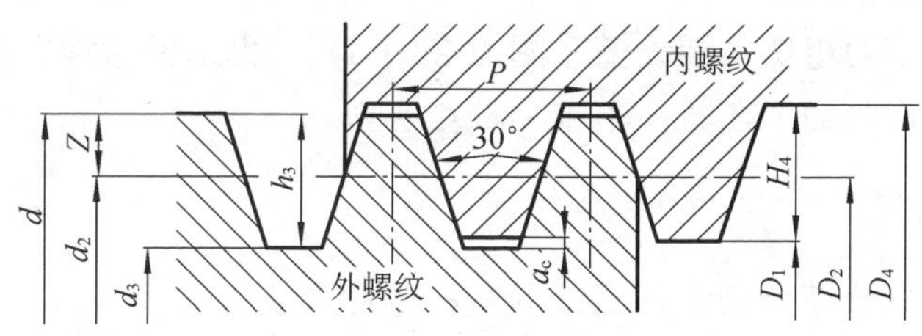

图 2-21　梯形螺纹的牙型

各基本尺寸计算公式见表 2-21。

表 2-21　梯形螺纹各部分名称、代号及计算公式

名称	代号	计算公式			
牙顶间隙	a_c	P	1.5～5	6～12	14～44
		a_c	0.25	0.5	1
大径	d、D_4	d=公称直径，$D_4=d+a_c$			
中径	d_2、D_2	$d_2=d-0.5P$，$D_2=d_2$			
小径	d_3、D_1	$d_3=d-2h3$，$D_1=d-p$			
牙高	h_3、H_4	$h_3=0.5p+a_c$，$H_4=h_3$			
牙顶宽	f、f'	$f=f'=0.366p$			
牙槽底宽	W、W'	$W=W'=0.366p-0.536a_c$			

3. 梯形螺纹在数控车床上的加工方法

（1）直进法

螺纹车刀 X 向间歇进给至牙深处［图 2-22（a）］。采用此种方法加工梯形螺纹时，螺纹车刀的三面都参加切削，导致加工排屑困难，切削力和切削热增加，刀尖磨损严重。当进刀量过大时，还可能产生“扎刀”和“爆刀”现象。采用直进法时，数控车床可采用指令 G92 来实现，但是很显然，这种方法是不可取的。

（2）斜进法

螺纹车刀沿牙型角方向斜向间歇进给至牙深处［图 2-22（b）］。采用此种方法加工梯形螺纹时，螺纹车刀始终只有一个侧刃参加切削，从而使排屑比较顺利，刀尖的受力和受热情况有所改善，在车削中不易引起“扎刀”现象。该方法在数控车床上可采用 G76 指令来实现。

（3）交错切削法

螺纹车刀沿牙型角方向交错间隙进给至牙深［图 2-22（c）］。该方法类似于斜进法，也可在数控车床上采用 G76 指令来实现。

（4）切槽刀粗切槽法

该方法先用切槽刀粗切出螺纹槽［图 2-22（d）］，再用梯形螺纹车刀加工螺纹两侧面。这种方法的编程与加工在数控车床上较难实现。

4. 梯形螺纹测量

梯形螺纹的测量分综合测量、三针测量和单针测量三种。

综合测量用螺纹规测量，中径的三针测量与单针测量如图 2-23 所示，计算如下：

$$M=d_2+4.864d_D-1.866P$$

式中，d_D——测量用量针的直径；

P ——螺距。

$$A=(M+d_0)/2$$

式中，d_0——工件实际测量外径。

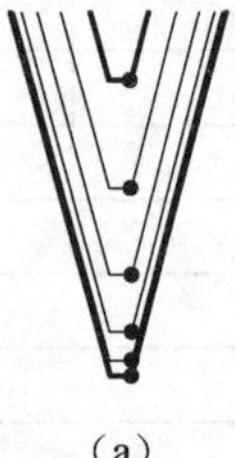
（a）

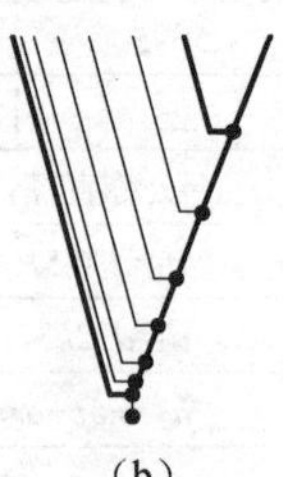
（b）

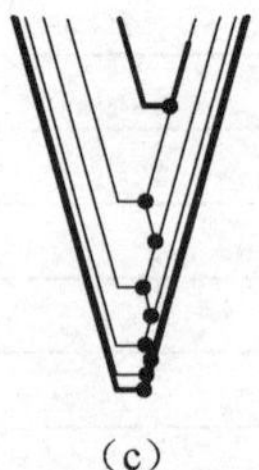
（c）

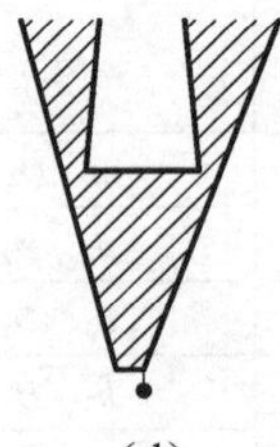
（d）

图 2-22　梯形螺纹的切削方法

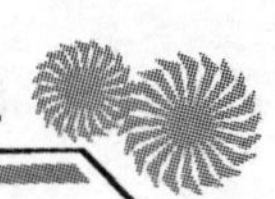

5. 梯形螺纹编程实例

【例】 如图 2-24 所示梯形螺纹，试用 G76 指令编写加工程序。

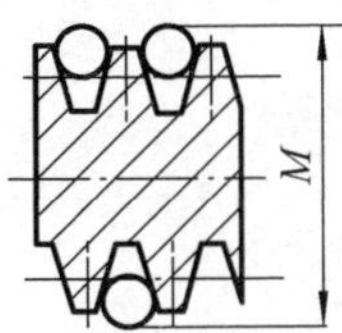

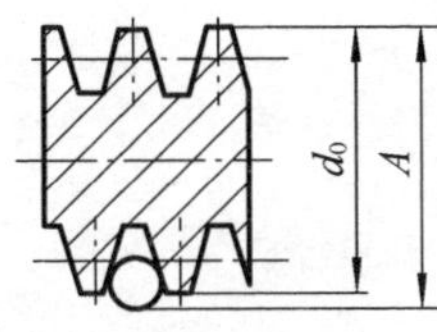

图 2-23　梯形螺纹中径的测量

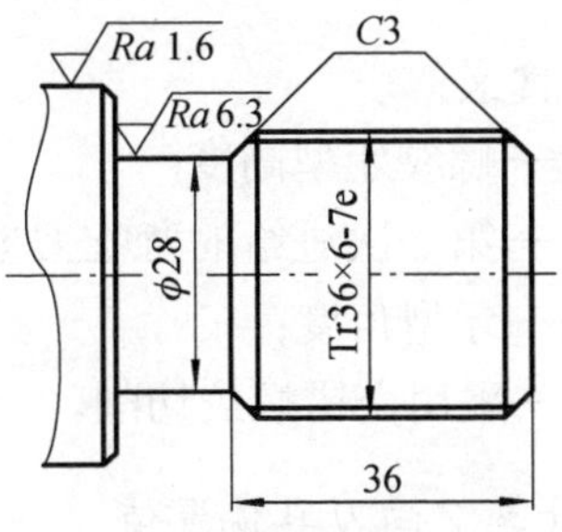

图 2-24　外梯形螺纹零件

计算梯形螺纹尺寸并查表确定其公差。

大径 $d_1=36_{-0.375}^{\ 0}$ mm；

中径 $d_2=33_{-0.453}^{-0.118}$ mm；

牙高 $h_3=0.5P+a_c=3.5$（mm）；

小径 $d_3=29_{-0.537}^{\ 0}$ mm；

牙顶宽 $f=0.366P=2.196$mm；

牙底宽 $W=0.366P-0.536a_c=2.196-0.268=1.928$（mm）。

用ϕ3.1mm 的测量棒测量其梯形螺纹中径，则其测量尺寸的结果 $M=32.88_{-0.453}^{-0.118}$ mm；

编写数控程序（图 2-24）：

```
O0001;
M03 S400;
T0101;
G0 X50.0;
Z5.0;
G01 X37.0 Z3.0 F0.2;
G76 P020530 Q50 R-0.08;                 设定精加工两次,精加工余量为 0.16mm,倒角
                                        量等于 0.5 倍螺距,牙型角为 30°,最小切深为
                                        0.05mm
G76 X28.75Z-40.0 P3500 Q600 F6.0; 设定螺纹高为 3.5mm,第一刀切深为 0.6mm
G00 X150.0;
M30;
```

以上程序在螺纹切削过程中采用沿牙型角方向斜向进刀的方式，如图 2-21（b）所

示。在 FANUC-0i 系统中，有时还可采用图（c）所示交错螺纹切削方式，G76 编程如下所示：

```
G76 X28.75 Z-40.0 K3500 D600 F6.0 A30.0 P2;
```

参数含义：

K——螺纹牙型高度；

D——第一次进给的背吃刀量；

A——牙型角度；

P2——采用交错螺纹切削。

6. 计算 Z 向刀具偏置值

在梯形螺纹的实际加工中，由于刀尖宽度并不等于槽底宽，因此通过一次 G76 循环切削无法正确控制螺纹中径等各项尺寸。为此，可采用刀具 Z 向偏置后再次进行 G76 循环加工来解决以上问题。为了提高加工效率，最好只进行一次偏置加工，因此必须精确计算 Z 向的偏置量，Z 向偏置量的计算方法如图 2-25 所示。计算如下：设 $M_{实测}-M_{理论}=2AO_1=\delta$，则

$$AO_1=\delta/2。$$

如图 2-24 所示，四边形 O_1O_2CE 为平行四边形，则$\triangle AO_1O_2\cong\triangle BCE$，$AO_2=EB$。$\triangle CEF$ 为等腰三角形，则 $EF=2EB=2AO_2$。

$$AO_2=AO_1\cdot\tan(\angle AO_1O_2)=\tan15^\circ\times\delta/2$$

$$Z\text{向偏置量 }EF=2AO_2=\delta\times\tan15^\circ=0.268\delta$$

实际加工时，在一次循环结束后，用三针测量实测 M 值，计算出刀具 Z 向偏置量，然后在刀长补偿或磨耗存储器中设置 Z 向刀偏量，再次用 G76 循环加工就能一次性精确控制中径等螺纹参数值。

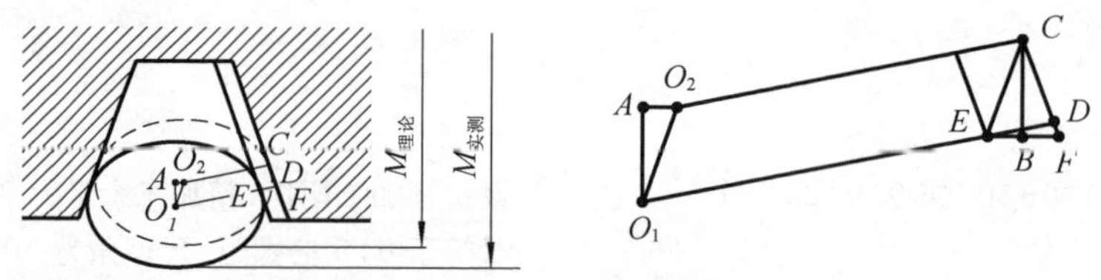

图 2-25 Z 向刀具偏置值的计算

2.2.6 注意事项及常见问题

1. 加工梯形螺纹的注意事项

1）车削梯形螺纹时，要加足冷却液，以免刀具受热损坏。

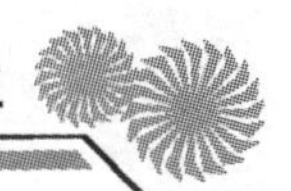

2）粗、精车梯形车刀的刀头宽度相差要小，避免粗车后，精加工时发生刀具损坏的情况。

3）车削梯形螺纹时，切削刃应保证锋利，两侧切削刃应对称，刀体不能歪斜。

4）在车削梯形螺纹的过程中不允许用手接触工件或用棉纱擦工件。

2. 问题和探究

数控车使用顶尖时的进退刀问题：加工轴类零件时为提高零件的装夹刚性，时常会用到顶尖。本任务在加工外梯形螺纹时要使用顶尖，使用顶尖时必须保证顶尖锥部与工件中心孔表面接触可靠，否则易产生工件飞出的事故。另外，顶尖的使用使刀具移动范围大大缩小，加工时应时刻注意避免刀具与顶尖之间发生碰撞，编程时也要合理设置刀具退刀路线。

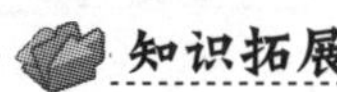

知识拓展

车削加工中心

车削加工中心是一种以车削加工模式为主，添加铣削动力刀座（图 2-26）、动力刀盘（图 2-27）或机械手，可进行铣削加工模式的车、铣合一的切削加工机床类型。在回转动力刀盘上安装带动力电动机的铣削动力头，装夹工件的回转主轴转换为进给 C 轴，便可对回转零件的圆周表面及端面等进行铣削类加工。

车削中心除具有一般二轴联动数控车床的各种车削功能外，主轴具有按轮廓成形要求连续（不等速回转）运动和进行连续精确分度的 C 轴功能，并能与 X 轴或 Z 轴联动。控制轴除 X、Z、C 轴之外，还可具有 Y 轴，可进行端面和圆周上任意部位的钻削、铣削和攻螺纹等加工，在具有插补功能的条件下，还可以实现各种曲面铣削加工，如图 2-28 所示。

图 2-26　动力刀座

图 2-27　动力刀盘

（a）端面铣槽

（b）端面铣六方

（c）圆锥面上钻孔

图 2-28　C 轴铣削加工

随着数控技术的发展，数控车床的工艺和工序将更加复合化和集中化。即把各种工序（如车、铣、钻等）都集中在一台数控车床上来完成。车削加工中心典型加工件如图 2-29 所示。

（a）盘类零件

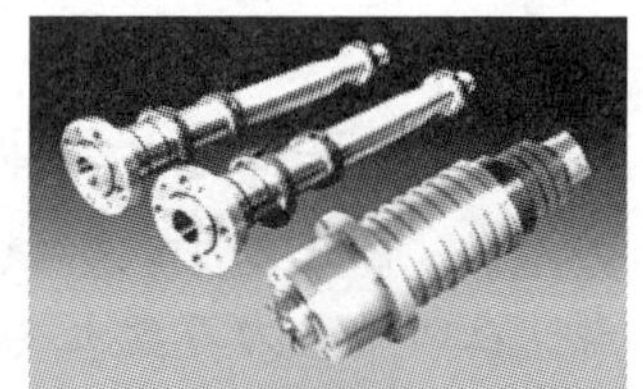

（b）高精度的轴类

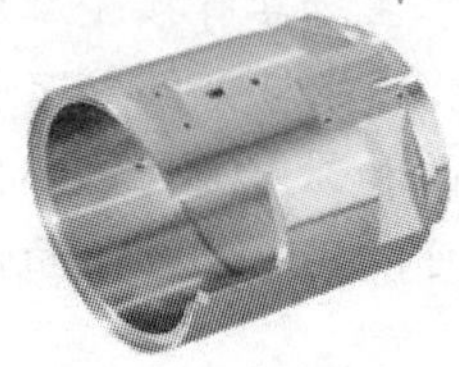

（c）连接套类

（d）圆柱面螺旋槽

（e）端面螺旋槽

图 2-29　车削加工中心典型加工件

目前，完成两个以上加工工序的工件占车削加工的大多数。对这些工件进行高效、高精度加工有以下 3 种技术：

1）内外加工集中化：在机床内装有 1 次加工（外表面）及 2 次加工（内表面）的各种功能的 1 次/2 次加工。

2）加工的复合化：除车削加工外，机内还装有铣削加工、磨削加工等各种功能的工序集中的加工。

3）智能化：机内具有储存、运输、加工一体化、工件识别、工件夹持控制、适应控制、信息网络等最新监控技术的单元加工。

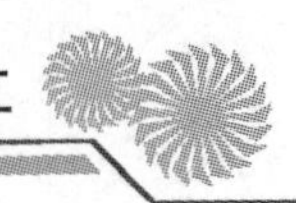

车削加工中心机床常把夹持工件的主轴做成两个，既可同时对两个工件进行相同的加工，也可通过在两主轴上交替夹持，完成对夹持部位的加工，如图 2-30 所示。

（a）双主轴双刀塔车削中心

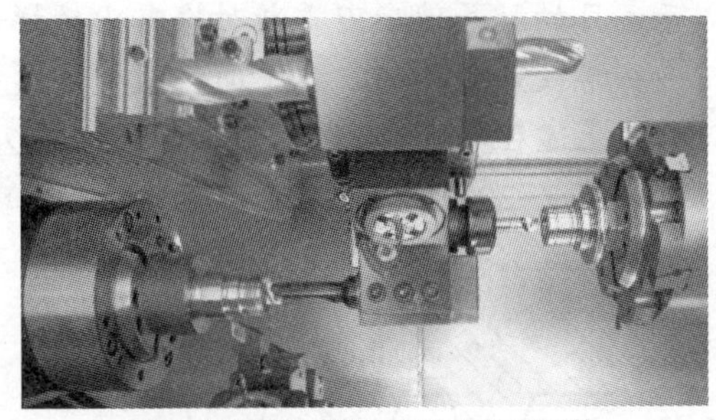

（b）双主轴双刀塔车削中心加工工件

图 2-30　双主轴双刀塔车削中心的结构及加工示意图

变速车削梯形螺纹

在数控车床上车削梯形螺纹工件，低速车削时生产效率很低，高速车削时又不能很好地保证螺纹的表面粗糙度，达不到加工的要求，而直接从高速变为低速车削时则会导致螺纹乱牙。为此车削螺纹时可以先用较高转速车削，再用低速来精车及修光，这样不仅提高了生产效率，还很好地保证了螺纹的尺寸精度和表面粗糙度。

下面介绍如何在 FANUC 系统的数控车床上变速车削梯形螺纹。

由于此梯形螺纹的螺距较小，可采用斜进搭配刀法加工，因 FANUC 系统的 G76 螺纹切削复合循环指令就是以斜进方式进刀的，故可采用 G76 指令。粗车梯形螺纹时编程如下，留出精车余量。

```
G00 X40 Z-20;
G76 P010030 Q80 R0.05;
G76 X29 Z-85 P3500 Q100 F6;
G00 X200 Z50;
```

粗车完成后，如果此时将转速直接调到低速调用原程序精车，则一定会乱牙，发生崩刀或撞车事故，故在低速车削之前要解决车刀乱牙问题。考虑到低速车削时车刀进给速度很慢，可以用肉眼来观察车削时螺纹车刀与螺纹牙形槽是否对准，具体操作方法如下:

1）改变工件坐标系，使车刀车螺纹时不接触工件表面，粗车后将粗车刀停在位置（*X*200，*Z*50）处，此时在录入方式下输入 G50 X192 后执行，即改变了坐标系，相当于将坐标系原点沿 *X* 轴正方向移动了 4mm，也就是稍大于一个牙高的距离。此时将车床主轴转速调低，如调到 25r/min，重新运行程序，粗车刀将车不到工件表面，在接近工件表面的位置移动，如图 2-31 所示。

2）使车刀与车出的梯形螺纹槽重新对正，由于车刀进给速度很慢，此时可以看出车刀与原先车出的梯形螺纹槽是不重合的，车刀偏移了一小段距离，如图 2-31 所示，目的就是使车刀重新对准车出的梯形螺纹槽。操作的原理跟在数控车床上车削多头螺纹是一样的，就是通过改变螺纹车刀车削前的轴向起点位置来达到目的，即修改上述程序段 G00 X40 Z−20 中的 Z−20。可以通过肉眼判断需调整的大概距离，如可先将 Z−20 改为−21，运行程序后，发现车刀与车出的梯形螺纹槽还没有完全对正，则再修改 Z 值，重新运行程序，直到车刀与梯形螺纹槽完全对正，如图 2-32 所示。

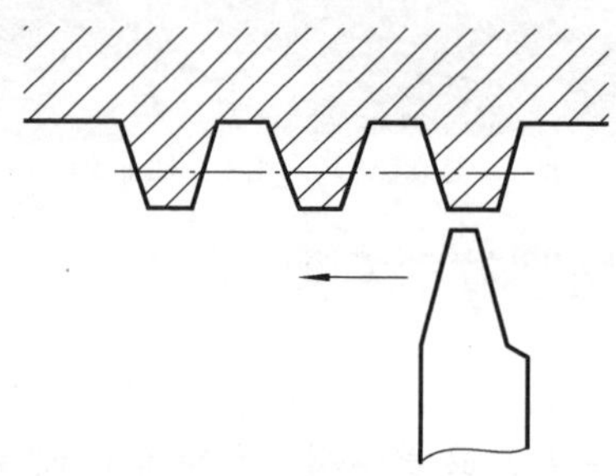

图 2-31　调整前车刀与螺纹槽的相对位置

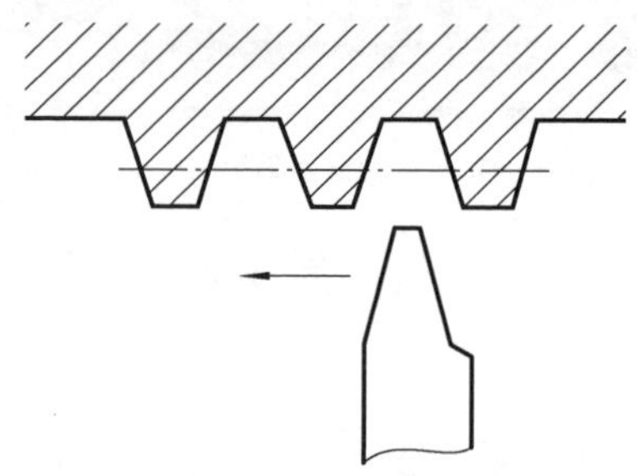

图 2-32　调整后车刀与螺纹槽的相对位置

3）恢复原来的工件坐标系，开始精加工。为了便于理解和不易出错，仍将车刀移到（*X*200，*Z*50）位置。在录入方式下，执行 G50 X208，修复原来的工件坐标系。重新运行程序，就可以低速精车梯形螺纹了。精车时也是通过上述改变螺纹车刀车削前的轴向起点位置的方法来修光梯形螺纹的两侧面，同时通过测量控制切削的次数，使螺纹达到尺寸精度的要求。

思考与练习

一、填空题

1．梯形丝杆在粗车和半精车以后，容易产生弯曲变形。粗车后的工件弯曲度较大，该工艺采用________方法校直；而丝杆在半精车后，弯曲度已较小，故该工艺用________校直。

2．梯形螺纹的测量分________、________、和________三种。

二、判断题

1．梯形螺纹是标准螺纹。（　　）

2．梯形螺纹的公称尺寸是指内螺纹的外径尺寸。（　　）

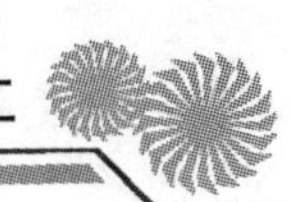

3．螺纹配合时，主要在螺纹两牙侧上接触，因此影响配合性质的主要尺寸是螺纹中径的实际尺寸。（　　）

三、简答题

1．试写出复合型螺纹切削循环指令 G76 的指令格式，并说明指令中各参数的含义。

2．试用 G76 指令编写题图 2-2 所示梯形螺纹的加工。

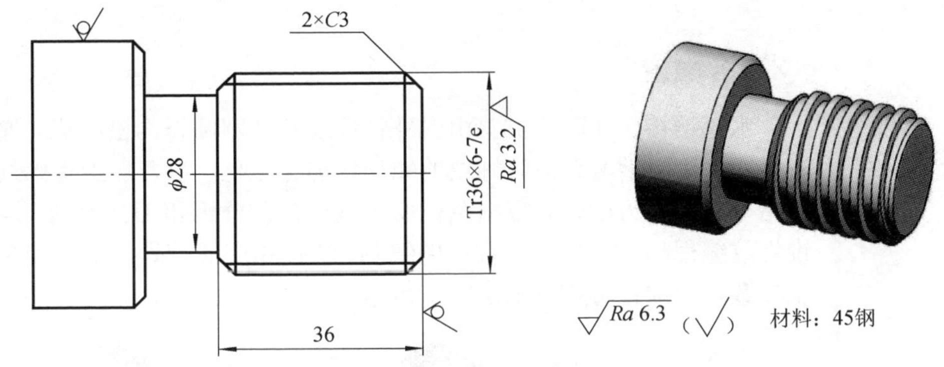

题图 2-2　梯形螺纹加工图样

3．如题图 2-3 所示工件，毛坯为ϕ50mm×82mm 的 45 钢，试编写其数控车加工程序并进行加工。

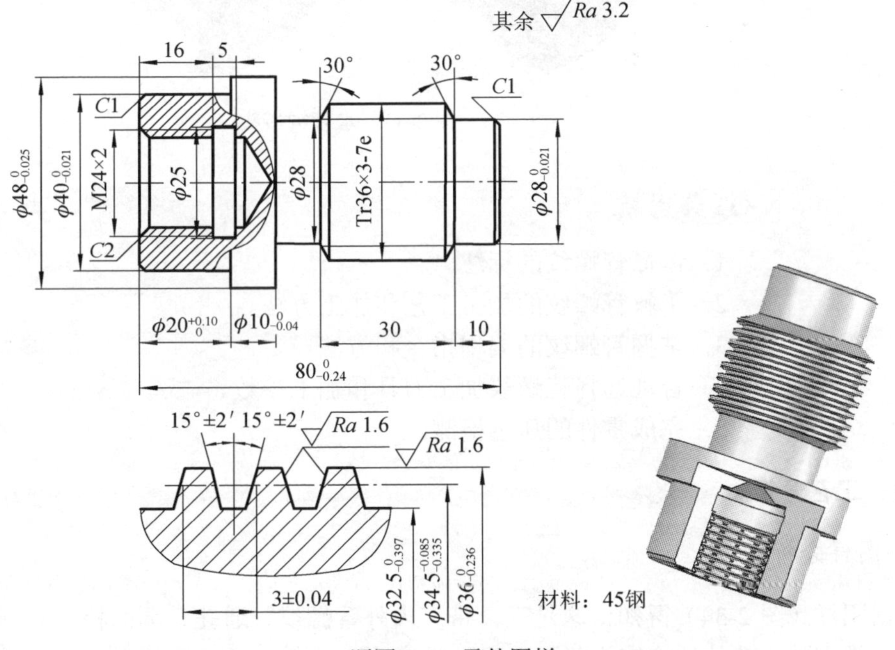

题图 2-3　零件图样

任务 2.3　内外管螺纹接头零件的编程与加工

任务描述

水管铜接头（图 2-33）由内外管螺纹和外圆圆弧沟槽组成。通过本次任务，我们学习有关管螺纹的知识和加工工艺，学习加工管螺纹的编程指令和编程方法，并根据图样要求进行工艺分析和工艺编制，运用圆锥螺纹编程指令完成加工程序的编制，选择相应的管螺纹加工刀具和加工参数，完成任务零件的加工和测量。

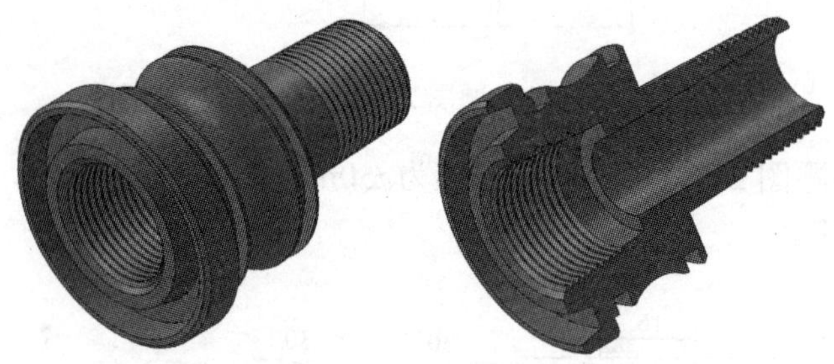

图 2-33　水管铜接头

任务目标

1. 读懂管螺纹的标注。
2. 了解管螺纹的加工工艺和加工方法。
3. 掌握管螺纹的编程指令和方法。
4. 合理选择管螺纹加工刀具和加工参数。
5. 完成零件的质量检测。

2.3.1　工艺分析

1. 图样分析

根据图样（图 2-34）得知，这是一个带有内外管螺纹、通孔、端面槽、外圆圆弧和沟槽的轴类零件，整体结构较为复杂，尺寸精度要求一般，适合数控车加工。最大外圆

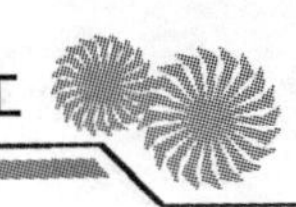

尺寸精度为$\phi58_{-0.046}^{\ 0}$ mm，内外管螺纹都为G3/4，端面槽为20°斜槽，外圆还有一处R12mm凹圆弧和两处直槽，槽底直径为$\phi25_{-0.025}^{\ 0}$ mm，槽宽 4mm，通孔直径为ϕ18mm。

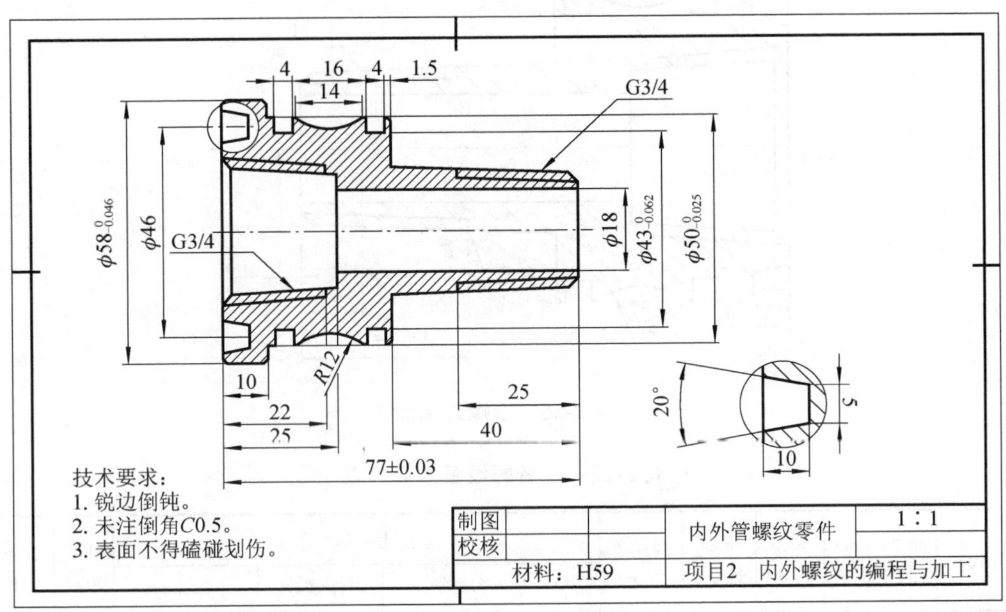

图 2-34　零件图

2. 工艺编制

（1）工件的辅助装夹设计

该零件因为零件表面形状复杂，先做任何一头，掉头后都没有可靠的装夹部位用来进行定位夹紧，导致另一头无法正常加工，所以在这里采用堵头（图 2-35）加顶尖的方式来进行装夹。先加工左端大外圆和内孔轮廓，然后在右端ϕ18mm 的空隙中镶入堵头，夹持ϕ58mm 外圆进行找正后在堵头上打中心孔，然后用顶尖采用一夹一顶方式加工右端管螺纹和外圆各轮廓。完成加工后，从左端通孔敲出堵头即可。

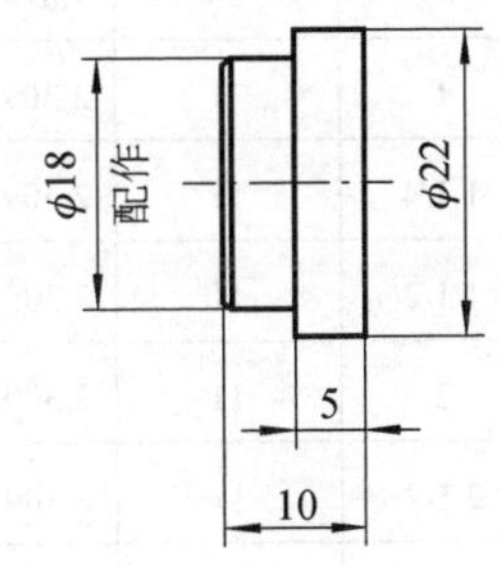

图 2-35　堵头

（2）管螺纹节点的计算

将圆锥管螺纹基面的尺寸作为标准，利用锥度计算出各编程基点的坐标（图 2-36）。通过查表 2-22 得知，基面尺寸为 9.5mm。基面上的螺纹大径为 26.441mm、螺纹中径为 25.279mm、螺纹小径为 24.117mm。锥度 C=1∶16。

起点 A 点离基面距离为 12mm，X=26.441−12÷16=25.691（mm）。

起点坐标（X25.691，Z2.5）。

终点 B 点离基面距离为 25−9.5=15.5（mm），X=26.441+15.5÷16=27.410（mm）。

终点坐标为（$X27.410$，$Z-25$）。

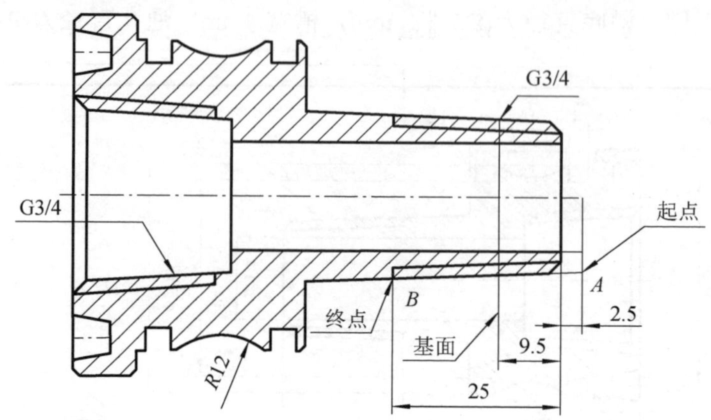

图 2-36　锥螺纹基面

表 2-22　G 管螺纹基本尺寸表

尺寸代号	每 25.4mm 的牙数 n	螺距 P	牙型高度 h	圆弧半径 $r\approx$	基面上的基本直径			基准距离	有效螺纹长度
					大径（基准直径）$d=D$	中径 $d_2=D_2$	小径 $d_1=D_1$		
1/16	28	0.907	0.581	0.125	7.723	7.142	6.561	4.0	6.5
1/8	28	0.907	0.581	0.125	9.728	9.147	8.566	4.0	6.5
1/4	19	1.337	0.586	0.184	13.157	12.301	11.445	6.0	9.7
3/8	19	1.337	0.586	0.184	16.662	15.806	14.950	6.4	10.1
1/2	14	1.814	1.162	0.249	20.955	19.793	18.631	8.2	13.2
3/4	14	1.814	1.162	0.249	26.441	25.279	24.117	9.5	14.5
1	11	2.309	1.479	0.317	33.249	31.770	30.291	10.4	16.8
1.1/4	11	2.309	1.479	0.317	41.910	40.431	38.952	12.7	19.1
1.1/2	11	2.309	1.479	0.317	47.803	46.324	44.845	12.7	19.1
2	11	2.309	1.479	0.317	59.614	58.135	56.656	15.9	23.4
2.1/2	11	2.309	1.479	0.317	75.184	73.705	72.226	17.5	26.7
3	11	2.309	1.479	0.317	87.884	86.405	84.926	20.6	29.8
3.1/2	11	2.309	1.479	0.317	100.330	98.851	97.372	22.2	31.4

（3）圆锥管螺纹接头零件的加工工艺

圆锥管螺纹接头零件的加工工艺过程见表 2-23。

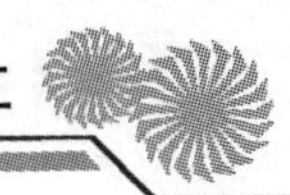

表 2-23　圆锥管螺纹接头数控车加工工艺过程

设备名称	设备型号	夹具名称	零件名称	零件图号	材料
数控车	CK6140	三爪自定心卡盘	圆锥管螺纹接头	图 2-34	45 钢

序号	名称	工序内容	工序（或工具）示意图	切削用量			
				刀具	转速 S /(r/min)	进给速度 F /(mm/r)	切削深度 /mm
1	备料	棒料 ϕ60mm×80mm					
2	车内外轮廓	1．钻ϕ18mm 通孔。 2．车端面、外圆，达到 $\phi58_{-0.046}^{\ 0}$ mm。 3．加工内锥管螺纹底孔	18 伸出长度 $\phi18$ $\phi58_{-0.046}^{\ 0}$ 25	中心钻 ϕ18mm 锥柄麻花钻 尾座夹持	800 500	手动	
3	车端面沟槽	车端面沟槽，达到ϕ46mm，夹角 20°，槽底宽度 5mm，槽深 10mm 尺寸要求	$\phi46$ $\phi58_{-0.046}^{\ 0}$ 25	T03	600（粗） 1200（精）	0.2 0.1	1 0.15

续表

<table>
<tr><th rowspan="2">序号</th><th rowspan="2">名称</th><th rowspan="2">工序内容</th><th rowspan="2">工序（或工具）示意图</th><th colspan="4">切削用量</th></tr>
<tr><th>刀具</th><th>转速 S /(r/min)</th><th>进给速度 F /(mm/r)</th><th>切削深度 /mm</th></tr>
<tr><td>4</td><td>车螺纹</td><td>车内管螺纹，达到 G3/4 要求。螺纹有效长度 22mm</td><td>G3/4 φ46 φ58 0 -0.046 22 25</td><td>T02
T04</td><td>600（粗）
1000（精）</td><td>0.2
0.1</td><td>1
0.1</td></tr>
<tr><td>5</td><td>车右端轮廓</td><td>1. 车管螺锥面，达到 1∶16 锥度要求，车外圆达到 φ50 0 -0.025 mm 和 R12mm 尺寸要求。
2. 车沟槽达到 φ25 0 -0.025 mm，槽宽 4mm 尺寸要求。
3. 车外管螺纹 G3/4</td><td>4 16 4 1.5 14 G3/4 堵头 φ18 φ42 0 -0.062 φ50 0 -0.026 R12 25 40</td><td>T01
T05
T07</td><td>600
1200</td><td>0.2
0.1</td><td>1.5
0.25</td></tr>
<tr><td>6</td><td>车右端轮廓</td><td>右端定位备用方案</td><td>4 16 4 1.5 14 G3/4 此处做成台阶 f18 φ43 0 -0.062 φ50 0 -0.025 R12 25 40</td><td></td><td></td><td></td><td></td></tr>
</table>

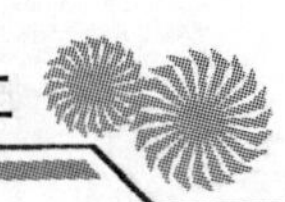

续表

序号	名称	工序内容	工序（或工具）示意图	切削用量			
				刀具	转速 S /(r/min)	进给速度 F /(mm/r)	切削深度 /mm
7	零件检测	1．测量外轮廓各项尺寸要求。 2．测量角度尺寸要求。 3．测量深度尺寸要求。 4．测量长度尺寸要求。 5．测量内外管螺纹					

圆锥管螺纹接头数控车加工刀具卡见表 2-24。

表 2-24　圆锥管螺纹接头数控车加工刀具卡

序号	刀具号	刀具名称	刀具规格	刀片规格	加工表面	备注
1	T01	95° 外圆车刀	SCLCR2525M09	CCGT120404-AK-H01	外圆端面	

续表

序号	刀具号	刀具名称	刀具规格	刀片规格	加工表面	备注
2	T02	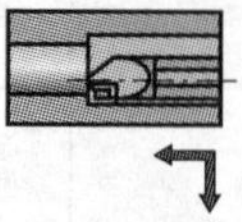 内孔加工	S16Q-SCLCR09	CCGT120404-AK-H01	内孔粗精车	
3	T03	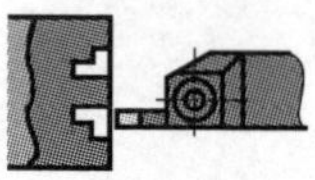 端面沟槽刀	GDJR2525M30034-12	GE25D300N040-FF	端面沟槽	
4	T04	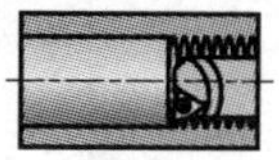 内螺纹刀	SNR1620Q16	16ERAG55	内管螺纹	
5	T05	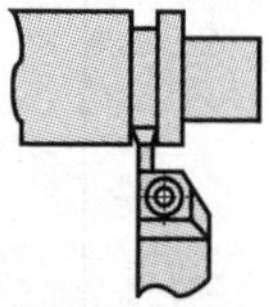 外圆沟槽刀	GDAR2525M300-10	GE25D300N040-FF	外圆沟槽	
6	T06	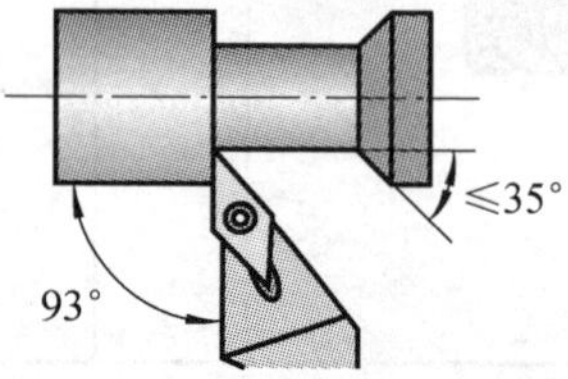 ≤35° 93° 外圆尖刀	SVJCR2525M16	VCMT160404HQTN60	外凹部轮廓	
7	T07	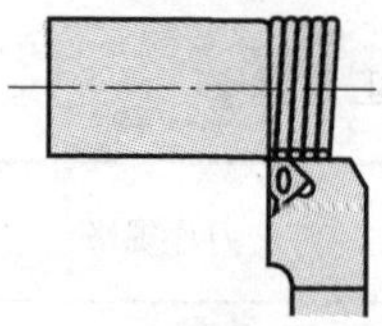 外螺纹刀	SER2525M16T	16NRAG55	外管螺纹	

2.3.2 程序编制

表 2-25、表 2-26 为本任务的参考加工程序，请注意领会表中程序说明的含义。详情参见视频“工件左端内锥管螺纹加工操作”。

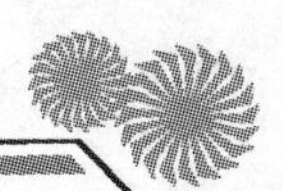

表 2-25　工件左端内锥管螺纹加工程序

程序内容	程序说明
O001;	程序名
T0404;	换 4 号刀（内螺纹刀）
M3 S600;	主轴下转，转速 600r/min
M8;	开冷却液
G00 X22.0 Z3.0;	螺纹切削循环起点
G92 X24.917 Z-22 F1.814 I1.162;	多刀切削螺纹，背吃刀量分别为 0.8mm、0.6mm、0.5mm、0.3mm、0.13mm
X25.517;	模态指令，只需指令 X，其余值不变
X26.017;	
X26.317;	
X26.35;	
G00 Z200.0;	返回安全位置
X150.0;	
M30;	主轴停转，程序结束，并返回程序开头

扫码观看视频

工件左端内锥管螺纹加工操作

注：①外圆程序参照任务 1.4。②内锥孔程序参照任务 1.2。③端面槽程序参照任务 1.3。

参见视频“工件右端外锥管螺纹加工操作”。

表 2-26　工件右端外锥管螺纹加工程序

程序内容	程序说明
O001;	程序名
T0707;	换 7 号刀（内螺纹刀）
M3 S600;	主轴正转，转速 600r/min
M8;	开冷却液
G00 X28.0 Z2.5;	螺纹切削循环起点
G92 X26.441 Z-25 F1.814 I-1.116;	多刀切削螺纹
X25.641;	
X25.041;	
X24.541;	
X24.241;	
X24.111;	
G00 Z200.0;	
X150.0;	
M30;	

扫码观看视频

工件右端外锥管螺纹加工操作

注：①外圆程序参照任务 1.4。②沟槽程序参照任务 1.3。

2.3.3 零件加工

1. 确定机床

针对任务零件，其最大外形尺寸为ϕ60mm，而且加工精度要求不是很高，目前市场上见到的数控车床基本能满足以上要求，故选用系统 FANUC 0i-T 系列经济型，型号 CAK6140，无级变速，前置刀架。由于使用刀具较多，需在加工中同一刀位上更替刀具使用，见表 2-27。

表 2-27 机床配备清单

序号	名称	型号
1	数控车床	CK6140 FACUK-0i-TD
2	卡盘扳手	200mm 卡盘用
3	刀架扳手	水平回转四工位刀架
4	铁屑钩子	
5	毛刷	

2. 确定材料

备料建议清单见表 2-28。

表 2-28 备料建议清单

序号	材料	规格/mm	数量
1	PVC 棒	ϕ60×80（程序调试用）	1 段/人
2	45 钢	ϕ60×80	1 段/人

3. 操作步骤

1）开机，X、Z 轴回参考点。

2）装夹工件，安装刀具，检查刀尖中心高度是否正确。

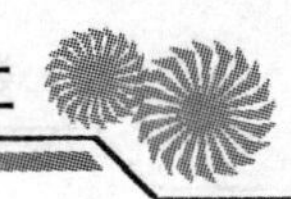

3）切换 MDI 模式，输入 M03 指令启动主轴，输入 T 指令选择刀具。

4）切换 JOG 模式，装入锥柄钻头，移动尾座，完成底孔加工。

5）切换 EDIT 模式，输入加工程序，并检查程序的正确性。（也可进入程序模拟状态，通过图形化功能检查程序是否正确）。

6）切换手轮模式，进行对刀，完成刀具长度补偿和建立工件坐标系工作。

7）切换 MDI 模式，校验对刀的正确性。

8）切换 MEMORY 模式，按下程序启动键，完成零件粗加工。

9）测量加工表面，计算加工精度，如有偏差，在刀具磨耗菜单下进行补偿。

10）调用精加工程序，完成零件的加工。

11）重复以上步骤 6）～10），完成所有要素的加工任务。

12）卸下工件和刀具，完成机床保养工作。

2.3.4　操作测评

加工完此工件后，请按照表 2-29 进行评分并得出成绩。

表 2-29　评分表

序号	项目	检验内容		分值	评分标准	实测	得分
1	外圆	ϕ50mm	尺寸公差	6	每超差 0.01mm 扣 1 分		
2			*Ra*3.2μm	2	每降一级扣 1 分		
3		ϕ58mm	尺寸公差	6	每超差 0.01mm 扣 1 分		
4			*Ra*3.2μm	2	每降一级扣 1 分		
5	凹槽	ϕ43mm	尺寸公差	6	每超差 0.01mm 扣 1 分		
6		4mm	*Ra*3.2μm	2	每降一级扣 1 分		
7		ϕ43mm	尺寸公差	7	每超差 0.01mm 扣 1 分		
8		4mm	*Ra*3.2μm	2	每降一级扣 1 分		
9	圆弧	*R*12mm	尺寸公差	6	每超差 0.01mm 扣 1 分		
10			*Ra*3.2μm	2	每降一级扣 1 分		
11	端面槽	ϕ46mm	尺寸公差	6	每超差 0.01mm 扣 1 分		
12			*Ra*3.2μm	2	每降一级扣 1 分		
13	内管螺纹	G3/4	*Ra*3.2μm	5	每降一级扣 1 分		
14	外管螺纹	G3/4	*Ra*3.2μm	5	每降一级扣 1 分		
15	长度	40mm		6	每超差 0.01mm 扣 1 分		
16		16mm		6	每超差 0.01mm 扣 1 分		
17		1.5mm		6	每超差 0.01mm 扣 1 分		
18		10mm		6	每超差 0.01mm 扣 1 分		
19		25mm		7	每超差 0.01mm 扣 1 分		

续表

序号	项目	检验内容	分值	评分标准	实测	得分
20		(77±0.02) mm	7	每超差 0.01mm 扣 1 分		
21	倒角	C0.5×3	3	每处超差不得分		
22	文明生产	发生重大安全事故取消加工资格；每违反一项规定，总分扣除 5 分				
23	其他项目	工件不完整，局部有缺陷（如夹伤、划痕等），酌情扣分				
24	程序编制	程序中严重违反工艺规程的取消加工资格；其他问题酌情扣分				
合计						

2.3.5 相关知识

1. 编程指令

(1) 利用 G32 进行锥度螺纹（图 2-37）加工

锥螺纹的导程是指长轴方向的，导程通常用半径指定。如 α≤45°，导程是 Lz；如 α>45°，导程是 Lx。

【例】 如图 2-38 所示，用 G32 指令加工锥螺纹。

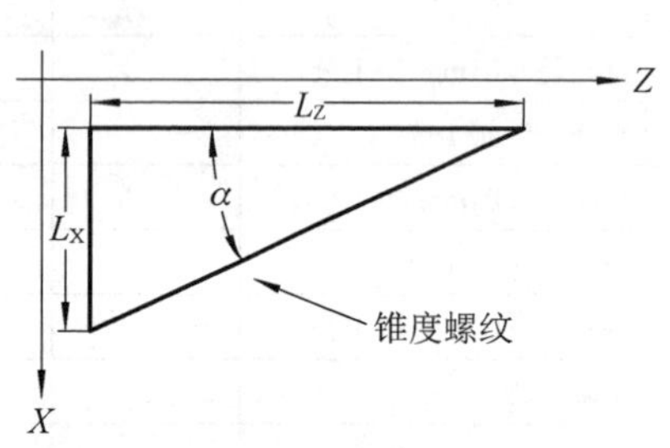

图 2-37 锥度螺纹

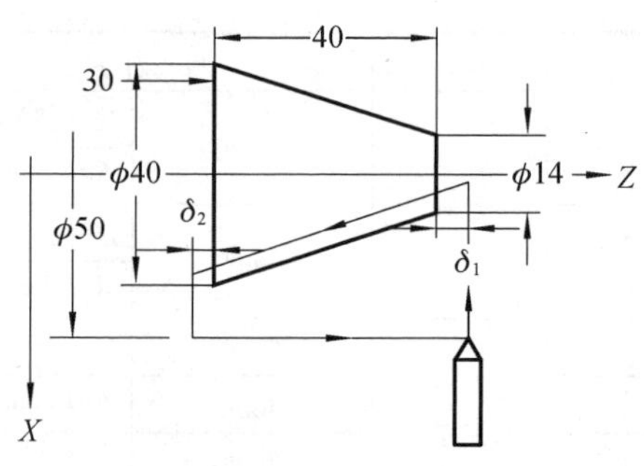

图 2-38 G32 指令路线

螺纹导程：在 Z 方向上 3.5mmδ_1=2mm，δ_2=1mm，在 X 方向切深 1mm（两次切入）。

根据上述参数编程如下：

（米制输入，直径编程）

```
G00 X12.0 Z72.0
G32 X41.0 Z29.0 F3.5
G00 X50.0 Z72.0
X10.0                    第二次切入 1mm
G32 X39.0 Z29.0 F3.5
G00 X50.0 Z72.0
```

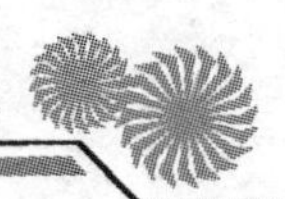

（2）利用 G92 进行圆锥螺纹切削循环

格式：

```
G92 X(U)_ Z(W)_ I_  F_;
```

参数含义：

I——螺纹部分半径之差，即螺纹切削起始点与切削终点的半径差。

其余参数参照圆柱螺纹的 G92 指令的规定。

加工圆柱螺纹时，*I*=0 可省略；加工圆锥螺纹时，当 *X* 向切削起始点坐标小于切削终点坐标时，*I* 为负，反之为正。其加工路线如图 2-39 所示。

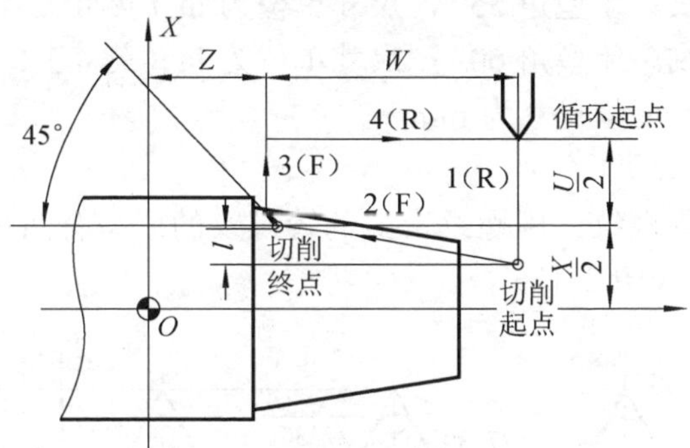

图 2-39　锥螺纹加工

【例】　如图 2-40 所示，用 G92 指令对锥螺纹切削进行编程。

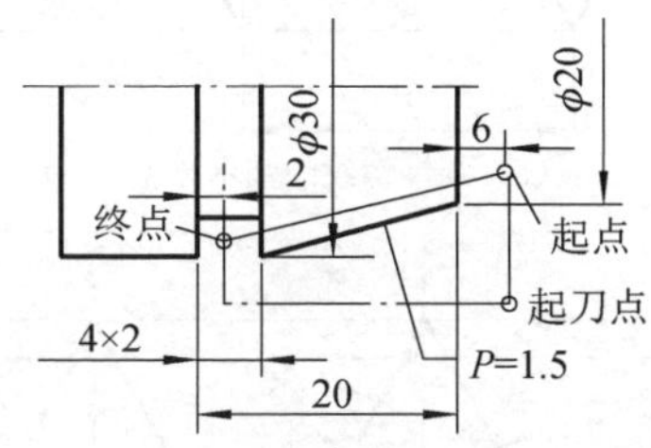

图 2-40　G92 指令

程序如下：

```
G00  X32  Z6;                      起刀点
G92  X31.2  Z-18 I-7.5 F1.5;       螺纹加工第一次循环
     X30.4;                        螺纹加工第一次循环
     X29.8;                        螺纹加工第一次循环
     X29.3;                        螺纹加工第一次循环
G00  X100.0  Z150.0;               退刀，取消循环
```

经验公式：

$$d=D-1.3P$$

式中，d——螺纹小径，mm；

D——螺纹大径，mm；

P——螺距，mm。

2. 管螺纹的相关知识

（1）管螺纹按标准分类

1）英国惠氏管螺纹。牙型角 55°，尺寸单位为 in（英寸）。

2）美国布氏管螺纹。牙型角 60°，尺寸单位为 in（英寸）。

3）公制锥管螺纹。单位尺寸为 mm。

（2）管螺纹按用途分类

1）用螺纹密封的管螺纹。用螺纹密封的管螺纹的牙型有两种：圆锥螺纹基本牙型和圆柱内螺纹基本牙型（图 2-41）。

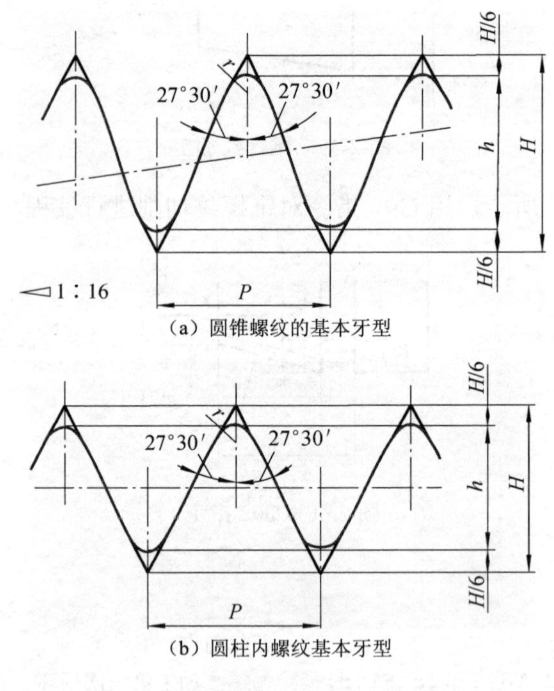

（a）圆锥螺纹的基本牙型

（b）圆柱内螺纹基本牙型

图 2-41 螺纹基本牙型

用螺纹密封的管螺纹的基本尺寸见表 2-30。

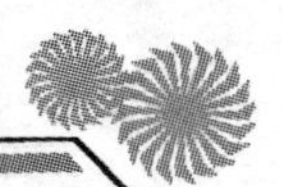

表 2-30　用螺纹密封的管螺纹的基本尺寸

尺寸代号	每 25.4mm 内的牙数	螺距 *P*/mm	牙高 *h*/mm	圆弧半径 *r*/mm
1/16	28	0.907	0.581	0.125
1/8	28	0.907	0.581	0.125
1/4	19	1.337	0.856	0.184
3/8	19	1.337	0.856	0.184
1/2	14	1.814	1.162	0.249
3/4	14	1.814	1.162	0.249
1	11	2.309	1.479	0.317
11/4	11	2.309	1.479	0.317
…	…	…	…	…

注：螺距 P=25.4/n，牙型高度 h=0.640327P，原始三角形高度 H=0.960237P，牙顶和牙底圆弧半径 r=0.137278P。

用螺纹密封的管螺纹的标记方法如下。

圆锥内螺纹：如 Rc½。

圆锥外螺纹：如 R¾。

圆柱内螺纹：如 Rp½。

例如，Rp¾/ R¾，表示 3/4in 1in=2.54cm 圆柱内螺纹配 3/4in 圆锥外螺纹。

2）非螺纹密封的管螺纹。非螺纹密封的管螺纹的牙型如图 2-42 所示。

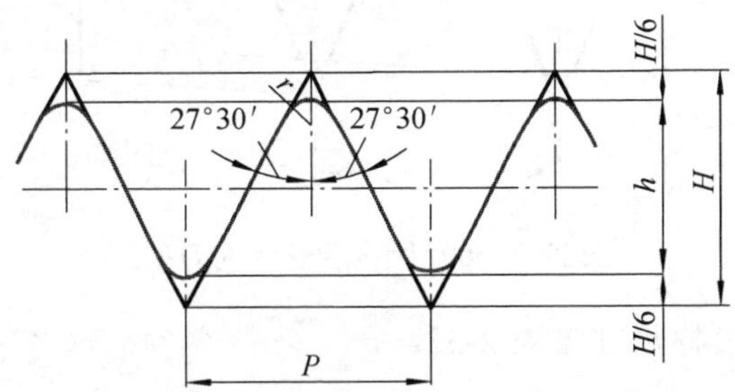

图 2-42　非螺纹密封的管螺纹的牙型

非螺纹密封的管螺纹的公称尺寸见表 2-31。

表 2-31　非螺纹密封的管螺纹的公称尺寸

尺寸代号	每 25.4mm 内的牙数	螺距 *P*/mm	牙高 *h*/mm	圆弧半径 *r*/mm
1/16	28	0.907	0.581	0.125
1/8	28	0.907	0.581	0.125
1/4	19	1.337	0.856	0.184
3/8	19	1.337	0.856	0.184
1/2	14	1.814	1.162	0.249

续表

尺寸代号	每 25.4mm 内的牙数	螺距 P/mm	牙高 h/mm	圆弧半径 r/mm
5/8	14	1.814	1.162	0.249
3/4	11	1.814	1.162	0.249
7/8	11	1.814	1.162	0.249
1	11	2.309	1.479	0.317
11/8	11	2.309	1.479	0.317

注：螺距 P=25.4/n，牙型高度 h=0.640327P，原始三角形高度 H=0.960237P，牙顶和牙底圆弧半径 r=0.137278P。

非螺纹密封的管螺纹的标记方法如下。

圆柱内螺纹：如 G½A。

圆柱外螺纹：如 G¾A。

注：非螺纹密封的管螺纹的公差分 A、B 级两种，A 级公差带的范围为 B 级的一半，因此标注时需注明。

3）60° 圆锥管螺纹。60° 圆锥管螺纹的牙型如图 2-43 所示。

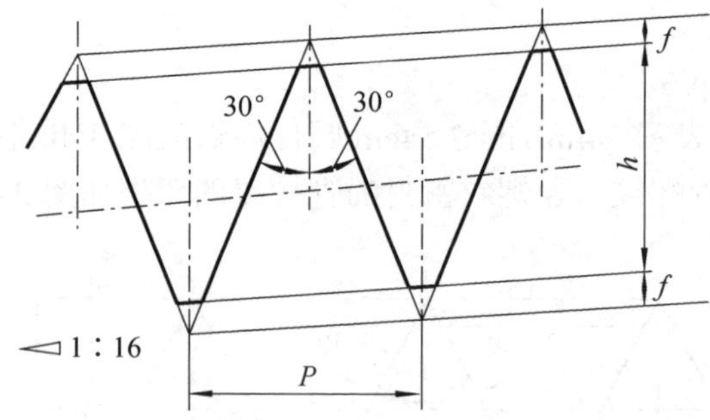

图 2-43　60° 圆锥管螺纹的刀型

60° 圆锥管螺纹的公称尺寸见表 2-32。

表 2-32　60° 圆锥管螺纹的公称尺寸

尺寸代号	每 25.4mm 内的牙数	螺距 P/mm	牙高 h/mm	削平高度 f/mm
1/16	27	0.941	0.753	0.031
1/8	27	0.941	0.753	0.031
1/4	18	1.411	1.129	0.047
3/8	18	1.411	1.129	0.047
1/2	14	1.814	1.451	0.060
3/4	18	1.814	1.451	0.060
1	11.5	2.309	1.767	0.073
11/8	11.5	2.309	1.767	0.073

注：螺距 P=25.4/n，牙型高 h=0.800000P，原始三角形高度 H=0.866025P，削平高度 f=0.033P。

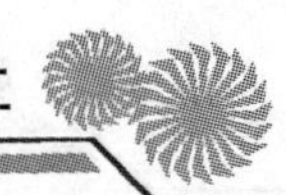

60°圆锥管螺纹的标记方法如下。

圆锥内螺纹：如 NPT½。

圆锥外螺纹：如 NPT¾。

美国标记方法：¾-14-NPT（管子公称尺寸-每英寸牙数-螺纹种类代号）。

3. 刀具的选择

本任务是加工 55°非密封管螺纹，从表 2-33 中查得螺距为 1.814mm，牙高为 1.162mm，牙型角为 55°，从表 2-33 中选用的外螺纹刀片为 16ERAG55，内螺纹刀片为 16NRAG55。

表 2-33　螺纹刀片型号

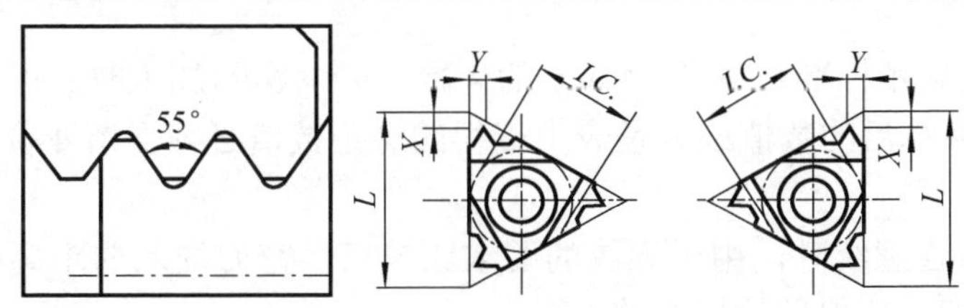

螺距/mm	I.C./mm	尺寸 L/mm	外螺纹刀片 左	外螺纹刀片 右	X/mm	Y/mm	内螺纹刀片 左	内螺纹刀片 右	X/mm	Y/mm
0.5～1.5	6.35	11	11ELA55	11ERA55	0.8	0.9	11NLA55	11NRA55	0.8	0.9
0.5～1.5	9.525	16	16ELA55	16ERA55	0.8	0.9	16NLA55	16NRA55	0.8	0.9
1.75～3.0	9.525	16	16ELG55	16ERG55	1.2	1.7	16NLG55	16NRG55	1.2	1.7
0.5～3.0	9.525	16	16ELAG55	16ERAG55	1.2	1.7	16NLAG55	16NRAG55	1.2	1.7
3.5～5.0	12.7	22	22ELN55	22ERN55	1.7	2.5	22NLN55	22NRN55	1.7	2.5

4. 切削用量的选择

背吃刀量：可在表 2-34 中进行选择。

转速：管螺纹加工和普通三角螺纹加工区别不大，转速仍旧可以参照普通三角螺纹的参数进行选择，这里采用 600～800r/min。

进给量：等于螺距，P=1.814mm/r。

表 2-34　螺纹背吃刀量

英制螺纹							
牙/in	24	18	16	14	12	10	8
牙深	0.678	0.904	1.016	1.162	1.355	1.626	2.033

续表

英制螺纹								
吃刀量及切削次数	1 次	0.8	0.8	0.8	0.8	0.9	1.0	1.2
	2 次	0.4	0.6	0.6	0.6	0.6	0.7	0.7
	3 次	0.16	0.3	0.5	0.5	0.6	0.6	0.6
	4 次		0.11	0.14	0.3	0.4	0.4	0.5
	5 次				0.13	0.21	0.4	0.5
	6 次						0.16	0.4
	7 次							0.17

2.3.6 注意事项及常见问题

1. 注意事项

1）管螺纹的螺距标准是每 25.4mm 的牙数（n），实际加工时一般都是转换成相邻两牙间的距离，换算后的数值或者是表中查得的螺距数值必须保留 4 位小数，以保证管螺纹的精度。

2）加工密封管螺纹时，由于螺纹的要求比较高，空刀导入的距离必须能保证主轴和进给能完成匹配，确保螺纹螺距的准确。

2. 常见问题

管螺纹啮合不到位：管螺纹啮合对牙型要求比较高，所选用的螺纹刀片的刀尖圆弧会直接影响螺纹深度，如用大螺距刀片加工小螺距螺纹时就会出现底部余量过多导致啮合卡死现象。

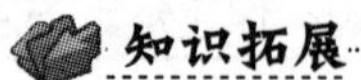

液氮冷却技术

利用液氮进行低温（超低温）切削加工，就是利用液氮使工件、刀具或切削区处于低温冷却状态进行切削加工的方法。氮气是大气中含量最多的成分，液氮作为制氧工业的副产品，来源十分广阔。使用液氮作为冷却液，应用后直接挥发成气体返回到大气中，没有任何污染，从环保方面看，是一种有前途的冷却液替代品。

液氮冷却有直接和间接应用两种方法。

（1）直接应用

即将液氮作为冷却液直接喷射到切削区。一般来说，由于刀具磨损严重，金刚石刀具不能用来加工黑色金属。而美国一位学者采用液氮冷却系统对不锈钢用金刚石刀具进行车削加工，由于低温抑制了碳原子的扩散和石墨化，大大减少了刀具磨

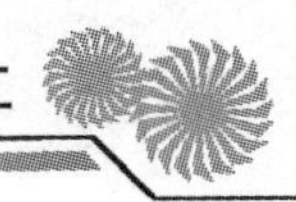

损，并取得了极好的加工质量，其表面粗糙度 Ra 值达到 25μm。磨削加工时常常会因磨削区高温对工件表面造成热损伤，如烧伤、微裂纹等。为有效解决这些问题，印度工学院 S.Paul 用液氮超低温冷却磨削五种常用钢材，结果表明：正确合理地使用液氮冷却，可有效控制磨削区温度，使磨削温度保持在材料发生相变温度之下而不发生磨削烧伤；并且在材料塑性增大和进给量较大的情况下，这种效果更加显著。对于非金属材料和复合材料的液氮冷却切削加工，国外也开展了广泛研究。如 FRP（fiberGlass reinforced plastics）是一种高强度/重量比、耐疲劳的复合材料，用传统切削方法加工非常困难，因而限制了这种材料的使用。新西兰学者对其进行超低温冷却加工，使用液氮不间断冷却（0.4～0.5 L/min），极大地改善了这种材料的切削加工性，不但获得了满意的加工表面质量，还在很大程度上延长了刀具寿命。采用低温切削热固性塑料、合成树脂、石墨、橡胶和玻璃纤维等材料时均显示出良好的切削性能。

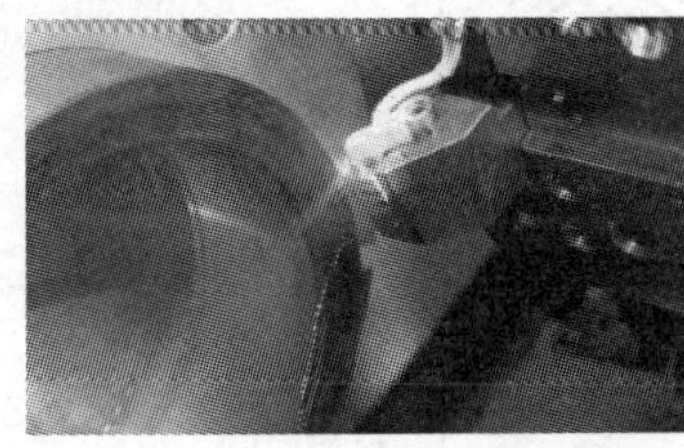

图 2-44　液氮冷却加工

（2）间接利用

间接利用主要是刀具冷却法，即在加工中不断地冷却刀具，使切削热快速从刀具上特别是刀尖处被带走，刀尖始终保持在低温状态下工作。美国林肯大学的学者利用一种配备新型冷却系统的 PCBN 刀具进行了试验研究。这种刀具是在车刀上部的方盒内储存液氮，由进口输入，从出口流出。试验表明，使用液氮冷却时，车刀寿命延长 2 倍，磨损降低 1/4，并可获得较低的表面粗糙度。

思考与练习

一、填空题

1．管螺纹按用途可分为三大类：________、________、________。

2．Rp¾/ R¾表示________。

二、判断题

1．画线是机械加工的重要工序，广泛地用于成批生产和大量生产。（　）
2．一般直径在 5mm 以上的钻头须修磨横刃。（　）
3．大批量生产时基本时间所占的比例比较大。（　）

三、简答题

1．试写出 G92 加工圆锥螺纹的指令格式，并说明指令中各参数的含义。
2．如题图 2-4 所示工件，试分析其加工工艺并编写其数控车加工程序。

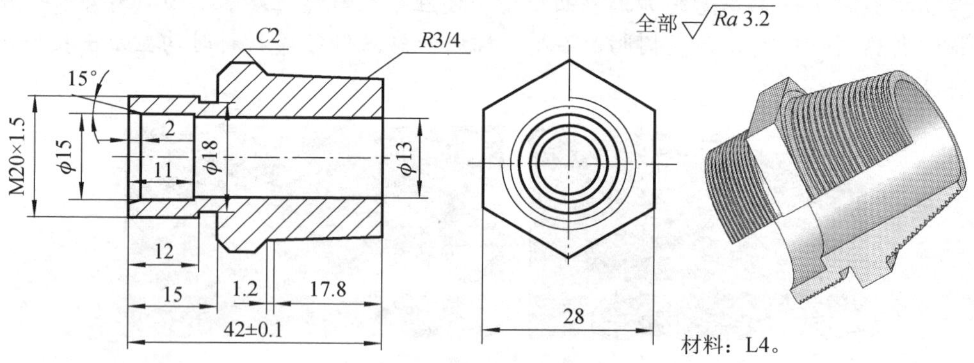

题图 2-4　工件图样

3．如题图 2-5 所示工件，试分析其加工工艺并编写其数控车加工程序。

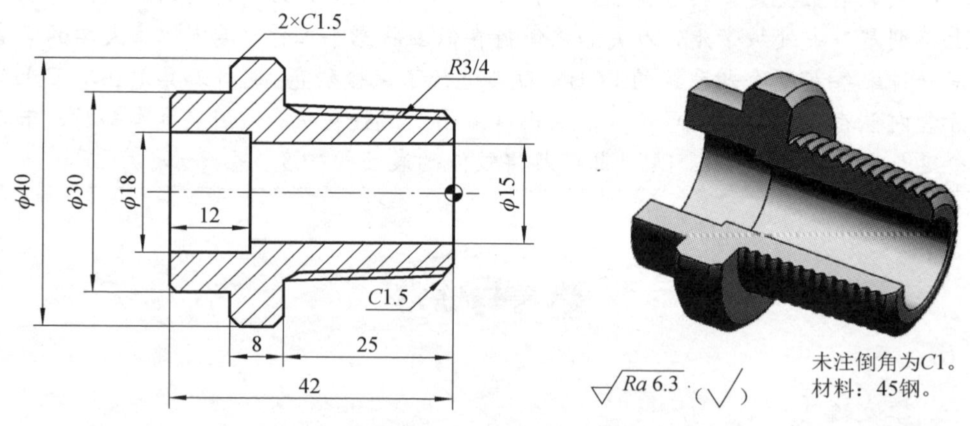

题图 2-5　工件图样

项目 3

综合零件的自动编程与加工

项目概述

本项目主要学习如何运用 CAD/CAM 软件实现加工程序的自动编制。通过自动编程，能轻松实现一些计算烦琐、手工编程困难的工件程序的编写工作。操作者只需完成图形的绘制和相关加工参数的设置即可，加工程序由计算机自动生成，然后直接输入数控系统完成零件的加工。

项目目标

- 了解自动编程的基础知识。
- 了解自动编程的常用软件。
- 掌握常用计算机与数控机床程序传输的方法。

技能目标

- 掌握轴类零件车削加工轨迹的生成方法。
- 掌握轴类零件车削数控程序的生成方法。
- 完成零件的自动编程和加工。

规范标准

- 《数控车工国家职业标准》。

任务 3.1 综合零件 1 的自动编程与加工

任务描述

本任务要加工的零件是一个由外圆沟槽、外圆圆弧、外圆螺纹等组成的综合型零件（图 3-1），我们将通过自动编程软件完成各个部位的加工轨迹生产和加工程序的编制，从而了解并掌握自动编程的基本步骤和使用方法，然后把程序输入数控车床，完成零件的加工。

图 3-1　综合型零件

任务目标

1．了解自动编程的基本步骤。
2．掌握自动编程的方法。
3．掌握机床通信的方法。
4．完成零件程序的生成和加工。

3.1.1　工艺分析

1．图样分析

零件如图 3-2 所示。

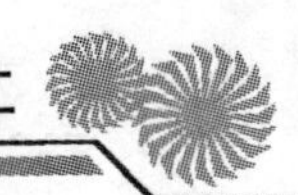

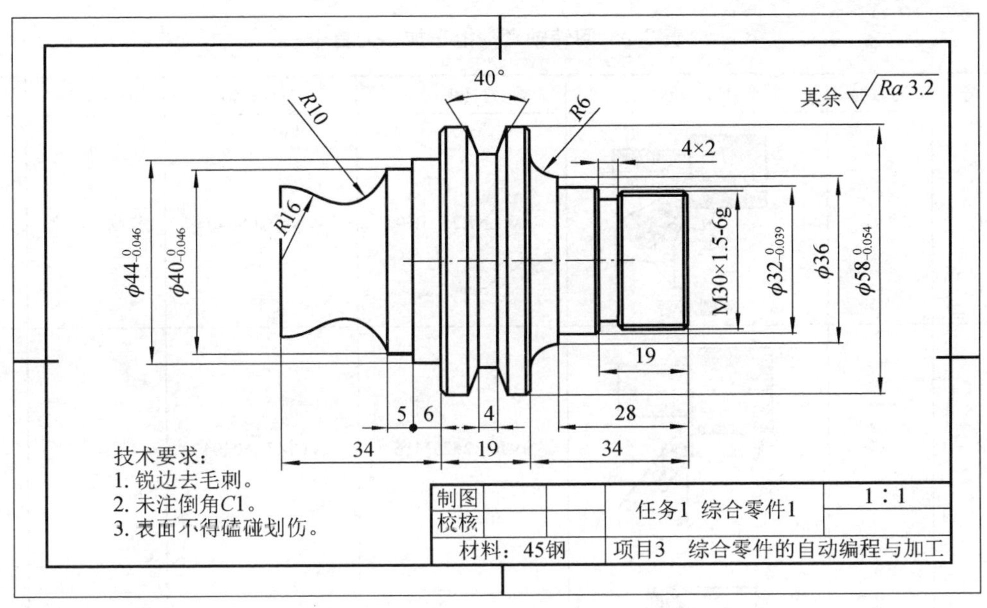

图 3-2 零件图

图样分析略（请按前面项目任务图样分析的方法完成图样分析）。

2. 工艺编制

该任务零件先夹持左端毛坯外圆，完成右端外圆、沟槽和螺纹的加工，然后掉头完成左端圆弧和外圆台阶的加工。参照前面项目工艺编写的过程，自行完成加工工艺过程（表 3-1、表 3-2）的填写。

表 3-1 综合零件 1 数控车加工工艺过程

设备名称	设备型号	夹具名称	零件名称	零件图号			材料	
数控车	CK6140	三爪自定心卡盘	综合零件 1	图 3-2			45 钢	
序号	名称	工序内容	工序示意图	切削用量				
				刀具	转速 S /（r/min）	进给速度 F/（mm/r）	切削深度/mm	

表 3-2 回转轴套数控车加工刀具卡

序号	刀具号	刀具名称	刀具规格	刀片规格	加工表面	备注
1	T01	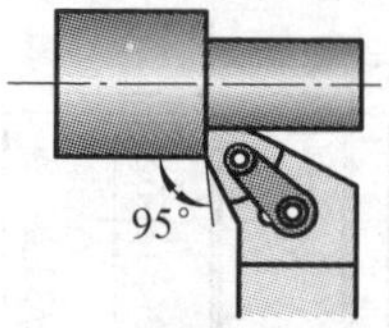 95° 外圆车刀	MWLNR2525K08	WNMG080404	外圆、端面	
2	T02	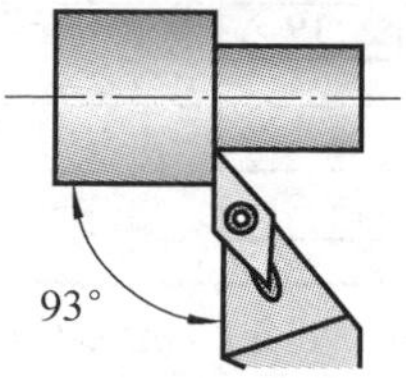 93° 外圆尖刀	SVJCR2525M16	VCMT160404	精车外圆	
3	T03	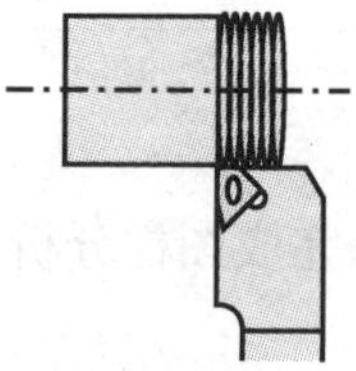 外螺纹刀	SER2525M16T	16ER1.5ISO	外螺纹	
4	T04	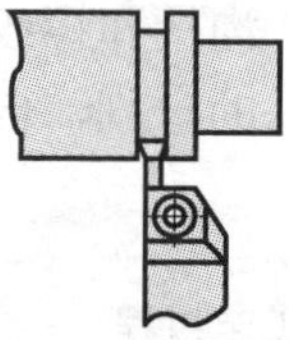 外圆沟槽刀	GDAR2525M300-10	GE25D300N040-FF	外圆沟槽	

3.1.2 程序编制

图形绘制时，根据软件的特点，只要画出图形的上半部分，注意把坐标系原点放在工件图形长度方向的中心处的轴线上，便于后面的操作，而且去除部分中间线，只要外框线，如图 3-3 所示。

（1）加工工件的右端

1）根据毛坯尺寸，绘制毛坯线及一些辅助线，如图 3-4 所示。

2）设置用户坐标系，单击菜单【工具】/【用户坐标系】/【设置】，如图 3-5（a）所示，状态栏提示“请指定用户坐标系原点”，单击图形右端工件中心处，状态栏提示“请输入旋转角度”，如图 3-5（b）～（e）所示。

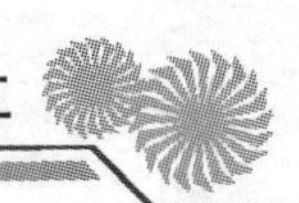

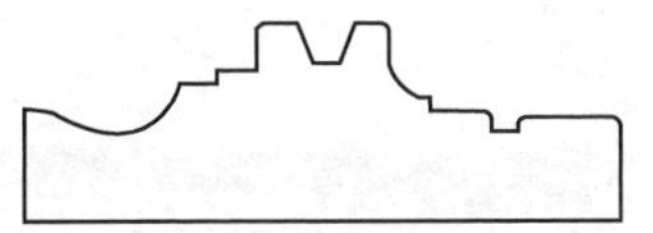

图 3-3　造型

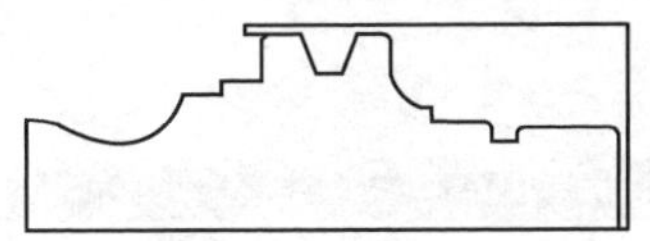

图 3-4　毛坯线的绘制

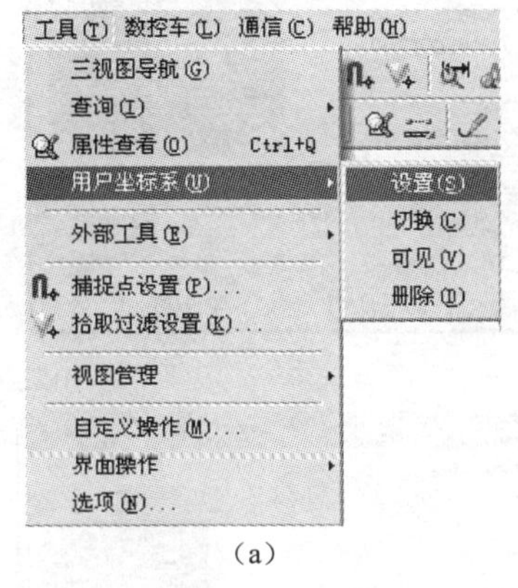

（a）

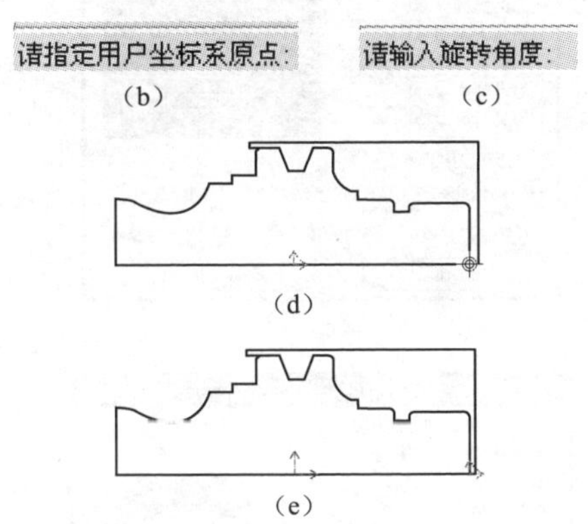

（b）（c）（d）（e）

图 3-5　用户坐标系的设置

3）刀具的设置，根据表 3-2，这个工件需要六把刀，单击菜单【数控车】/【刀具库管理】，弹出“刀具库管理”对话框，有四类刀具，分别是轮廓车刀、切槽刀具、钻孔刀具和螺纹车刀，如图 3-6（a）、（b）所示，由于 90° 粗加工外轮廓车刀系统里就有，故先增加一把精加工外轮廓车刀，先选择刀的类型，单击“轮廓车刀”，然后单击“增加刀具”按钮，弹出“增加轮廓车刀”对话框，根据要求填入各参数，单击“确定”按钮，这样就增加了一把精加工外轮廓车刀，如图 3-6（c）、（d）、（e）所示。同以上步骤添加其他所需刀具，如图 3-6 所示。

（a）

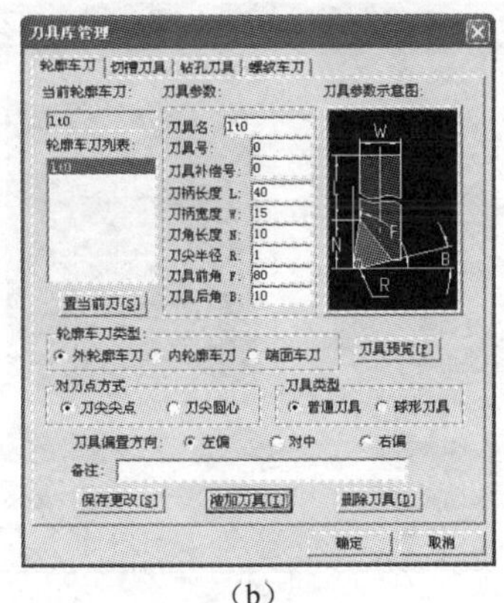

（b）

图 3-6　刀具的设置

(c)

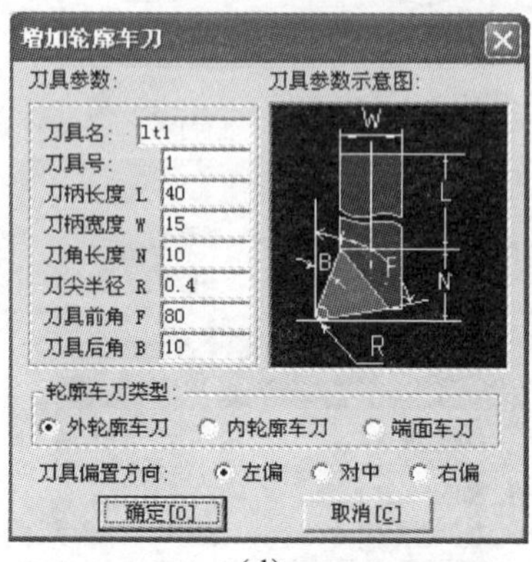

(d)

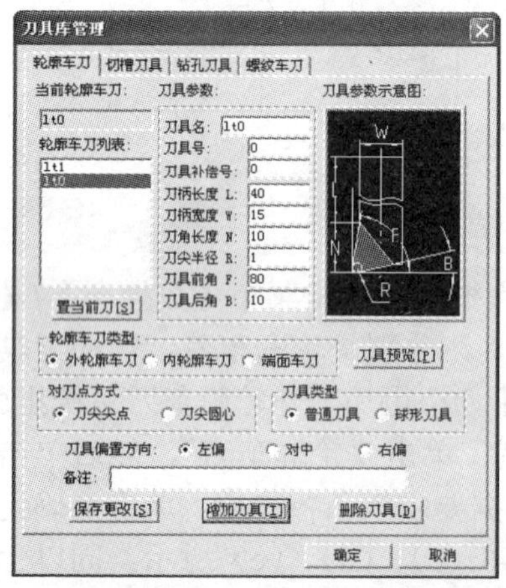

(e)

(f)

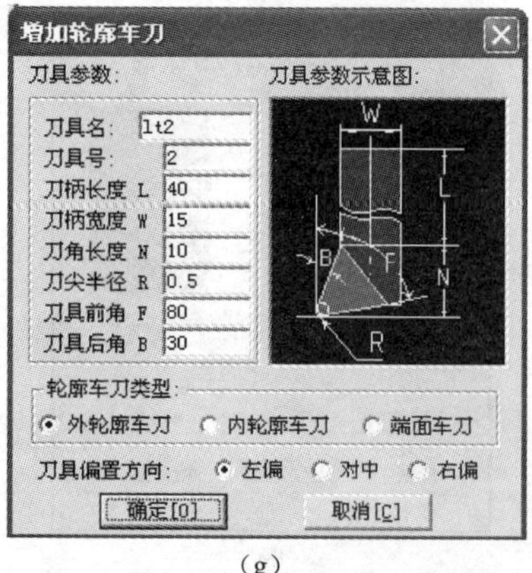

(g)

(h)

图 3-6　刀具的设置（续）

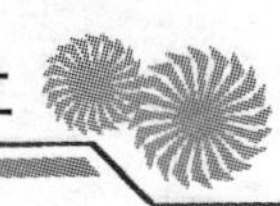

(i)

(j)

(k)

(l)

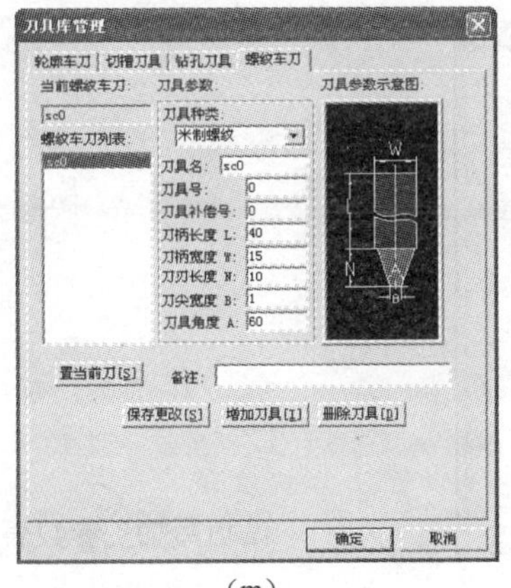

(m)

(n)

图 3-6　刀具的设置（续）

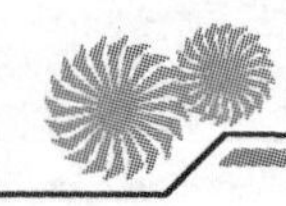

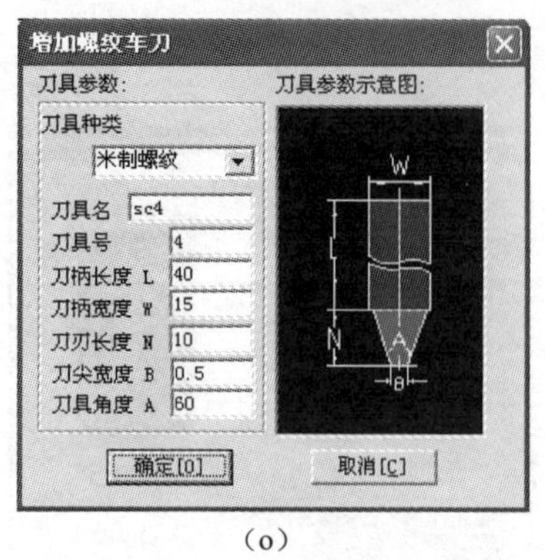

（o）

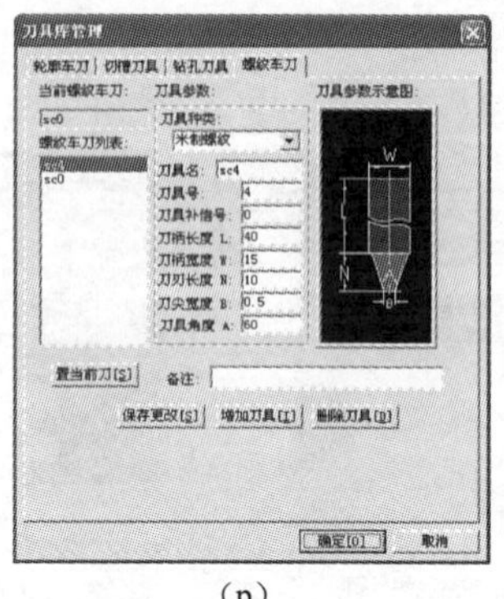

（p）

图 3-6　刀具的设置（续）

4）生成粗加工外轮廓加工轨迹。单击菜单【数控车】/【轮廓粗车】，弹出“粗车参数表”对话框，有四个方面的参数需要填写，分别是加工参数、进退刀方式、切削用量和轮廓车刀，如图 3-7（a）、（b）所示，同时，状态栏提示“请填写加工参数表:”，如图 3-7（c）所示，根据加工要求填写“粗车参数表”对话框中的各个参数，如图 3-7（d）～（g）所示。

然后单击“确定”按钮，状态栏上提示“拾取被加工工件表面轮廓:”，选择“单个拾取”，当选择单击工件表面轮廓第一条线段时，状态栏上提示“请拾取所需方向:”，单击选择方向，状态栏上提示“拾取曲线:”，单击选择下一条线段，状态栏上提示“继续拾取”，继续单击选择其他线段。当工件表面轮廓拾取结束后，右击结束拾取，如图 3-7（h）～（m）所示。

状态栏提示“拾取毛坯轮廓:”，按顺序单击选择毛坯轮廓的线段，右击结束拾取，如图 3-7（n）、（o）所示。

状态栏提示“输入进退刀点:”，输入“30，30”，然后按 Enter 确认，这样就生成了工件外轮廓粗加工轨迹，如图 3-7（p）、（q）、（r）所示。

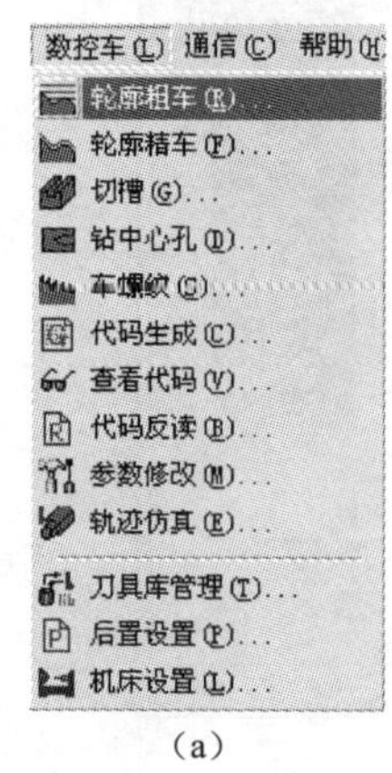

（a）

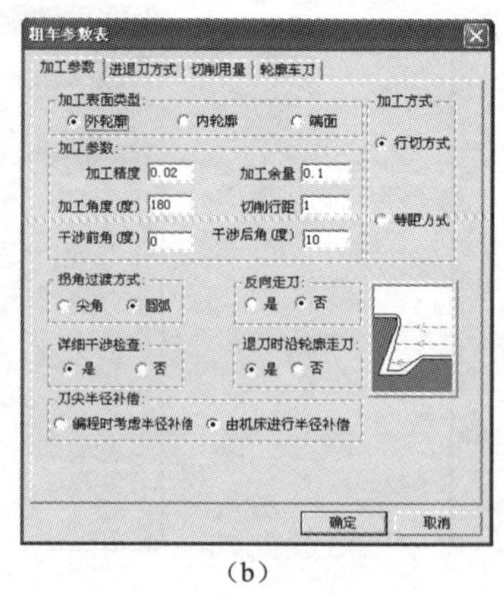

（b）

请填写加工参数表:

（c）

图 3-7　生成外轮廓粗加工轨迹

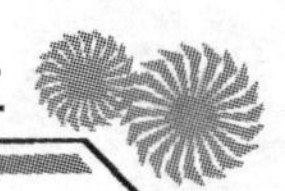

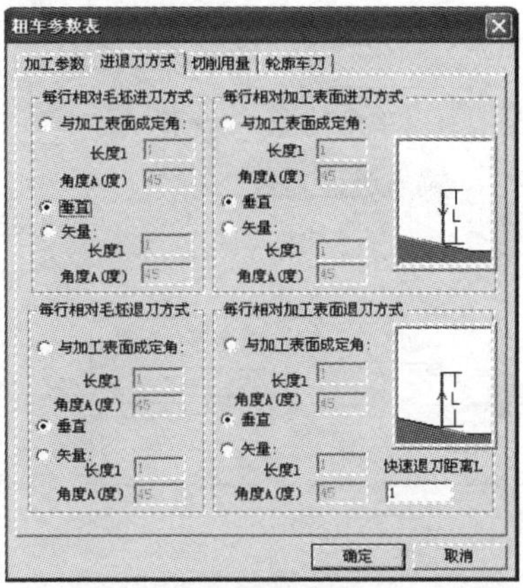

（d）

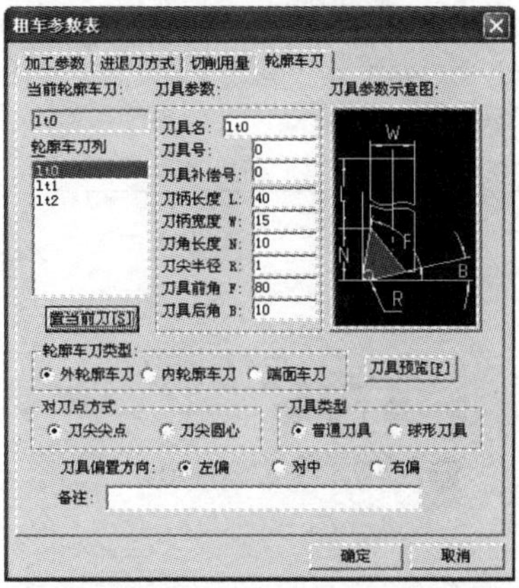

（e）

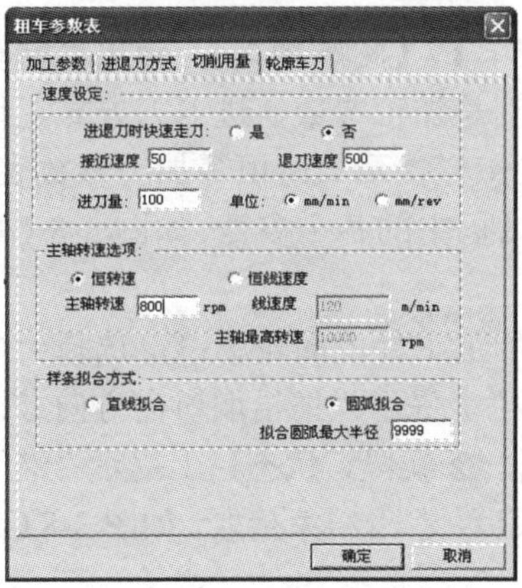

（f）

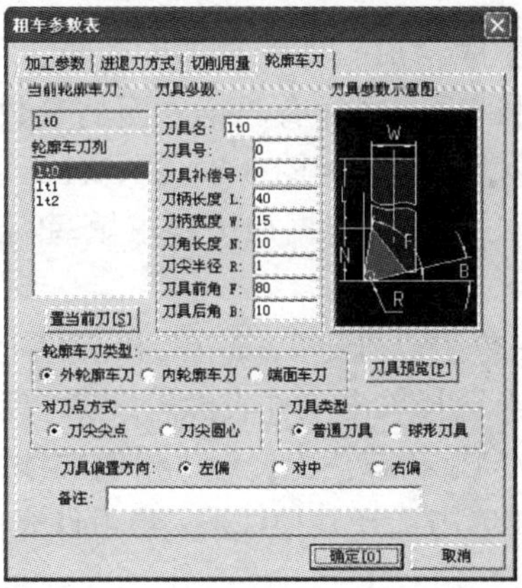

（g）

（h）

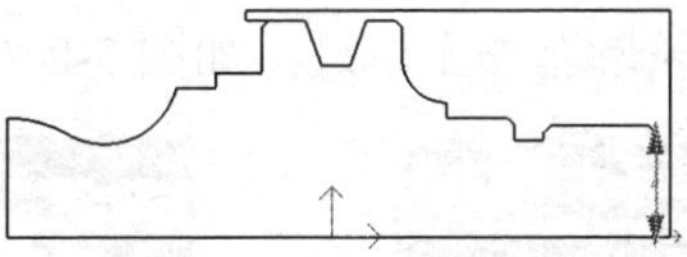

（i）

（j）

（k）

（l）

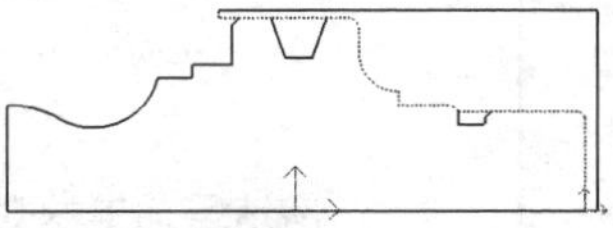

（m）

（n）

图 3-7　生成外轮廓粗加工轨迹（续）

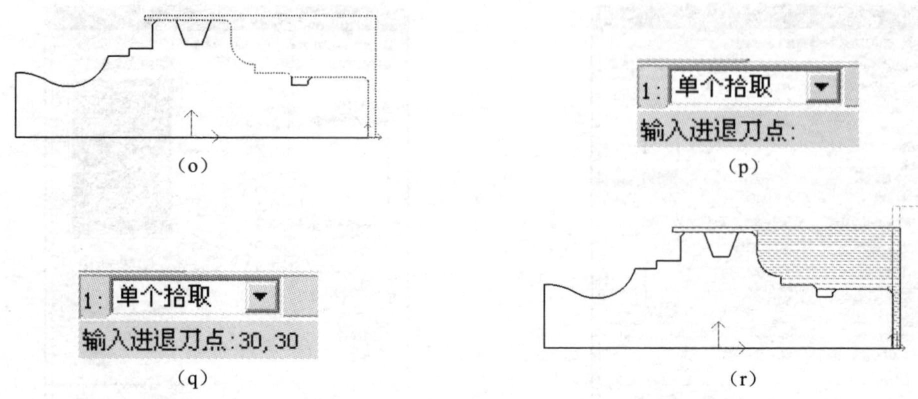

（o）　（p）　（q）　（r）

图 3-7　生成外轮廓粗加工轨迹（续）

5）生成精加工外轮廓加工轨迹。单击菜单【数控车】/【轮廓精车】，弹出“精车参数表”对话框，同样有四个方面的参数需要填写，分别是加工参数、进退刀方式、切削用量和轮廓车刀，如图 3-8（a）、（b）所示。同时，状态栏提示“请填写加工参数表：”，如图 3-8（c）所示，根据加工要求填写“精车参数表”对话框中的各个参数，如图 3-8（d）～（h）所示。

然后单击“确定”按钮，状态栏上提示“拾取被加工工件表面轮廓：”，选择“单个拾取”，当选择单击工件表面轮廓第一条线段时，状态栏上提示“请拾取所需方向：”，单击选择方向，状态栏上提示“拾取曲线：”，单击选择下一条线段，状态栏上提示“继续拾取”，继续单击选择其他线段。当工件表面轮廓拾取结束后，右击结束拾取，如图 3-8（i）～（n）所示。

状态栏提示“输入进退刀点：”，输入“25，25”，然后按 Enter 键确认，这样就生成了工件外轮廓精加工轨迹，如图 3-8（o）、（p）、（q）所示。

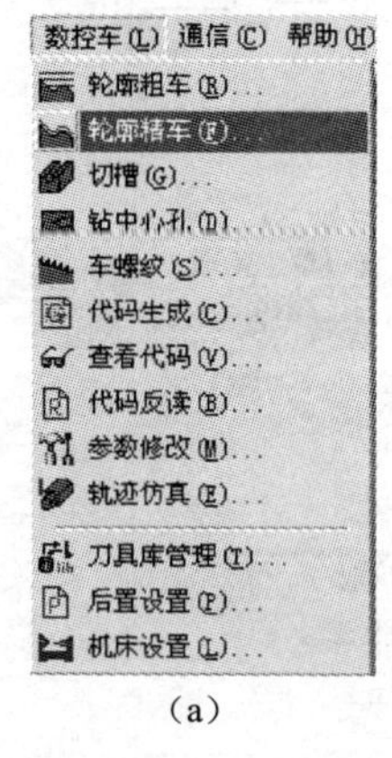

（a）

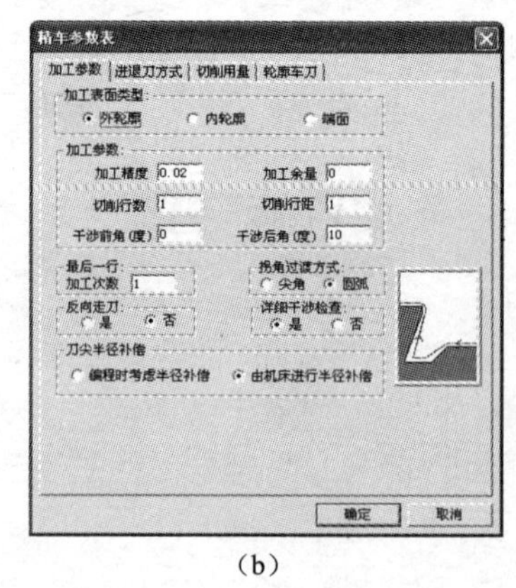

（b）

请填写加工参数表:

（c）

图 3-8　生成外轮廓精加工轨迹

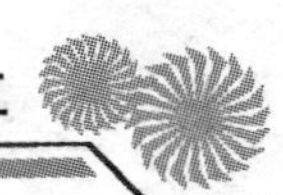

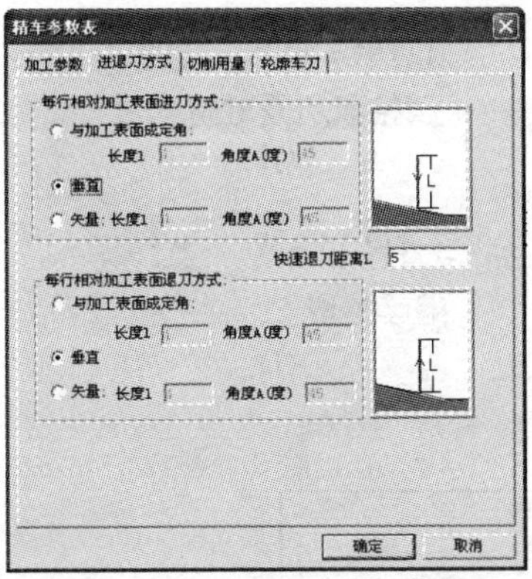

（d）

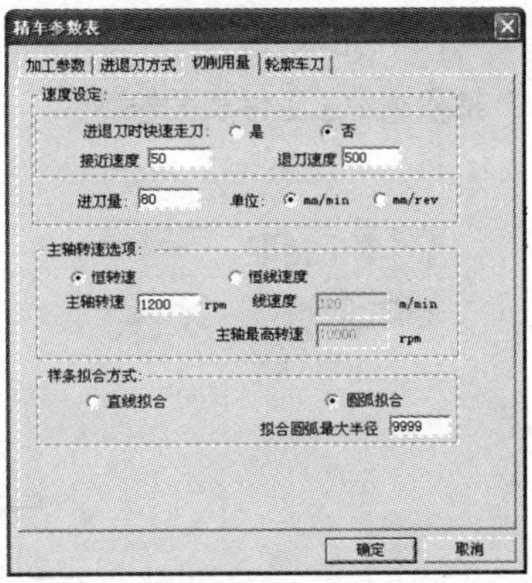

（e）

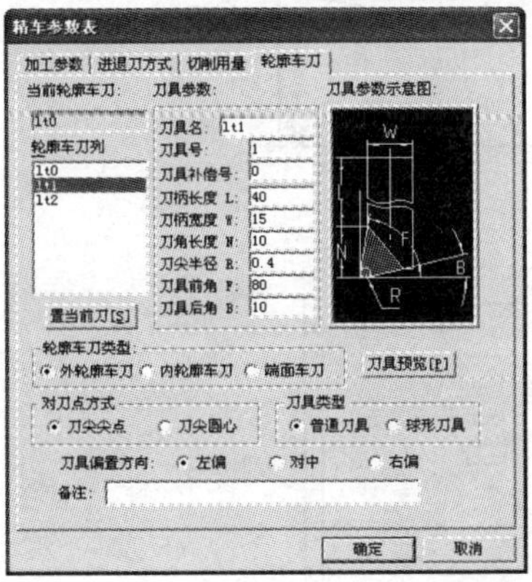

（f）

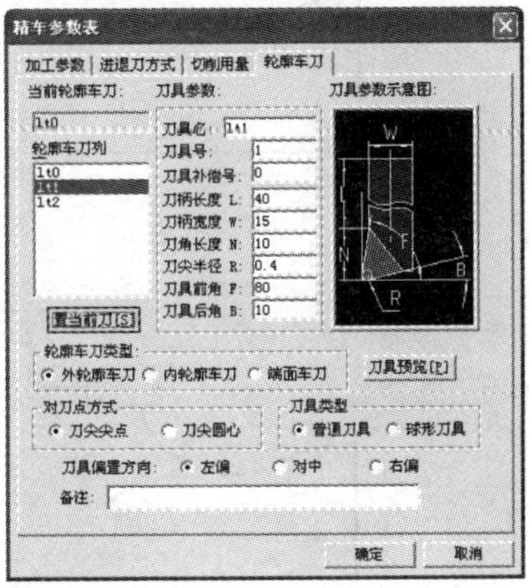

（g）

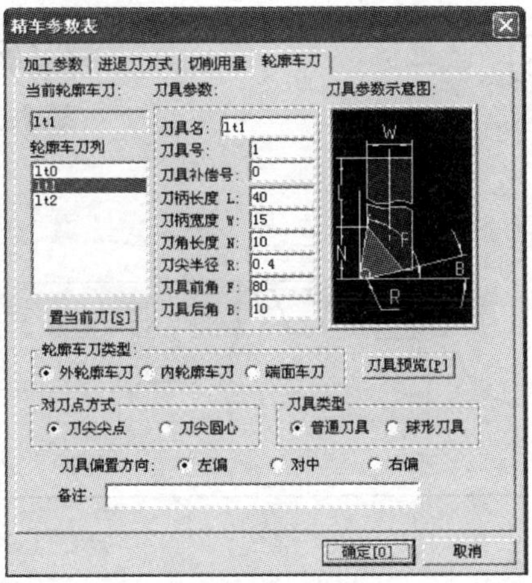

（h）

图 3-8　生成外轮廓精加工轨迹（续）

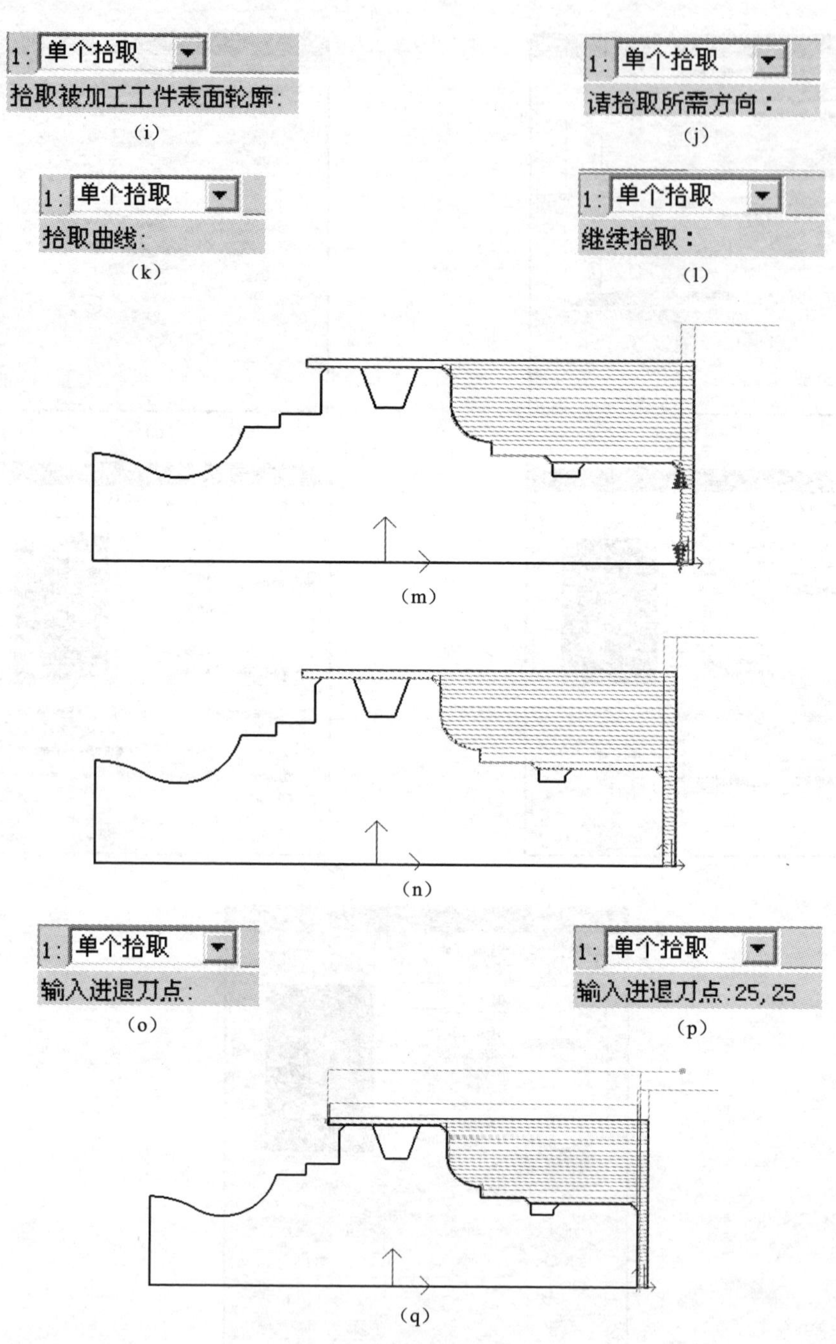

图 3-8　生成外轮廓精加工轨迹（续）

6）生成切槽加工轨迹。单击菜单【数控车】/【切槽】，弹出“切槽参数表”对话

框，有三个方面的参数需要填写，分别是切槽加工参数、切削用量和切槽刀具，如图 3-9（a)、(b）所示。同时，状态栏提示“请填写加工参数表:”，如图 3-9（c）所示，根据加工要求填写“切槽参数表”对话框中的各个参数，如图 3-9（d）～（g）所示。

然后单击“确定”按钮，状态栏上提示“拾取被加工工件表面轮廓:”，选择“单个拾取”，单击选择工件表面切槽轮廓线段。当工件表面切槽轮廓拾取结束后，右击结束拾取，如图 3-9（h)、(i)、(j）所示。

状态栏提示“输入进退刀点:”，输入“24，24”，然后按“Enter”键确认，这样就生成了工件外轮廓精加工轨迹，如图 3-9（k)、(l）所示。

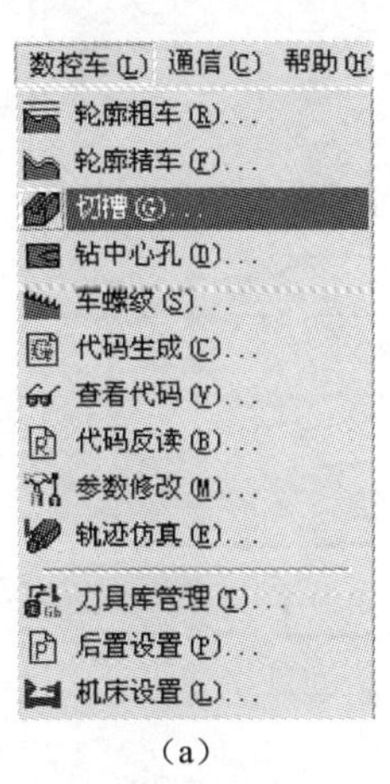

(a)

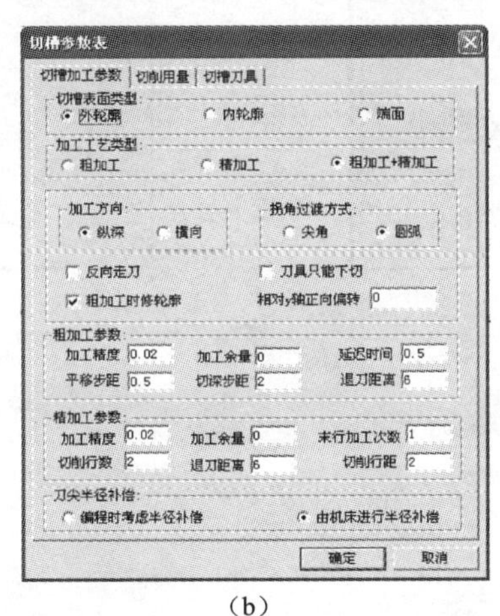

(b)

请填写加工参数表:

(c)

(d)

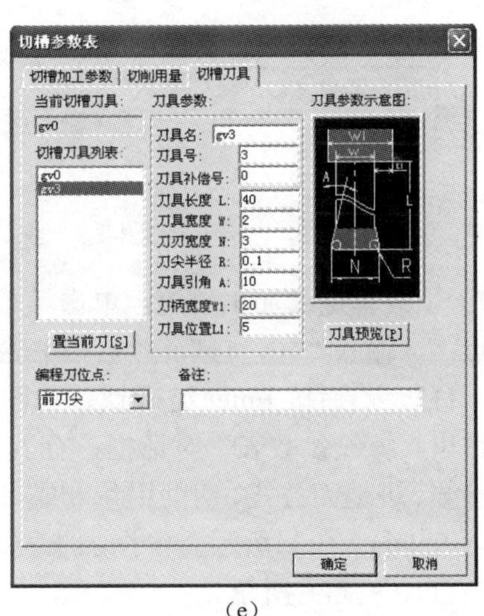

(e)

图 3-9　生成切槽加工轨迹

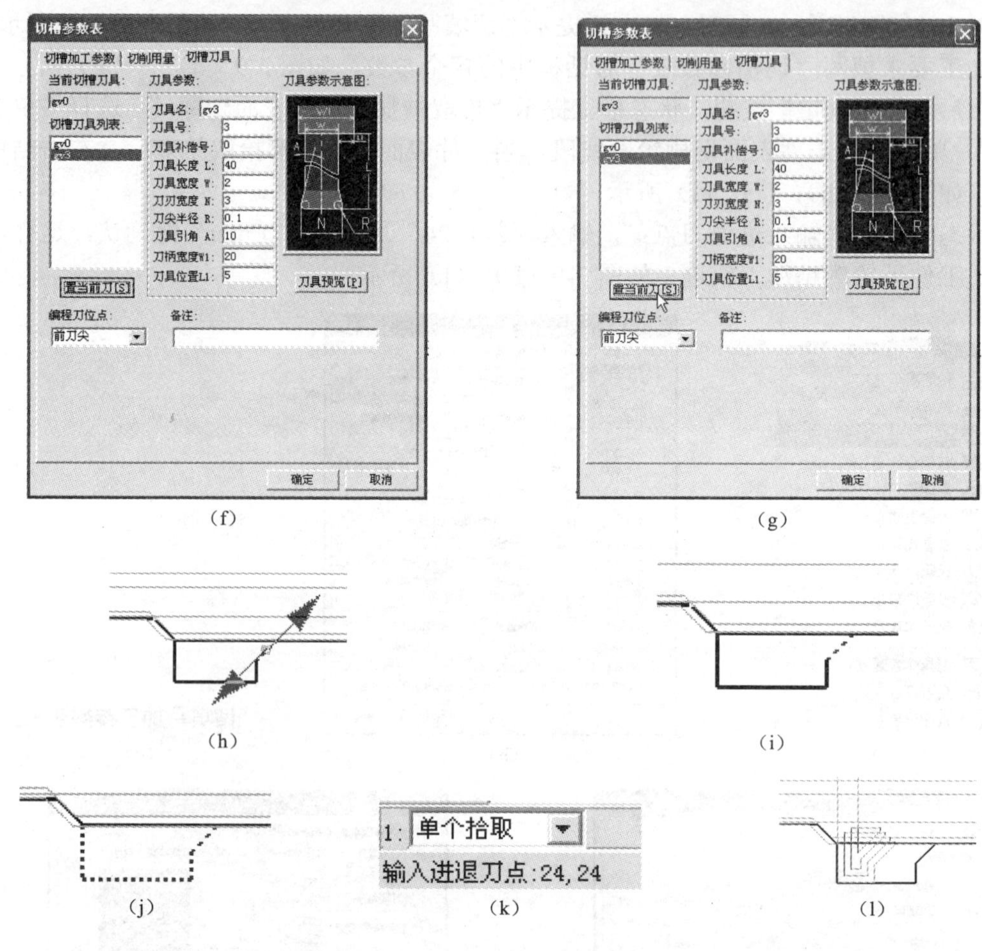

图 3-9　生成切槽加工轨迹（续）

7）生成车螺纹加工轨迹。单击菜单【数控车】/【车螺纹】，状态栏提示“拾取螺纹起始点:”，输入“10，11”，然后按 Enter 确认，状态栏又提示“拾取螺纹终点:”，输入“-23，11”，然后按 Enter 键确认，如图 3-10（a）、（b）、（c）所示。

弹出“螺纹参数表”对话框，有五个方面的参数需要填写，分别是螺纹参数、螺纹加工参数、进退刀方式、切削用量和螺纹车刀，同时，状态栏提示“请填写加工参数表:”，如图 3-9（d）、（e）所示，根据加工要求填写“螺纹参数表”对话框中的各个参数，如图 3-9（f）～（j）所示。

然后单击“确定”按钮，状态栏上提示“输入进退刀点:”，输入“28，28”，然后按 Enter 键确认，这样就生成了车螺纹加工轨迹，如图 3-10（k）、（l）所示。

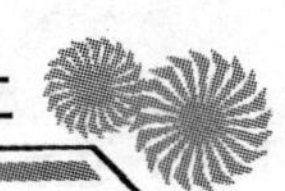

数控车(L) 通信(C) 帮助(H)
轮廓粗车(R)...
轮廓精车(F)...
切槽(G)...
钻中心孔(D)...
车螺纹(S)...
代码生成(C)...
查看代码(V)...
代码反读(B)...
参数修改(M)...
轨迹仿真(E)...
刀具库管理(T)...
后置设置(P)...
机床设置(L)...

（a）

拾取螺纹起始点：10,11

（b）

拾取螺纹终点：-23,11

（c）

螺纹参数表
螺纹参数 | 螺纹加工参数 | 进退刀方式 | 切削用量 | 螺纹车刀
螺纹类型：外轮廓 内轮廓 端面
螺纹参数：
起点坐标：X(Y): 11 Z(X): 56
终点坐标：X(Y): 11 Z(X): 23
螺纹长度 33 螺纹牙高 1.4
螺纹头数 1
螺纹节距
恒定节距 变节距
节距 2 始节距 末节距
确定 取消

（d）

请填写加工参数表：

（e）

螺纹参数表
螺纹参数 | 螺纹加工参数 | 进退刀方式 | 切削用量 | 螺纹车刀
加工工艺：粗加工 粗加工+精加工 末行走刀次数 1
螺纹总深 1.4 粗加工深度 1.4 精加工深度 0.3
粗加工参数：
每行切削用量：恒定行距 恒定切削面积 恒定行距 0.3 第一刀行距 最小行距
每行切入方式：沿牙槽中心线 沿牙槽右侧 左右交替
精加工参数：
每行切削用量：恒定行距 恒定切削面积 恒定行距 0.1 第一刀行距 0.1 最小行距 0.08
每行切入方式：沿牙槽中心线 沿牙槽右侧 左右交替
确定 取消

（f）

螺纹参数表
螺纹参数 | 螺纹加工参数 | 进退刀方式 | 切削用量 | 螺纹车刀
粗加工进刀方式：垂直 矢量：长度 角度(度) 45
粗加工退刀方式：垂直 矢量：长度 角度(度) 45
快速退刀距离 10
精加工进刀方式：垂直 矢量：长度 角度(度) 45
精加工退刀方式：垂直 矢量：长度 角度(度) 45
确定 取消

（g）

图 3-10 生成车螺纹加工轨迹

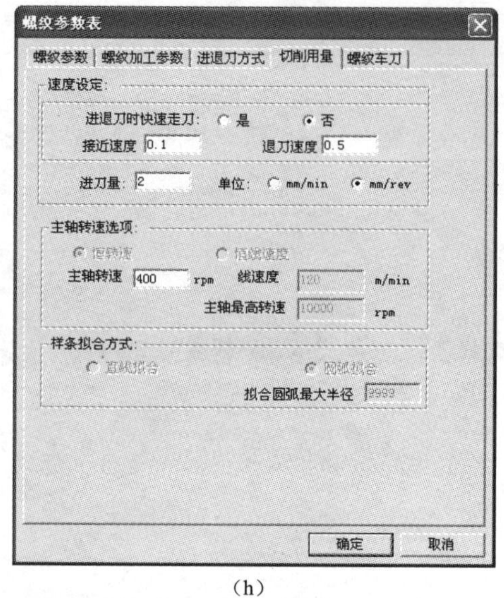

(h)

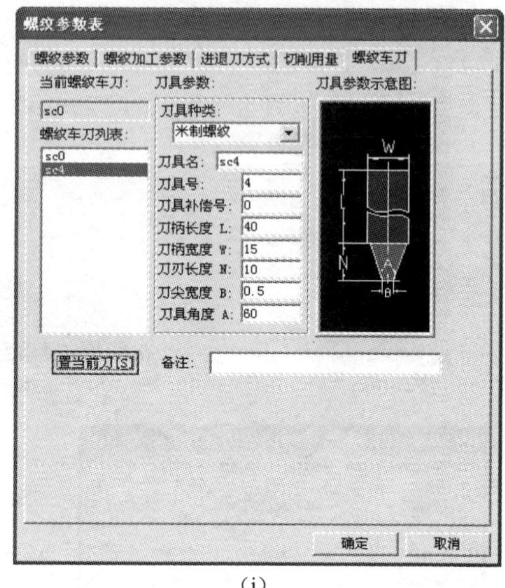

(i)

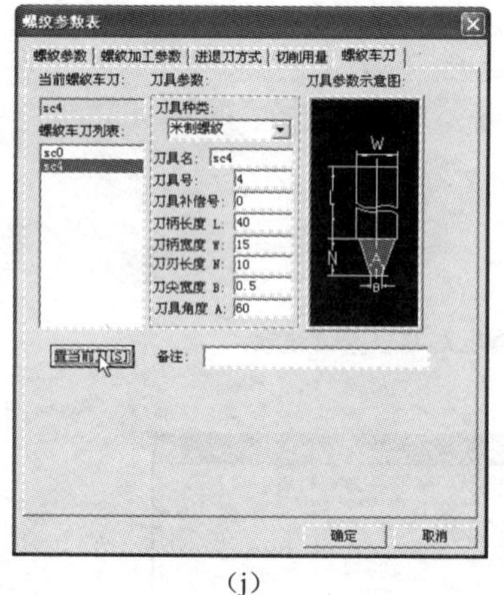

(j)

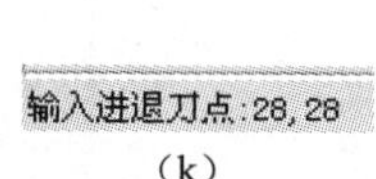

(k)

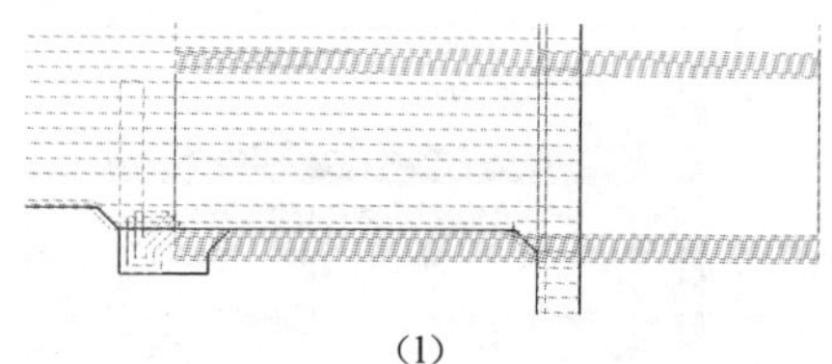

(l)

图 3-10 生成车螺纹加工轨迹（续）

8）生成数控程序，先单击菜单【数控车】/【后置设置】，弹出“后置处理设置”对话框，填写各个参数，单击“确定”按钮，完成后置处理设置，如图 3-11 所示。

然后单击菜单【数控车】/【机床设置】，弹出“机床类型设置”对话框，填写各个参数，单击“确定”按钮，完成机床类型设置，如图 3-12 所示。

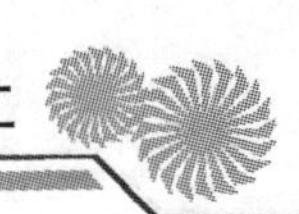

（a）　　（b）

图 3-11　后置处理设置

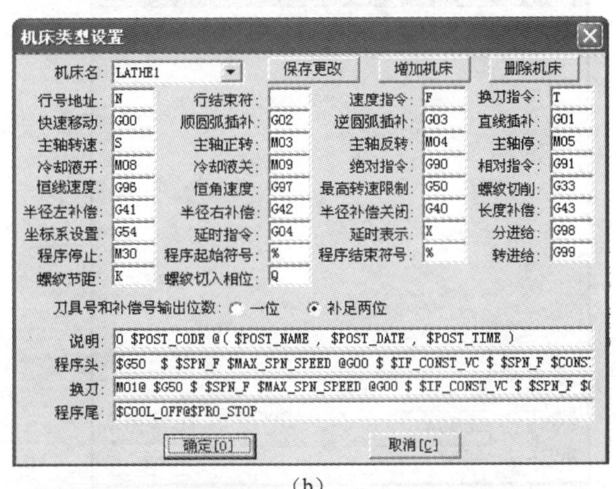

（a）　　（b）

图 3-12　机床类型设置

再单击菜单【数控车】/【代码生成】，弹出“选择后置文件”对话框，填写文件名，然后单击“确定”按钮，弹出确认创建文件的界面，单击“确定”按钮，完成后置文件的创建，文件被默认保存在 C:/CAXA/CAXALATHE/Cut 文件夹中，如图 3-13（a）～（c）所示。

状态栏提示“拾取刀具轨迹:”，单击依次选择加工轨迹。注意：一定要按加工顺序选择加工轨迹，顺序是外轮廓粗加工—外轮廓精加工—切槽—车螺纹。选择结束后，右击确认，就生成了工件右端加工数控程序，如图 3-13（f）～（h）所示。

9）将加工文件及数控程序存放至指定文件夹。

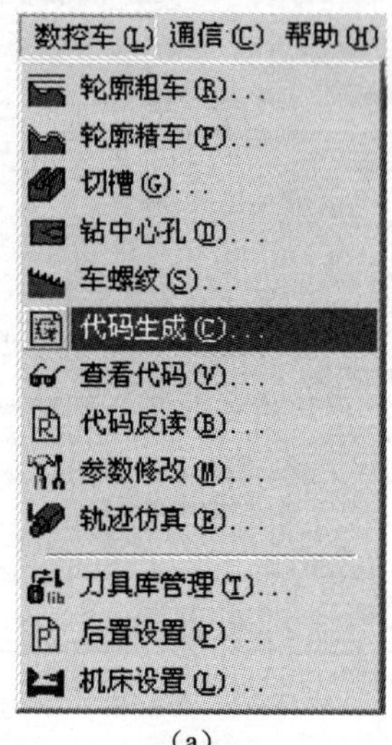

（a）

（b）

（c）

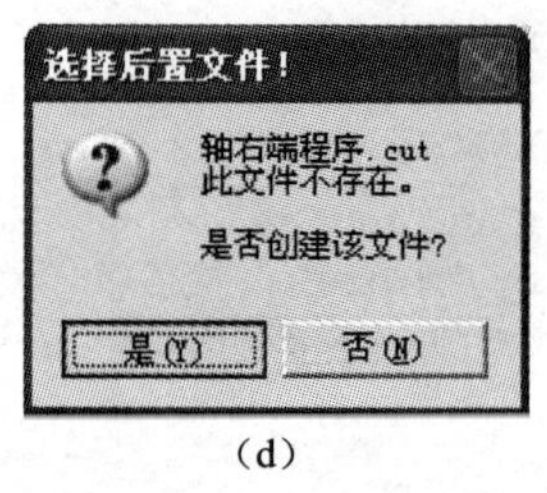

（d）

本地磁盘 (C:)
CAXA
CAXALATHE
Cut

（e）

拾取刀具轨迹!

（f）

图 3-13　生成工件右端数控程序

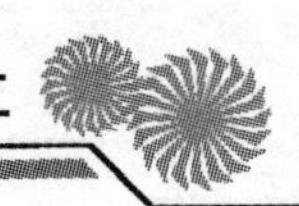

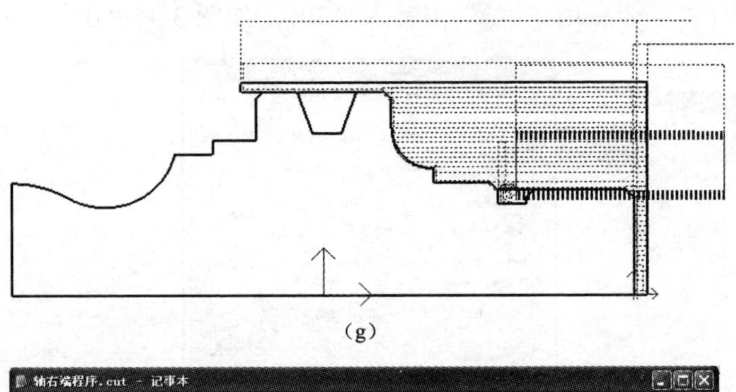

(g)

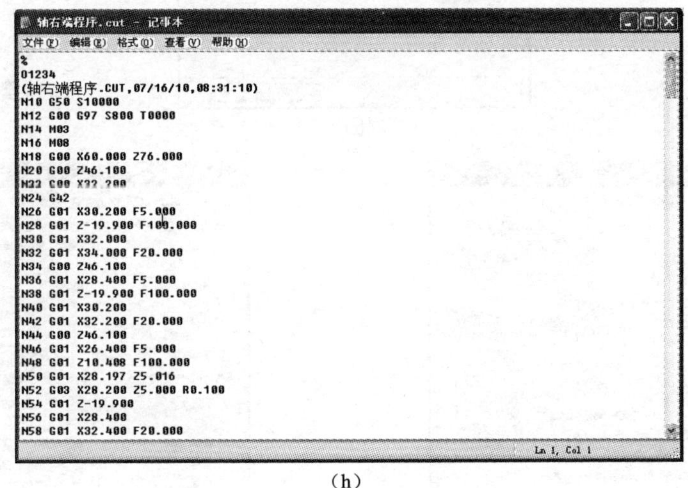

```
%
01234
(轴右端程序.CUT,07/16/10,08:31:10)
N10 G50 S10000
N12 G00 G97 S800 T0000
N14 M03
N16 M08
N18 G00 X60.000 Z76.000
N20 G00 Z46.100
N22 G00 X32.200
N24 G42
N26 G01 X30.200 F5.000
N28 G01 Z-19.900 F100.000
N30 G01 X32.000
N32 G01 X34.000 F20.000
N34 G00 Z46.100
N36 G01 X28.400 F5.000
N38 G01 Z-19.900 F100.000
N40 G01 X30.200
N42 G01 X32.200 F20.000
N44 G00 Z46.100
N46 G01 X26.400 F5.000
N48 G01 Z10.408 F100.000
N50 G01 X28.197 Z5.016
N52 G03 X28.200 Z5.000 R0.100
N54 G01 Z-19.900
N56 G01 X28.400
N58 G01 X32.400 F20.000
```


(h)

图 3-13　生成工件右端数控程序（续）

（2）加工工件的左端。

1）保存好图形文件后，再另存一个文件，把工件右端刀具轨迹删除，然后通过镜像功能，把工件掉个头，改变一下辅助线，如图 3-14 所示。

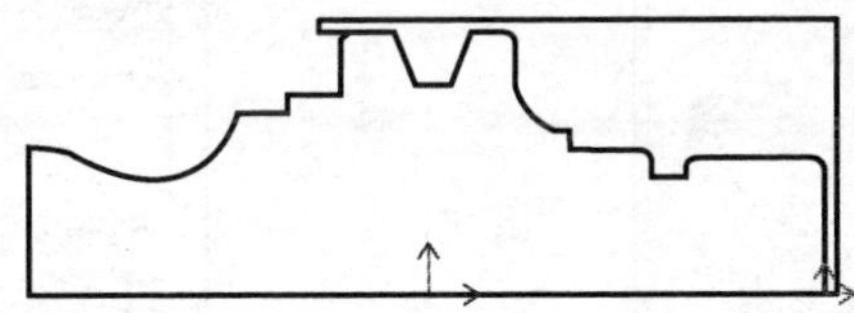

图 3-14　工件图形掉头

2）生成粗加工外轮廓加工轨迹。单击菜单【数控车】/【轮廓粗车】，弹出“粗车参数表”对话框，有四个方面的参数需要填写，分别是加工参数、进退刀方式、切削用量和轮廓车刀，如图 3-15（a）、（b）所示，同时，状态栏提示“请填写加工参数表：”，如图 3-15（c）所示，根据加工要求填写“粗车参数表”对话框中的各个参数。注意：“加工参数”选项中，“干涉后角（度）”中输入“30”，如图 3-15（d）～（i）所示。

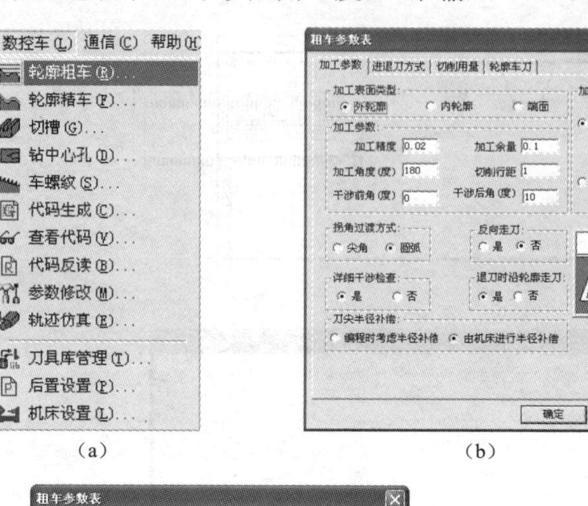

（a） （b）

请填写加工参数表:

（c）

（d） （e）

（f） （g）

图 3-15 生成外轮廓粗加工轨迹

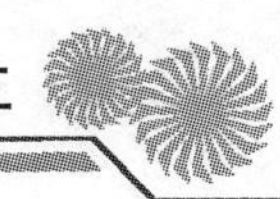

粗车参数表
加工参数 | 进退刀方式 | 切削用量 | 轮廓车刀
当前轮廓车刀: 刀具参数: 刀具参数示意图:
1t2
轮廓车刀列
1t0
1t1
1t2
刀具名: 1t2
刀具号: 2
刀具补偿号: 0
刀柄长度 L: 40
刀柄宽度 W: 15
刀角长度 N: 10
刀尖半径 R: 0.4
刀具前角 F: 80
刀具后角 B: 60
置当前刀[S]
轮廓车刀类型: 外轮廓车刀 内轮廓车刀 端面车刀
刀具预览[P]
对刀点方式: 刀尖尖点 刀尖圆心
刀具类型: 普通刀具 球形刀具
刀具偏置方向: 左偏 对中 右偏
备注:
确定 取消

（h）

粗车参数表
加工参数 | 进退刀方式 | 切削用量 | 轮廓车刀
当前轮廓车刀: 刀具参数: 刀具参数示意图:
1t2
轮廓车刀列
1t0
1t1
1t2
刀具名: 1t2
刀具号: 2
刀具补偿号: 0
刀柄长度 L: 40
刀柄宽度 W: 15
刀角长度 N: 10
刀尖半径 R: 0.4
刀具前角 F: 80
刀具后角 B: 60
置当前刀[S]
轮廓车刀类型: 外轮廓车刀 内轮廓车刀 端面车刀
刀具预览[P]
对刀点方式: 刀尖尖点 刀尖圆心
刀具类型: 普通刀具 球形刀具
刀具偏置方向: 左偏 对中 右偏
备注:
确定[O] 取消

（i）

1: 单个拾取
拾取被加工工件表面轮廓:

（j）

1: 单个拾取
请拾取所需方向：

（k）

1: 单个拾取
拾取曲线:

（l）

1: 单个拾取
继续拾取：

（m）

（n）

1: 单个拾取
拾取毛坯轮廓：

（o）

（p）

1: 单个拾取
输入进退刀点:

（q）

1: 单个拾取
输入进退刀点:30, 30

（r）

（s）

图 3-15　生成外轮廓粗加工轨迹（续）

单击“确定”按钮，状态栏上提示“拾取被加工工件表面轮廓:”，选择“单个拾取”，当选择单击工件表面轮廓第一条线段时，状态栏上提示“请拾取所需方向:”，单击选择方向，状态栏上提示“拾取曲线:”，单击选择下一条线段，状态栏上提示“继续拾取”，继续单击选择其他线段。当工件表面轮廓拾取结束后，右击结束拾取，如图 3-15（j）～（n）所示。

状态栏提示“拾取毛坯轮廓:”，按顺序单击选择毛坯轮廓的线段，右击结束拾取，如图 3-15（o）、（p）所示。

状态栏提示“输入进退刀点:”，输入“30，30”，然后按 Enter 确认，这样就生成了工件外轮廓粗加工轨迹，如图 3-15（q）～（s）所示。

3）生成精加工外轮廓加工轨迹。单击菜单【数控车】/【轮廓精车】，弹出“精车参数表”对话框，同样有四个方面的参数需要填写，分别是加工参数、进退刀方式、切削用量和轮廓车刀，如图 3-16（a）、（b）所示。同时，状态栏提示“请填写加工参数表:”，如图 3-16（c）所示，根据加工要求填写“精车参数表”对话框中的各个参数，如图 3-16（d）～（f）所示。

然后单击“确定”按钮，状态栏上提示“拾取被加工工件表面轮廓:”，选择“单个拾取”，当选择单击工件表面轮廓第一条线段时，状态栏上提示“请拾取所需方向:”，单击选择方向，状态栏上提示“拾取曲线:”，单击选择下一条线段，状态栏上提示“继续拾取”，继续单击选择其他线段。当工件表面轮廓拾取结束后，右击结束拾取，如图 3-16（g）～（k）所示。

状态栏提示“输入进退刀点:”，输入“25，25”，然后按 Enter 键确认，这样就生成了工件外轮廓精加工轨迹，如图 3-16（l）～（n）所示。

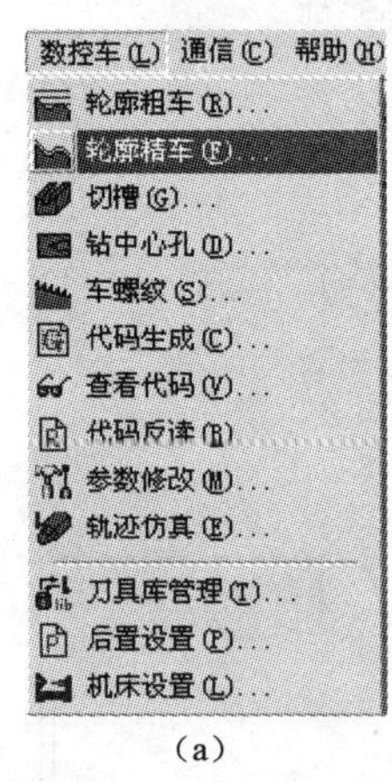

（a）

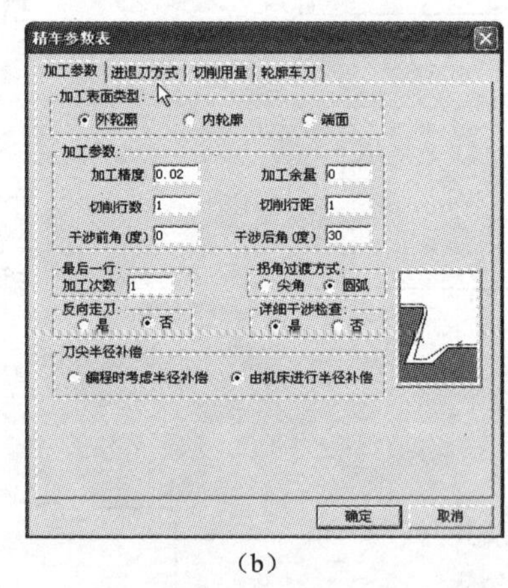

（b）

请填写加工参数表:

（c）

图 3-16　生成外轮廓精加工轨迹

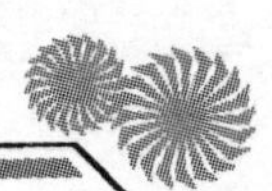

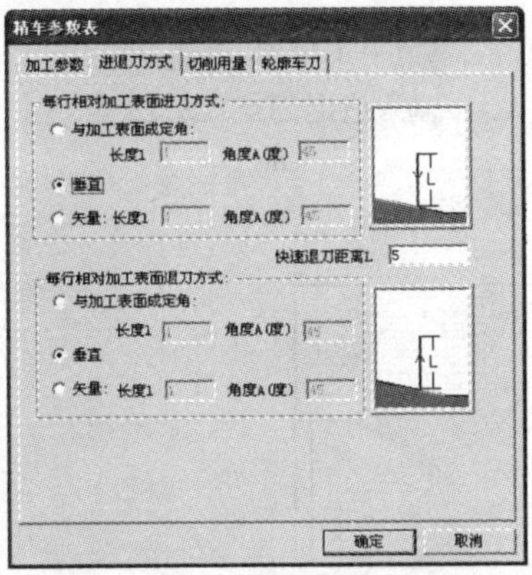

(d)

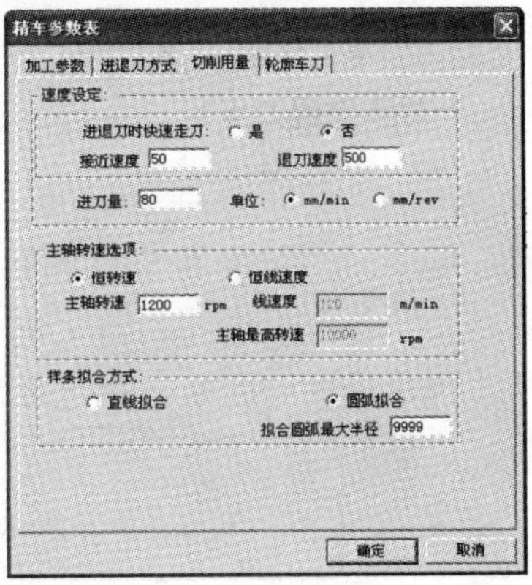

(e)

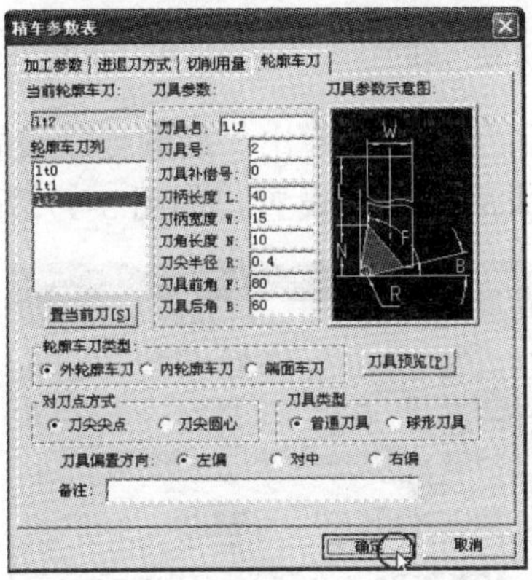

(f)

(g)

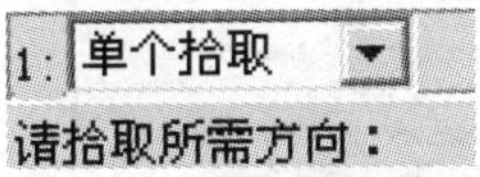

(h)

(i)

(j)

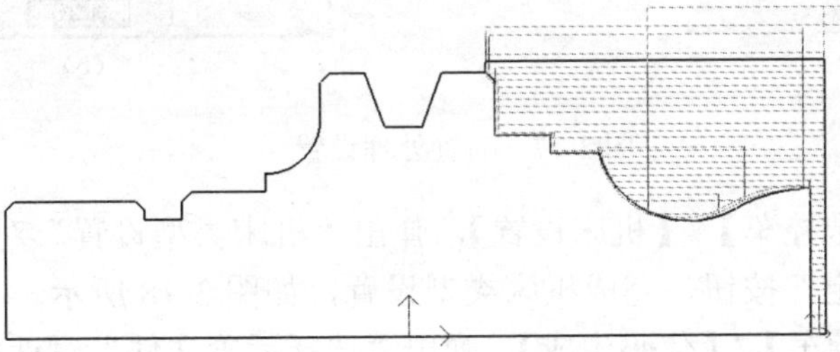

(k)

图 3-16　生成外轮廓精加工轨迹（续）

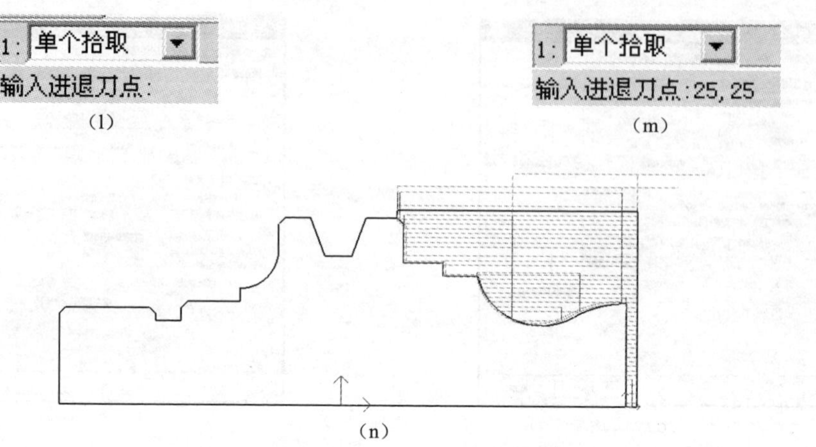

图 3-16 生成外轮廓精加工轨迹（续）

4）生成数控程序，先单击菜单【数控车】/【后置设置】，弹出“后置处理设置”对话框，填写各个参数，然后单击“确定”按钮，完成后置处理设置，如图 3-17 所示。

(a)

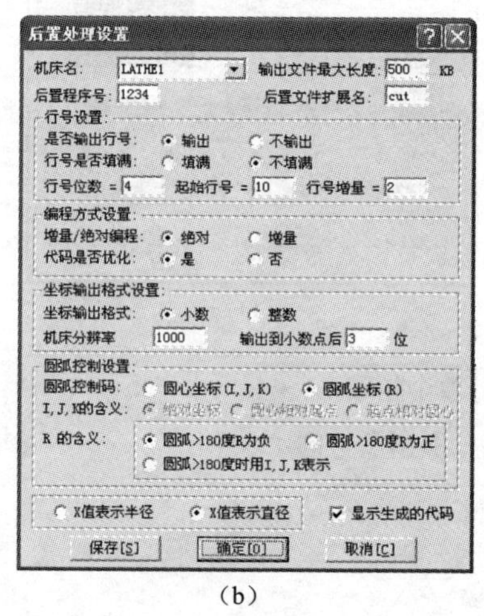

(b)

图 3-17 后置处理设置

然后单击菜单【数控车】/【机床设置】，弹出“机床类型设置”对话框，填写各个参数，然后单击“确定”按钮，完成机床类型设置，如图 3-18 所示。

再单击菜单【数控车】/【代码生成】，弹出“选择后置文件”对话框，填写文件名，然后单击“确定”按钮，弹出确认创建文件的界面，单击“确定”按钮，完成后置文件的创建，文件被默认保存在 C：/CAXA/CAXALATHE/Cut 文件夹中，如图 3-19（a）～（e）所示。

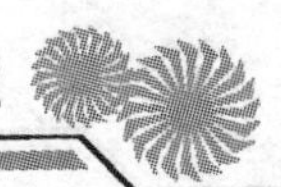

(a)

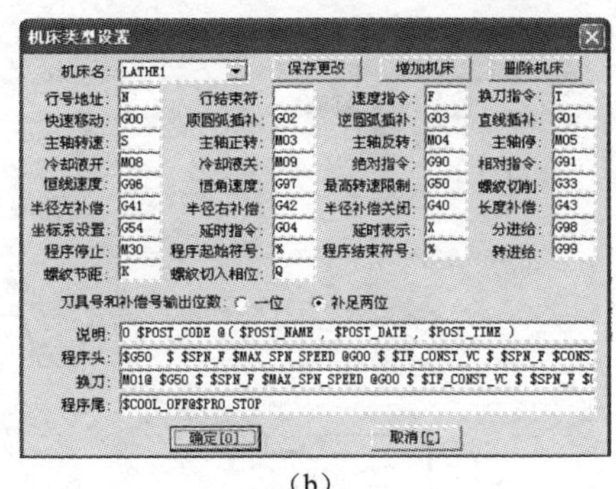

(b)

图 3-18　机床类型设置

状态栏提示“拾取刀具轨迹:”，单击依次选择加工轨迹。注意：一定要按加工顺序选择加工轨迹，顺序是外轮廓粗加工—外轮廓精加工。选择结束后，右击确认，就生成了工件右端加工数控程序，如图 3-19（f）～（h）所示。

(a)

(b)

(c)

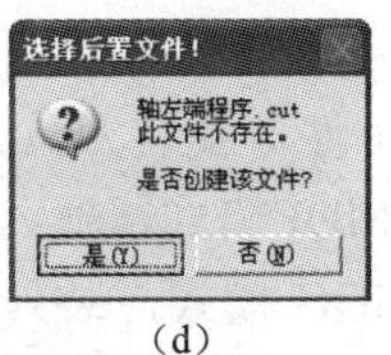

(d)

图 3-19　生成工件右端数控程序

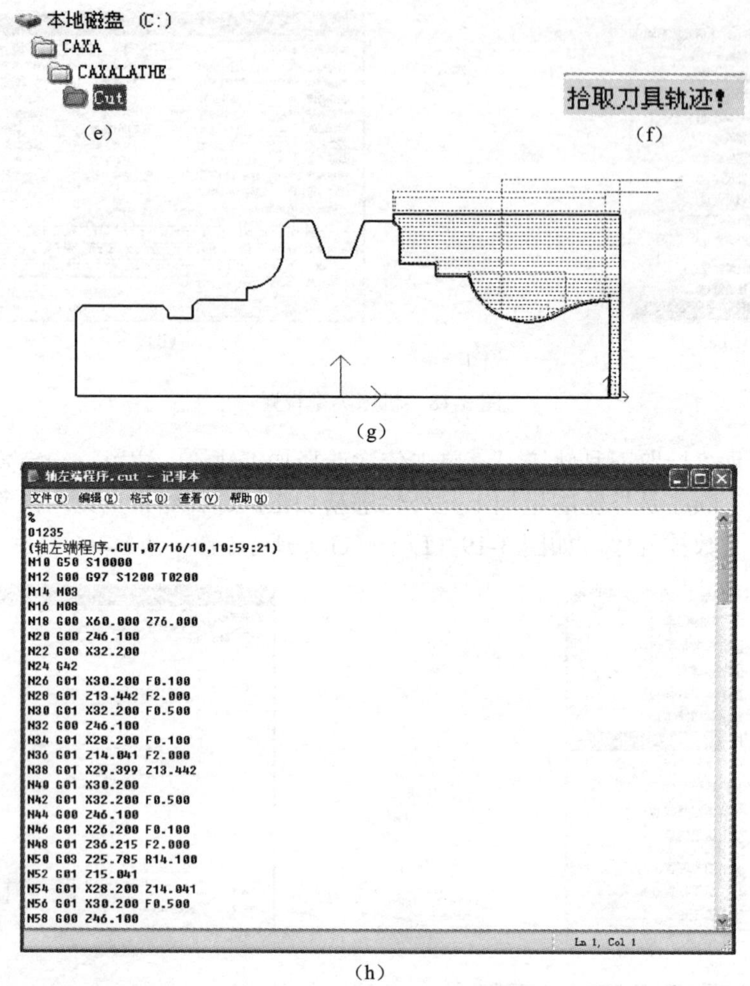

图 3-19　生成工件右端数控程序（续）

5）将加工文件及数控程序存放至指定文件夹。

3.1.3　零件加工

1）开机，*X*、*Z* 轴回参考点。

2）装夹工件，安装刀具，检查刀尖中心高度是否正确。

3）切换 MDI 模式，输入 M03 指令启动主轴，输入 T 指令选择刀具。

4）切换 JOG 模式，装入锥柄钻头，移动尾座，完成底孔加工。

5）切换 EDIT 模式，通过数据线将计算机和机床实现通信（注意传输参与双方要保持一致性），完成程序的输入。

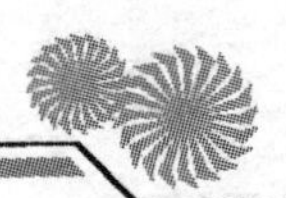

6）切换手轮模式，进行对刀，完成刀具长度补偿和建立工件坐标系工作。

7）切换 MDI 模式，校验对刀的正确性。

8）切换 MEMORY 模式，按下程序启动键，完成零件加工。

9）卸下工件和刀具，完成机床保养工作。

3.1.4 操作测评

加工完此工件后，请按照表 3-3 进行评分并得出成绩。

表 3-3 评分表

<table>
<tr><th>序号</th><th>项目</th><th colspan="2">检验内容</th><th>分值</th><th>评分标准</th><th>实测</th><th>得分</th></tr>
<tr><td>1</td><td rowspan="8">外圆</td><td rowspan="2">$\phi 58_{-0.054}^{\ 0}$ mm</td><td>尺寸公差</td><td>6</td><td>每超差 0.01mm 扣 2 分</td><td></td><td></td></tr>
<tr><td>2</td><td>Ra 值为 3.2μm</td><td>4</td><td>每降一级扣 1 分</td><td></td><td></td></tr>
<tr><td>3</td><td rowspan="2">$\phi 32_{-0.039}^{\ 0}$ mm</td><td>尺寸公差</td><td>6</td><td>每超差 0.01mm 扣 2 分</td><td></td><td></td></tr>
<tr><td>4</td><td>Ra 值为 3.2μm</td><td>4</td><td>每降一级扣 1 分</td><td></td><td></td></tr>
<tr><td>5</td><td rowspan="2">$\phi 44_{-0.046}^{\ 0}$ mm</td><td>尺寸公差</td><td>6</td><td>每超差 0.01mm 扣 1 分</td><td></td><td></td></tr>
<tr><td>6</td><td>Ra 值为 3.2μm</td><td>4</td><td>每降一级扣 1 分</td><td></td><td></td></tr>
<tr><td>7</td><td rowspan="2">$\phi 40_{-0.046}^{\ 0}$ mm</td><td>尺寸公差</td><td>6</td><td>每超差 0.01mm 扣 2 分</td><td></td><td></td></tr>
<tr><td>8</td><td>Ra 值为 3.2μm</td><td>4</td><td>每降一级扣 1 分</td><td></td><td></td></tr>
<tr><td>9</td><td rowspan="7">长度</td><td colspan="2">19mm</td><td>6</td><td>每超差 0.01mm 扣 2 分</td><td></td><td></td></tr>
<tr><td>10</td><td colspan="2">28mm</td><td>6</td><td>每超差 0.01mm 扣 2 分</td><td></td><td></td></tr>
<tr><td>11</td><td colspan="2">34mm</td><td>6</td><td>每超差 0.01mm 扣 2 分</td><td></td><td></td></tr>
<tr><td>12</td><td colspan="2">19mm</td><td>6</td><td>每超差 0.01mm 扣 2 分</td><td></td><td></td></tr>
<tr><td>13</td><td colspan="2">6mm</td><td>6</td><td>每超差 0.01mm 扣 2 分</td><td></td><td></td></tr>
<tr><td>14</td><td colspan="2">5mm</td><td>6</td><td>每超差 0.01mm 扣 2 分</td><td></td><td></td></tr>
<tr><td>15</td><td colspan="2">34mm</td><td>6</td><td>每超差 0.01mm 扣 2 分</td><td></td><td></td></tr>
<tr><td>16</td><td rowspan="3">槽</td><td rowspan="2">槽一</td><td>4</td><td>2</td><td>每降一级扣 1 分</td><td></td><td></td></tr>
<tr><td>17</td><td>40°</td><td>2</td><td>每超差 0.01mm 扣 2 分</td><td></td><td></td></tr>
<tr><td>18</td><td>槽二</td><td>4×2</td><td>4</td><td>每超差 0.01mm 扣 2 分</td><td></td><td></td></tr>
<tr><td>19</td><td>螺纹</td><td colspan="2">M30×1.5－6G</td><td>4</td><td>超差不得分</td><td></td><td></td></tr>
<tr><td>20</td><td rowspan="3">圆弧</td><td colspan="2">R6mm</td><td>1</td><td>超差不得分</td><td></td><td></td></tr>
<tr><td>21</td><td colspan="2">R10mm</td><td>1</td><td>超差不得分</td><td></td><td></td></tr>
<tr><td>22</td><td colspan="2">R16mm</td><td>1</td><td>超差不得分</td><td></td><td></td></tr>
<tr><td>23</td><td>倒角</td><td colspan="2">C1（3 处）</td><td>3</td><td>每处超差不得分</td><td></td><td></td></tr>
<tr><td>24</td><td>文明生产</td><td colspan="4">发生重大安全事故取消加工资格；每违反一项规定，总分扣除 5 分</td><td></td><td></td></tr>
<tr><td>25</td><td>其他项目</td><td colspan="4">工件不完整，局部有缺陷（如夹伤、划痕等），酌情扣分</td><td></td><td></td></tr>
<tr><td>26</td><td>程序编制</td><td colspan="4">程序中严重违反工艺规程的取消加工资格；其他问题酌情扣分</td><td></td><td></td></tr>
<tr><td>合计</td><td colspan="7"></td></tr>
</table>

3.1.5 相关知识

1. 自动编程的基础知识

（1）自动编程的定义

自动编程又称为计算机辅助编程。其定义：利用计算机（含外围设备）和相应的前置、后置处理程序对零件源程序或几何造型进行处理，以得到加工程序和数控工艺文件的一种编程方法。

（2）自动编程的种类

自动编程根据编程信息的输入与计算机对信息的处理方式不同，可分为以语言处理为基础的语言编程方式（ATP）、以计算机绘图为基础的图形交互编程方式（CAD/CAM）和以人机对话为基础的会话编程方式（WOP）等，其中图形交互编程方式和会话编程方式是当今数控编程发展的方向，而语言编程方式在当今数控编程中已很少使用了。

（3）图形交互式自动编程的操作步骤

1）零件图及加工工艺分析。零件图及加工工艺分析是数控编程的基础，这项工作的主要任务有核准零件的几何尺寸、公差及精度要求，确定零件相对机床坐标系的装夹位置以及被加工部位所处的坐标平面，选择刀具并准确测定刀具的有关尺寸，确定工件坐标系、编程零点，找正基准面及对刀点，确定加工路线，选择合理的工艺参数。

2）绘制轮廓曲线或几何造型。几何造型就是利用 CAD/CAM 软件中的二、三维绘图功能将零件所需加工部位的几何图形准确地绘制出来，并在计算机上形成相应的零件图形数控文件。

3）形成刀具路径轨迹。图形交互自动编程的过程如下：首先启动自动编程软件的 CAM 功能模块，然后选择相应的图形目标，输入加工所需的各种参数；软件自动将其转换成刀位数据，存入指定的刀位文件夹中或直接进行后置处理生成数控加工程序，同时在屏幕上显示出刀位轨迹图形。

4）后置处理。后置处理的目的是形成数控指令文件，这些文件即数控加工程序。因此，后置处理是自动编程的最终目的。

5）程序校验。图形交互编程方式生成的程序可调用 CAD/CAM 所提供的加工仿真模块进行程序的校验，编程人员可根据具体要求选择相应的或全部的刀位轨迹进行检查，编程人员可观察到实体加工仿真，刀具的实际加工情况以及是否发生刀具干涉现象。

6）程序传输。由于图形交互自动编程软件在编程过程中可在计算机内自动形成刀位轨迹图形文件和数控指令文件，所以程序的输出也可通过计算机的各种外部设备进行。对于有标准通信接口的机床，可用通信线与计算机直接相连，实现计算机与机床控制系统的程序相互传输。

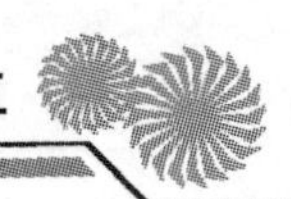

2. 数控车自动编程软件介绍

自动编程软件种类很多，地区不同，使用的 CAD/CAM 软件也不尽相同。当前，我国数控车加工中常用的自动编程软件主要有 CAXA 数控车、Master CAM 数控车和 UG 数控车等。

（1）CAXA 数控车

CAXA 软件是我国北航海尔软件有限公司自行研制开发的面向数控车床、数控铣床及加工中心的三维 CAD/CAM 软件。CAXA 数控车软件是专为数控车床设计的自动化编程软件，能根据不同的数控系统生成各种数控车床的复合循环编程指令。该软件为全中文界面，操作简单方便，其操作界面如图 3-20 所示。

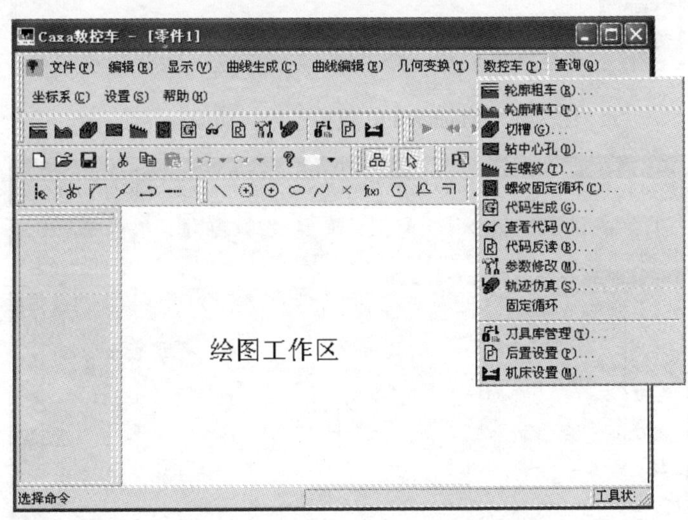

图 3-20　CAXA 数控车床自动编程界面

（2）Mastercam 数控车软件

Mastercam 软件是由美国 CNC Software 公司开发的基于 PC 平台的集二维绘图、三维曲面设计、体素拼合、数控编程、刀具路径模拟及真实模拟功能于一体的 CAD/CAM 软件。Mastercam 数控车也是专为数控车床设计的自动化编程软件，具有各种车床数控系统的自动化编程能力，能生成粗车、精车、切槽、螺纹加工等各种复合循环指令。该软件具有英文及汉化的中文界面，操作简单方便，其操作界面如图 3-21 所示。

（3）UG NX 数控车软件

UG NX 软件源于麦道飞机制造公司，该软件是集成化的 CAD/CAE/CAM 系统，是当前国际、国内最为流行的工业设计平台。UG NX 数控车是该软件中 CAM 模块的一个子模块，其操作界面如图 3-22 所示。

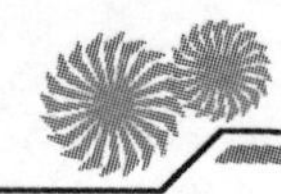

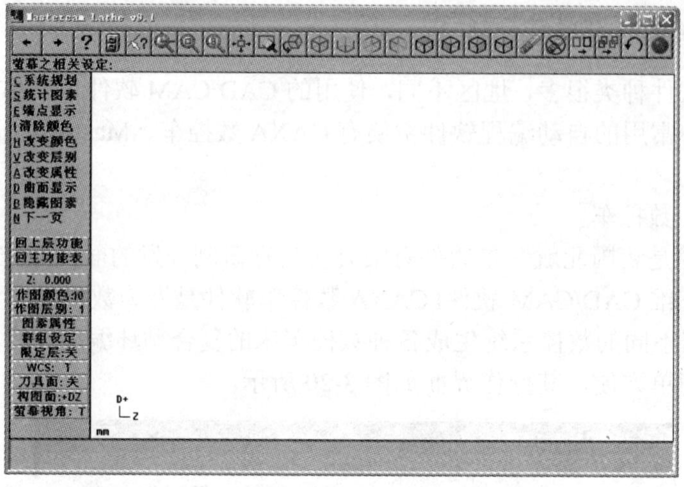

图 3-21　Mastercam 数控车床自动编程界面

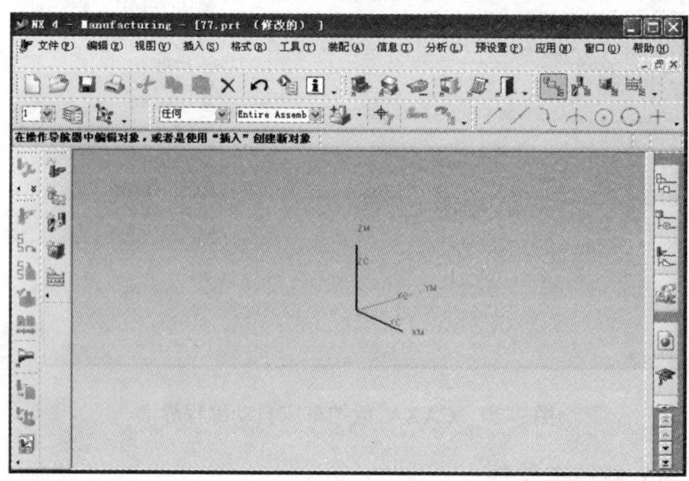

图 3-22　UG NX 数控车床自动编程界面

3. 常见数控通信方式

（1）串口线路的连接

在计算机与数控铣床的 CNC 之间进行程序传输，采用的是 9 芯串行接口与 25 芯串行接口，其串行接口的接插件如图 3-23 所示。其中 9 孔的串行接口与计算机的 COM1 或 COM2 相连；25 针串行接口与数控铣床的通信接口相连。9 孔串行接口与 25 针串行接口的编号如图 3-24 所示，它们的连接方式为 9–2 与 25–2、9–3 与 25–3、9–5 与 25–7，用屏蔽电缆线相连；另外，25–4 与 25–5 短接，25–6 与 25–8、25–20 三者短接。

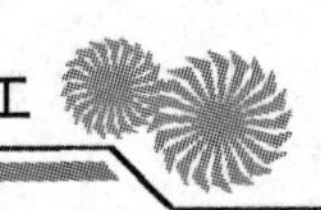

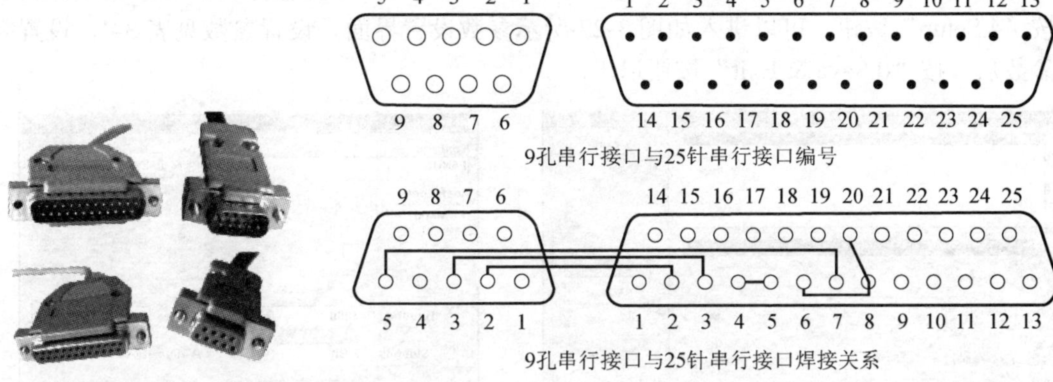

图 3-23　串口接口的接插件　　　　图 3-24　串口线路的连接方法

（2）DNC 传输软件参数的设置

用于数控机床的 DNC 传输软件现在比较多，但许多传输软件必须在 DOS 状态下使用，使用时不太方便。可以用 Master CAM V9.0 中自带的 CNC-EDIT 软件进行传输，该软件是一个独立的模块，可以分离出来单独使用。该软件可以在 Windows 任何版本下使用，并且可以进行一对一、一对多的 DNC 传输。其操作界面如图 3-25 所示。

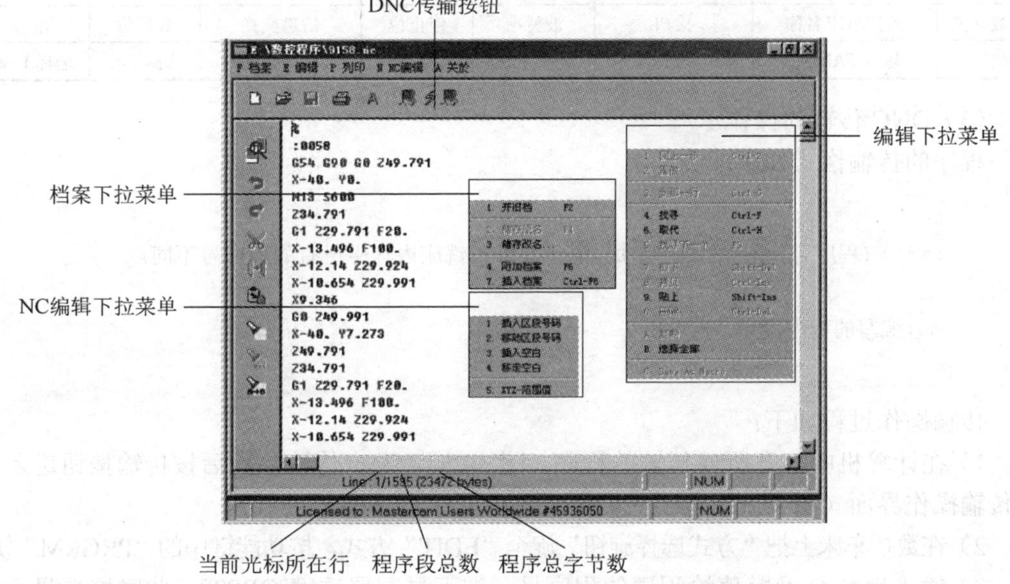

图 3-25　CNC-EDIT 传输软件操作界面

在操作界面中可以编辑程序或打开已有的程序（程序后缀名为．NC）。传输时，按

图 3-25 中的 DNC 传输按钮即可进入如图 3-26 所示 DNC 传输操作界面。在该界面中按“4.Setup”按钮，可以进入如图 3-27 所示参数设置界面，设置参数见表 3-4，设置完参数后，按“0.Save & Exit”按钮退出。

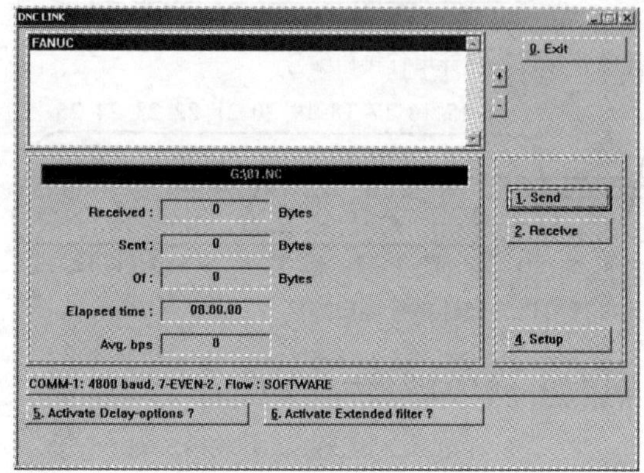

图 3-26　DNC 传输操作界面

图 3-27　参数设置界面

表 3-4　参数设置说明

参数名称	Name	Comm port	Baud rate	Stop bits	Handshake	Data bits	Parity
参数含义	数控机床名称	接口	波特率	停止位	信息交换	数据位	校验
参数设置	输入 FANUC	选择 COMM−01	选择 4800	选择 2 bit	选择 Software	选择 7 bit	选择 Even

（3）DNC 传输的操作

程序的传输格式如下：

```
%
:××××（程序号，由四位数字组成，必须与数控铣床内存中已有的程序号不同）
......
......（编写的程序段）
%
```

传输操作过程如下：

1）在计算机中打开所要传输的程序（图 3-25），设定传输参数后按传输按钮进入程序传输操作界面（图 3-26），再按下图 3-26 中的“1．Send”按钮。

2）在数控车床上把“方式选择旋钮”旋至“EDIT”方式，按功能键中的“PRGRM”键。

3）输入地址 O 及赋值给程序的程序号，按下显示屏软键[OPRT]，此时屏幕显示如图 3-28 所示。

4）按下屏幕软键[READ]和[EXEC]，程序被输入，此时的传输界面如图 3-29 所示。在传输过程中按图 3-28 中[STOP]对应的“软键”将停止程序的传输。

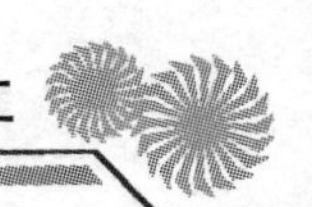

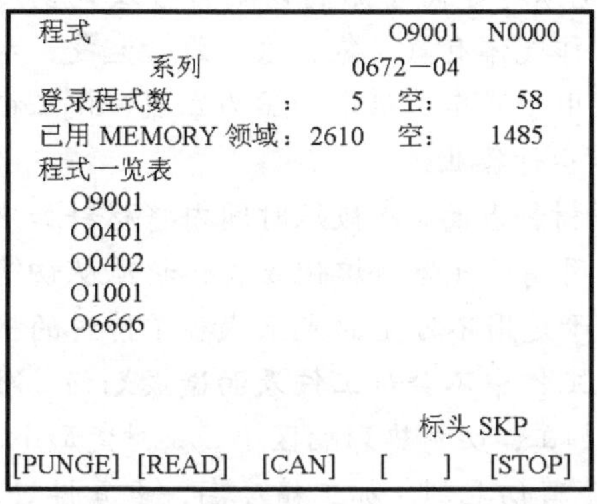

图 3-28　程序传输时的显示屏显示

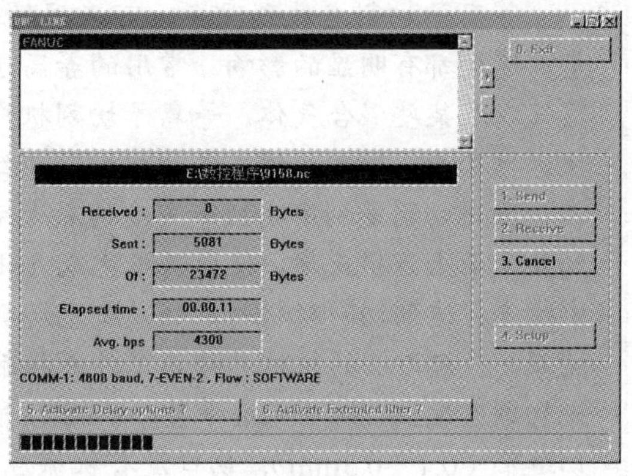

图 3-29　程序传输时的软件界面显示

3.1.6　注意事项

1）图形绘制时要考虑尺寸的公差，一般要取中间尺寸作为画图的依据。

2）软件上坐标的建立必须与机床上对刀后所建立的工件坐标系一致，否则将无法完成加工任务。

3）由于自动编程程序复杂，内容繁多，基本不可能人为地逐条检查，所以可以用仿真软件进行程序的验证。

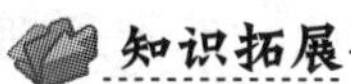

知识拓展

激光切割机与数控等离子切割机的区别

激光切割机作为一种新型的工具目前越来越成熟地运用到各种行业，包含激光切割机、激光雕刻机、激光打标机等。激光的能量以光的形式集中成一条高密度的光束，光束传递到工作表面，产生足够的热量，使材料熔化，加之与光束同轴的高压气体直接除去熔化金属，从而达到切割的目的。这说明激光切割加工同机床的机械加工有着本质的区别。它是利用从激光发生器发射出的激光束，经光路系统，聚焦成高功率密度的激光束照射条件。激光热量被工件材料吸收，工件温度急剧上升，到达沸点后，材料开始汽化并形成孔洞，伴随高压的气流，随着光束与工件发生相对位置的移动，最终使材料形成切缝。切缝时的工艺参数（切割速度，激光器功率、气体压力等）及运动轨迹均由数控系统控制，割缝处的熔渣被一定压力的辅助气体吹除。

数控等离子切割机是一种新型的热切割设备，其工作原理是利用高温等离子电弧的热量使工件切口处的金属局部熔化，并借高速等离子的动量排除熔融金属以形成切口的一种加工方法。

等离子切割发展到现在，可采用的工作气体对等离子弧的切割特性及切割质量、速度都有明显的影响。常用的等离子弧工作气体有氩、氢、氮、氧、空气、水蒸气以及某些混合气体。等离子切割机广泛运用于汽车、机车、压力容器、化工机械、核工业、通用机械、工程机械、钢结构等各行各业。

激光切割是利用高功率密度的激光束扫描材料表面，在极短时间内将材料加热到几千至上万摄氏度，使材料熔化或气化，再用高压气体将熔化或气化物质从切缝中吹走，达到切割材料的目的。激光切割，由于是用不可见的光束代替了传统的机械刀，激光刀头的机械部分与工件无接触，在工作中不会对工件表面造成划伤；激光切割速度快，切口光滑平整，一般无须后续加工；切割热影响区小，板材变形小，切缝窄（0.1～0.3mm）；切口没有机械应力，无剪切毛刺；加工精度高，重复性好，不损伤材料表面；采用数控编程，可加工任意的平面，可以对幅面很大的整板进行切割，无须开模具，经济省时。

思考与练习

一、填空题

1．后置处理的目的是形成________，这些文件即________。因此，后置处理是________的最终目的。

2．当前，我国数控车加工中常用的自动编程软件主要有________、________和________等。

二、判断题

1．CAXA 数控车软件是专为数控车床设计的自动化编程软件，能根据不同的数控系统生成各种数控车床的复合循环编程指令。（　　）

2．用于数控机床的 DNC 传输软件现在比较多，但许多传输软件必须在 DOS 状态下使用，使用不太方便。（　　）

三、简答题

1．什么是自动编程？自动编程有何特点？

2．自动编程分哪几类？图形交互式自动编程的操作步骤有哪些？

3．我国数控车加工中常用的自动编程软件主要有哪些？各有何特点？

4．数控机床传输用的传输线是如何连接的？

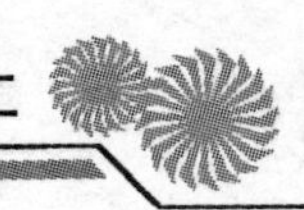

5．试采用自动编程方式编写如题图 3-1 所示工件的加工程序，将程序用计算机传输方式输入数控系统并进行加工。

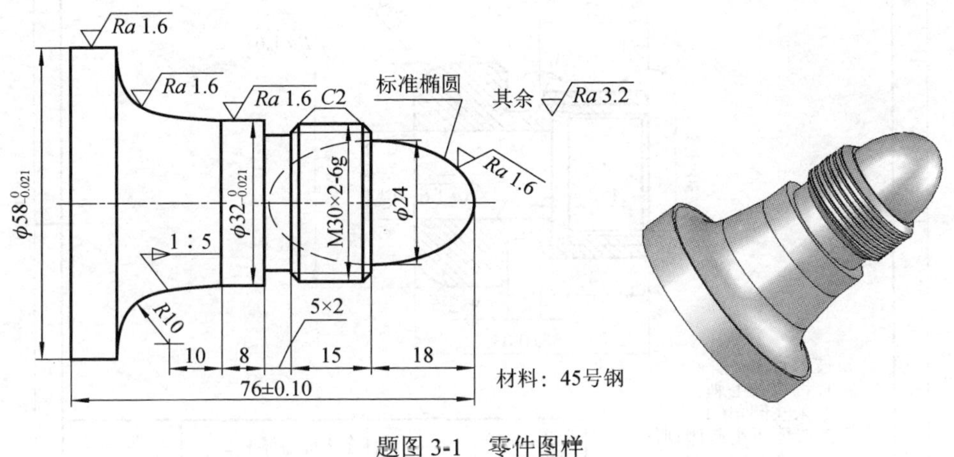

题图 3-1　零件图样

任务 3.2　综合零件 2 的自动编程与加工

任务描述

本任务要加工的零件是一个由外圆沟槽、外圆圆弧、内螺纹和内沟槽等组成的综合型零件（图 3-30）。我们将在任务 3.1 的基础上，通过自动编程软件完成该任务加工程序的编制，从而了解并掌握内轮廓自动编程的基本步骤和使用方法。

任务目标

1．熟练掌握自动编程的方法。
2．掌握内轮廓编程的技巧。
3．完成零件程序的生成和加工。

图 3-30　综合零件

3.2.1　工艺分析

1．图样分析

零件如图 3-31 所示。

图样分析略（按前面项目任务图样分析的方法完成图样分析）。

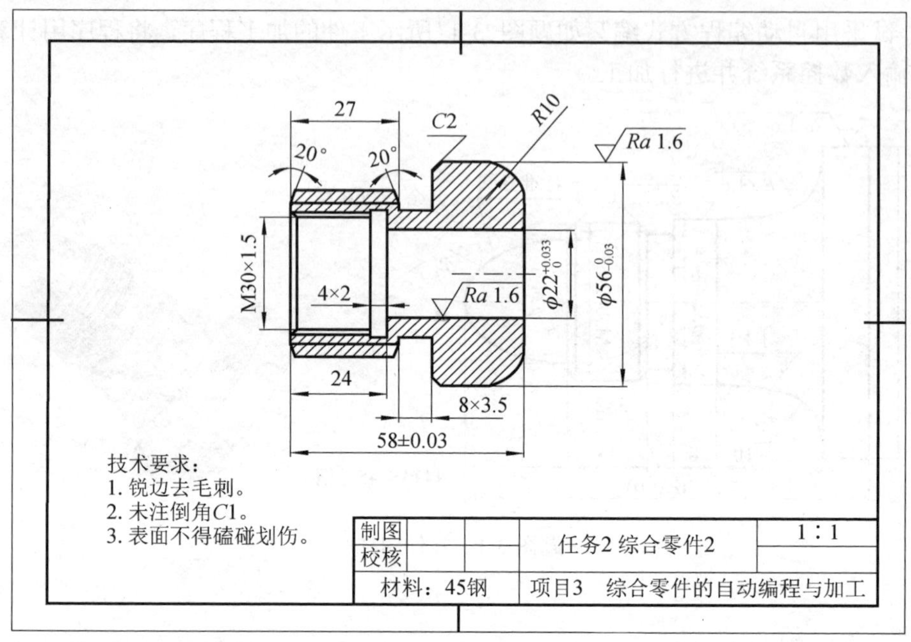

图 3-31 零件图

2. 工艺编制

该任务零件先夹持左端毛坯外圆，完成右端外圆和通孔加工，然后掉头完成左端内孔、内沟槽和内螺纹的加工。参照前面项目工艺编写的过程，自行完成加工工艺过程表 3-5、表 3-6 的填写。

表 3-5 综合零件 2 数控车加工工艺过程

<table>
<tr><td colspan="2">设备名称</td><td>设备型号</td><td>夹具名称</td><td>零件名称</td><td colspan="3">零件图号</td><td colspan="2">材料</td></tr>
<tr><td colspan="2">数控车</td><td>CK6140</td><td>三爪自定心卡盘</td><td>综合零件 1</td><td colspan="3">图 3-31</td><td colspan="2">45 钢</td></tr>
<tr><td rowspan="2">序号</td><td rowspan="2">名称</td><td rowspan="2">工序内容</td><td colspan="3" rowspan="2">工序示意图</td><td colspan="4">切削用量</td></tr>
<tr><td>刀具</td><td>转速 S /（r/min）</td><td>进给速度 F/（mm/r）</td><td>切削深度/mm</td></tr>
<tr><td></td><td></td><td></td><td colspan="3"></td><td></td><td></td><td></td><td></td></tr>
<tr><td></td><td></td><td></td><td colspan="3"></td><td></td><td></td><td></td><td></td></tr>
<tr><td></td><td></td><td></td><td colspan="3"></td><td></td><td></td><td></td><td></td></tr>
<tr><td></td><td></td><td></td><td colspan="3"></td><td></td><td></td><td></td><td></td></tr>
<tr><td></td><td></td><td></td><td colspan="3"></td><td></td><td></td><td></td><td></td></tr>
</table>

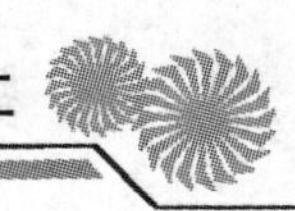

表 3-6　回转轴套数控车加工刀具卡

序号	刀具号	刀具名称	刀具规格	刀片规格	加工表面	备注
1	T01	95° 外圆车刀	MWLNR2525K08	WNMG080404	外圆、端面	
2	T04	外圆沟槽刀	GDAR2525M300-10	GE25D300N040-FF	外圆沟槽	
3	T02	内孔镗刀	S16Q-SCLCR09	CCMT09T304HQ	内孔	
4	T03	内螺纹刀	SNR1620Q16	16NR1.5ISO	内螺纹	

3.2.2　程序编制

根据软件的特点，只要画出图形的上半部分，注意把坐标系原点放在工件图形长度方向的中心处的轴线上，便于后面的操作，而且去除部分中间线，只要外框线，如图 3-32 所示。

1）加工工件的右端（按任务 3.1 方法进行编制，具体过程略），如图 3-33 所示。

图 3-32　造型　　　　图 3-33　工件右端

2）设置用户坐标系，方法同任务 3.1。

3）刀具的设置，单击菜单【数控车】/【刀具库管理】，弹出“刀具库管理”对话框，刀具的设置同任务 3.1，需新设置钻头、圆弧刀、内切槽刀、镗刀和内螺纹刀等刀具，如图 3-34 所示。

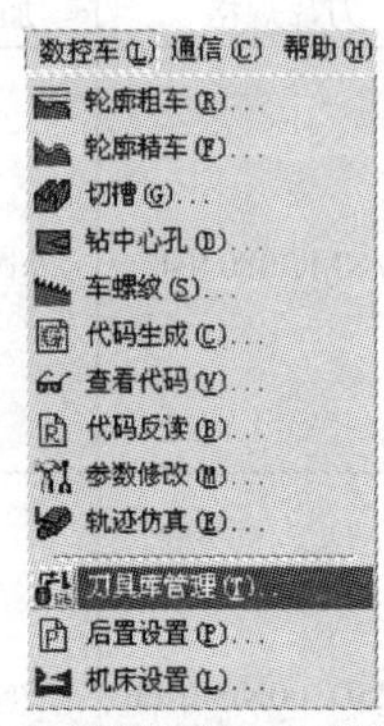

（a）“数控车”下拉菜单

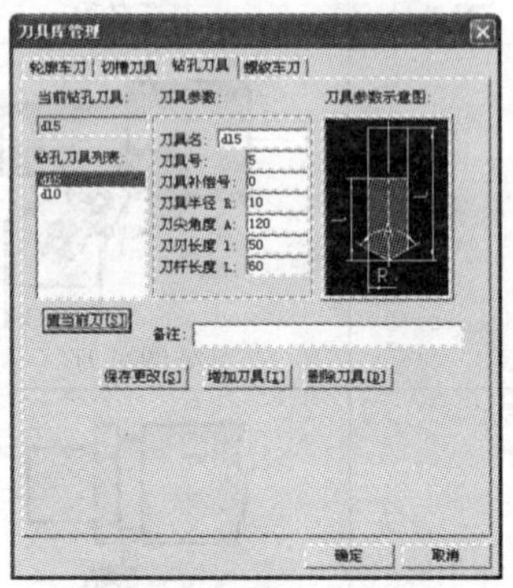

（b）刀具“钻头”的设置

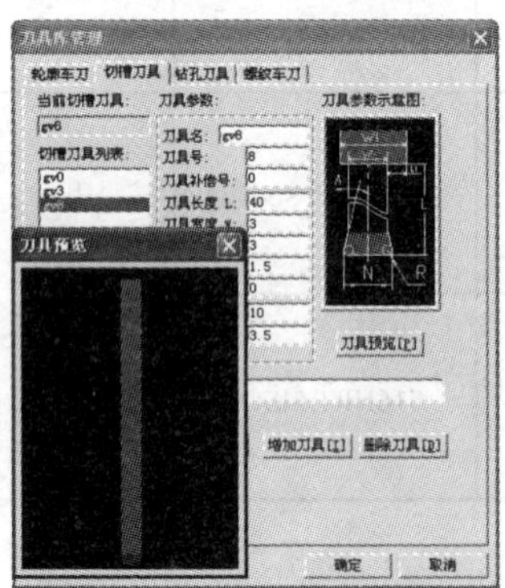

（c）刀具“圆弧刀”的设置

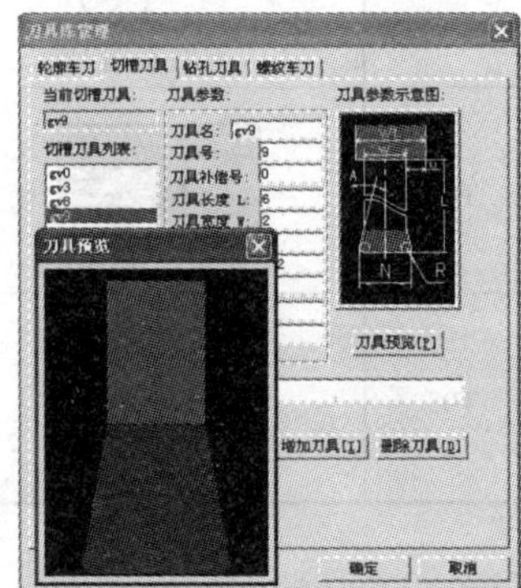

（d）刀具“内切槽刀”的设置

（e）刀具“内孔粗镗刀”的设置

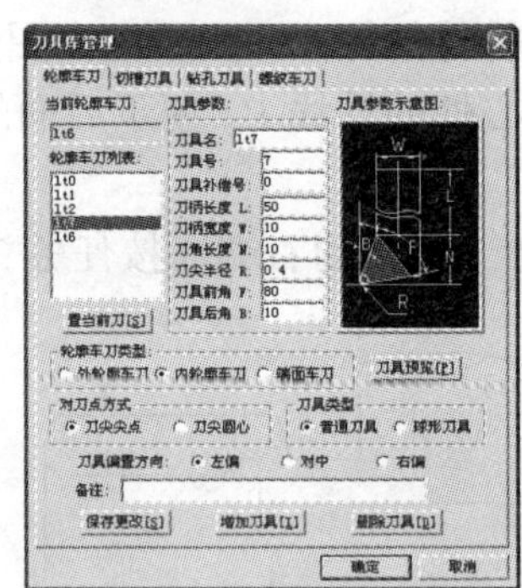

（f）刀具“内孔精镗刀”的设置

图 3-34　刀具的设置

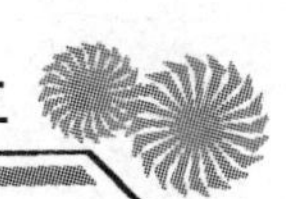

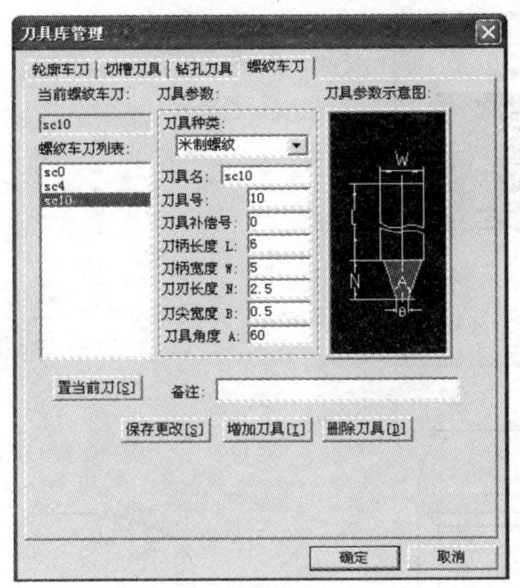

（g）刀具“内螺纹刀”的设置

图 3-34　刀具的设置（续）

4）生成钻孔加工轨迹。单击菜单【数控车】/【钻中心孔】，弹出“钻孔参数表”对话框，有两个方面的参数需要填写，分别是加工参数和钻孔刀具，根据加工要求填写“钻孔参数表”对话框中的各个参数，如图 3-35（a）～（c）所示。

然后单击“确定”按钮，状态栏上提示“拾取钻孔起始点：”，单击选取钻孔起始点，这样就生成了工件钻孔加工轨迹，如图 3-35（d）～（f）所示。

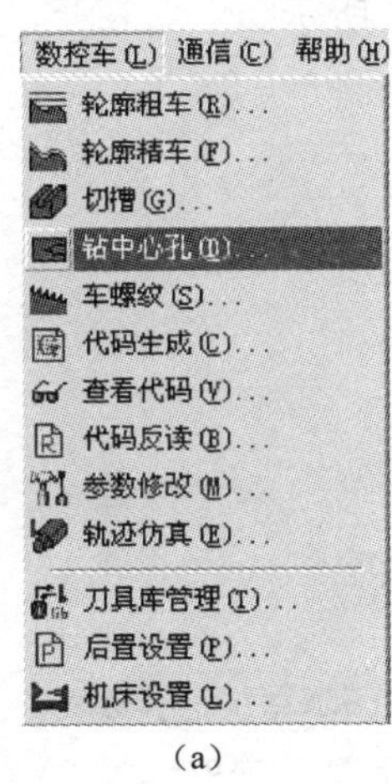

（a）

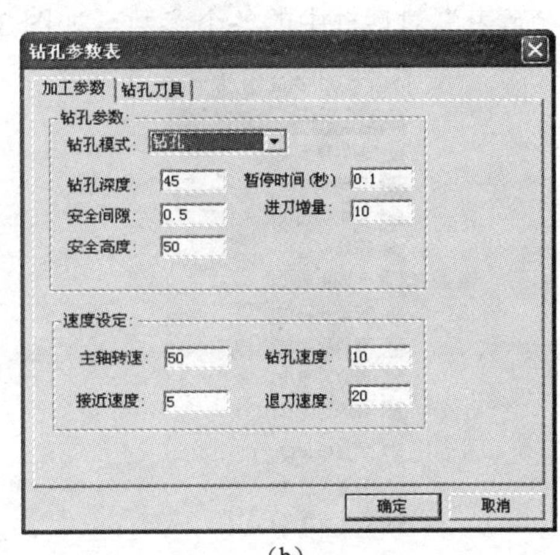

（b）

图 3-35　生成钻孔加工轨迹

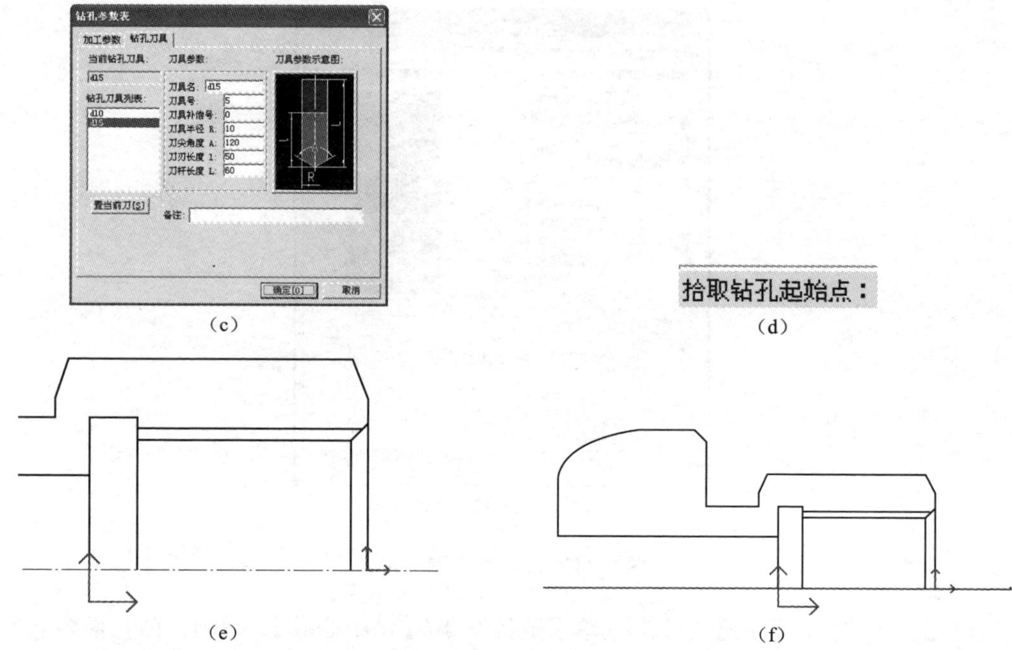

（c） （d）

（e） （f）

图 3-35 生成钻孔加工轨迹（续）

5）生成镗孔粗加工轨迹。单击菜单【数控车】/【轮廓粗车】，弹出“粗车参数表”对话框，状态栏提示“请填写加工参数表：”，同工件左端镗孔，，根据加工要求填写“粗车参数表”对话框中的各个参数，如图 3-36（a）～（d）所示。

（a） （b）

图 3-36 生成镗孔粗加工轨迹

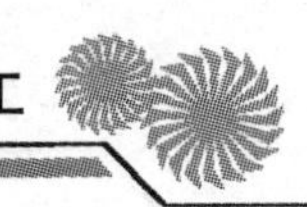

（c）　　（d）

（e）　　（f）

（g）　　（h）

（i）　　（j）

图 3-36　生成镗孔粗加工轨迹（续）

然后单击“确定”按钮，状态栏上提示“拾取被加工工件表面轮廓:”，单击选择工件内孔表面轮廓的线段，当工件内孔轮廓拾取结束后，右击结束拾取，如图 3-36（e）、（f）所示。

状态栏提示“拾取毛坯轮廓:”，按顺序单击选择毛坯轮廓的线段，右击结束拾取，如图 3-36（g）、（h）所示。

状态栏提示“输入进退刀点:”，输入“30，10”，然后按Enter键确认，这样就生成了工件镗孔粗加工轨迹，如图3-36（i）、（j）所示。

6）生成镗孔精加工轨迹。单击菜单【数控车】/【轮廓精车】，弹出“精车参数表”对话框，状态栏提示“请填写加工参数表:”，同工件左端镗孔，根据加工要求填写“精车参数表”对话框中的各个参数，如图3-37（a）～（d）所示。

然后单击“确定”按钮，状态栏上提示“拾取被加工工件表面轮廓:”，单击选择被加工工件表面轮廓的线段。当工件表面轮廓拾取结束后，右击结束拾取，如图3-37（e）、（f）所示。

状态栏提示“输入进退刀点:”，输入“30，6.5”，然后按Enter键确认，这样就生成了工件镗孔精加工轨迹，如图3-37（g）、（h）所示。

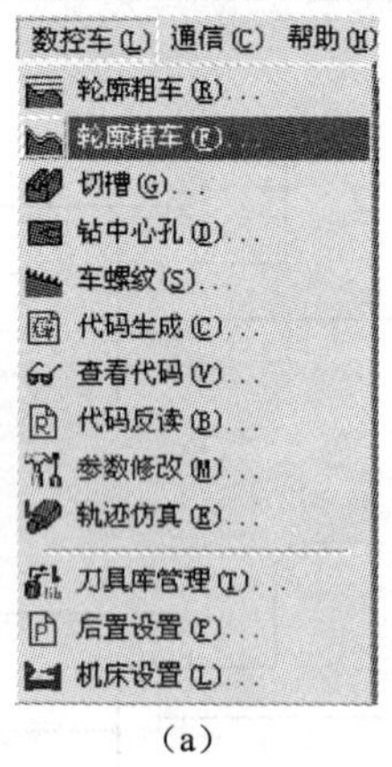

（a）

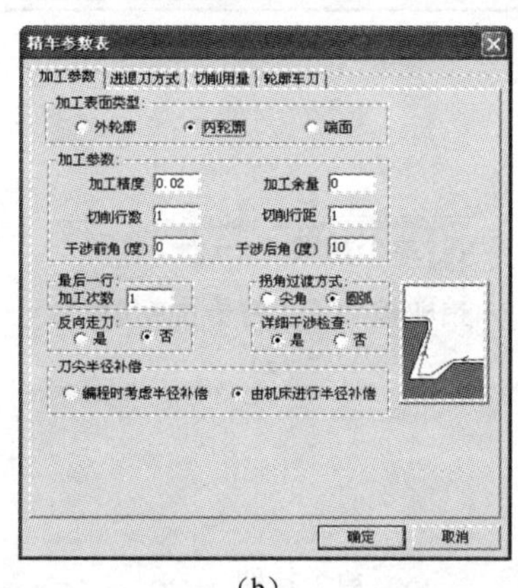

（b）

请填写加工参数表:

（c）

（d）

图3-37 生成镗孔精加工轨迹

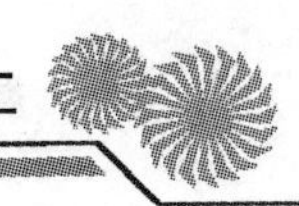

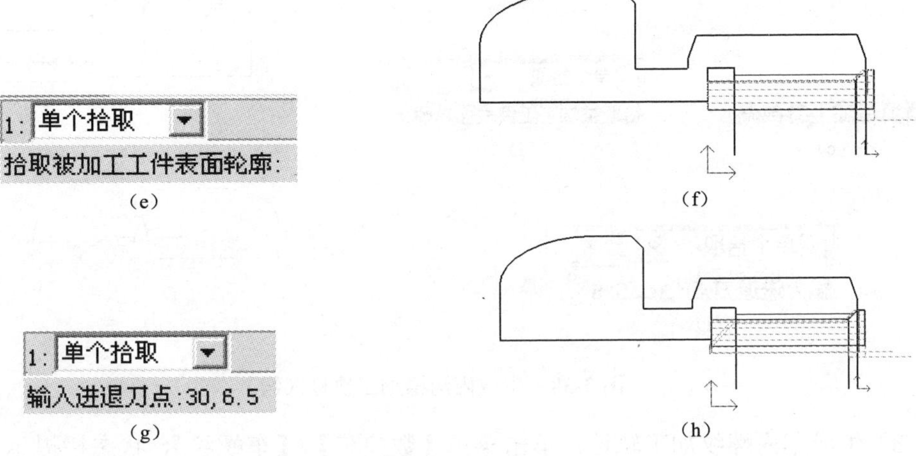

（e）　（f）

（g）　（h）

图 3 37　生成镗孔精加工轨迹（续）

7）生成切槽加工轨迹。单击菜单【数控车】/【切槽】，弹出“切槽参数表”对话框，状态栏提示“请填写加工参数表:”，根据加工要求填写“切槽参数表”对话框中的各个参数，如图 3-38（a）～（c）所示。

然后单击“确定”按钮，状态栏上提示“拾取被加工工件表面轮廓:”，选择“单个拾取”，单击选择内沟槽轮廓线段。当工件切槽轮廓拾取结束后，右击结束拾取，如图 3-38（d）、(e）所示。

状态栏提示“输入进退刀点:”，输入“30，5.5”，然后按回车键确认，这样就生成了工件内沟槽加工轨迹，如图 3-39（f)、(g）所示。

（a）

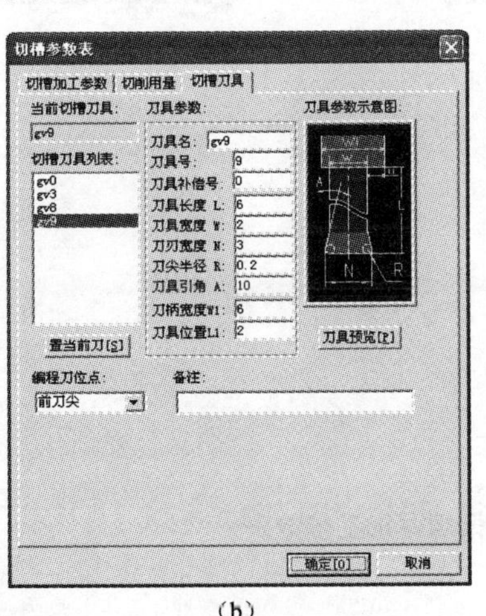

（b）

图 3-38　生成内沟槽加工轨迹

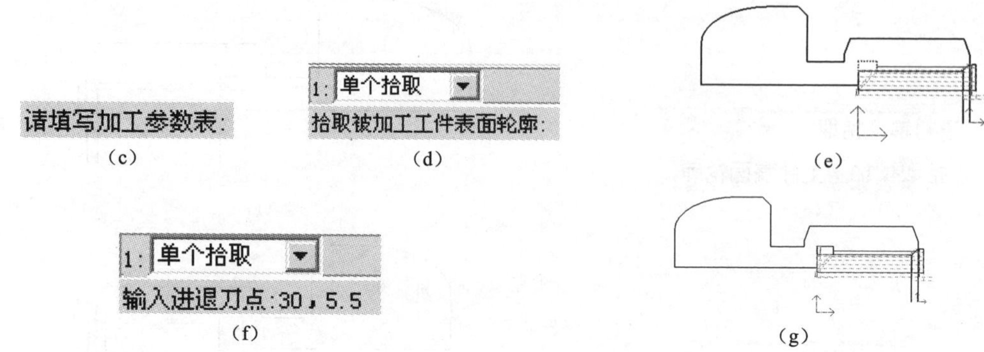

(c) (d) (e) (f) (g)

图 3-38　生成内沟槽加工轨迹（续）

8）生成车内螺纹加工轨迹。单击菜单【数控车】/【车螺纹】，状态栏提示“拾取螺纹起始点：”，输入“10，13.5”，然后按 Enter 键确认，状态栏又提示“拾取螺纹终点：”，输入“-14，13.5”，然后按 Enter 键确认，如图 3-39（a）～（c）所示。

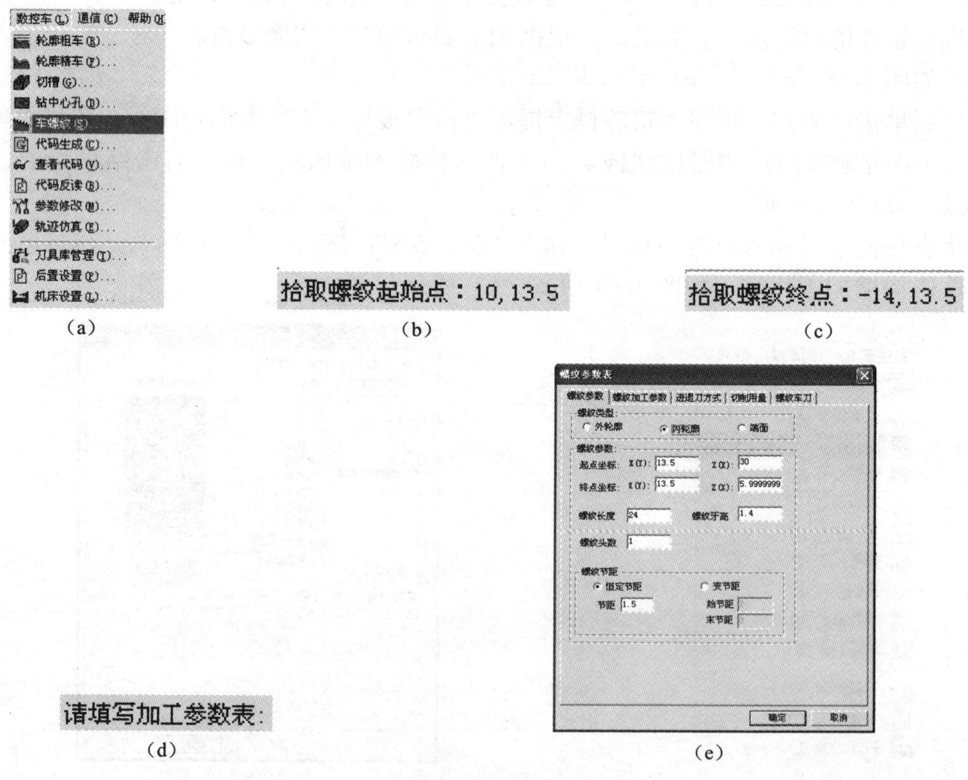

(a) (b) (c) (d) (e)

图 3-39　生成车内螺纹加工轨迹

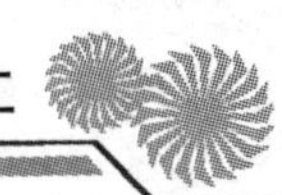

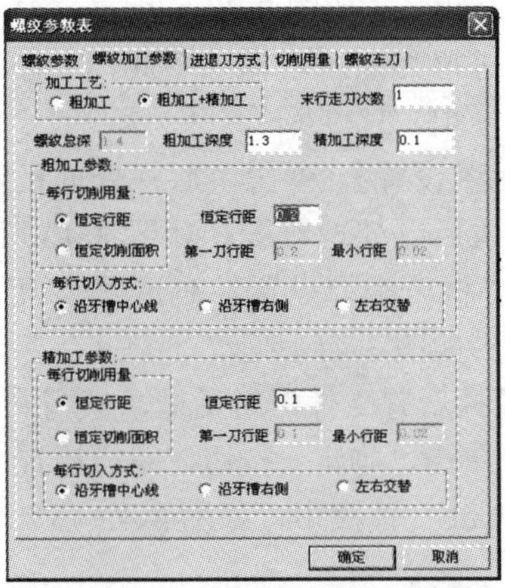

（f）

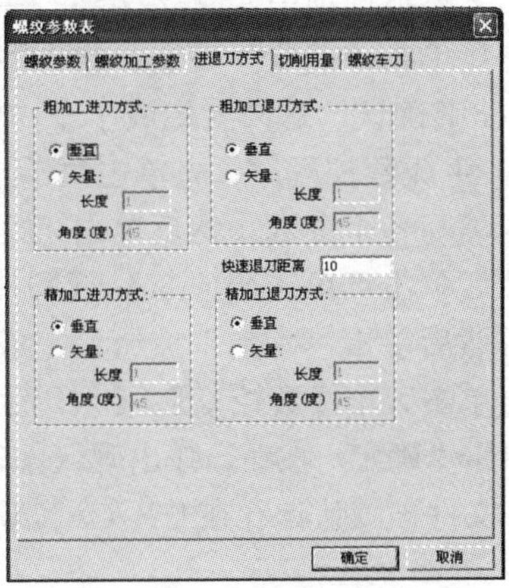

（g）

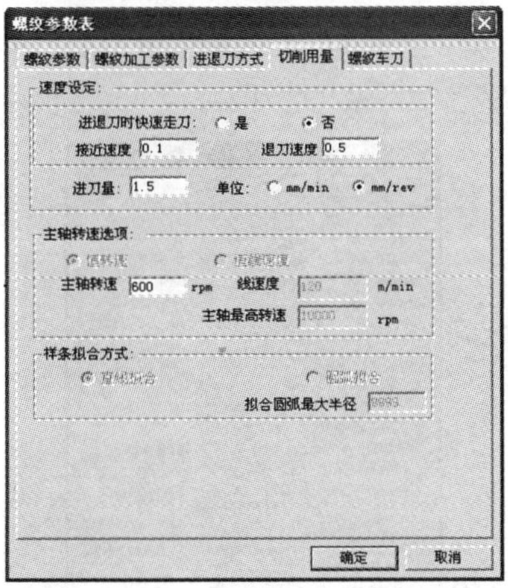

（h）

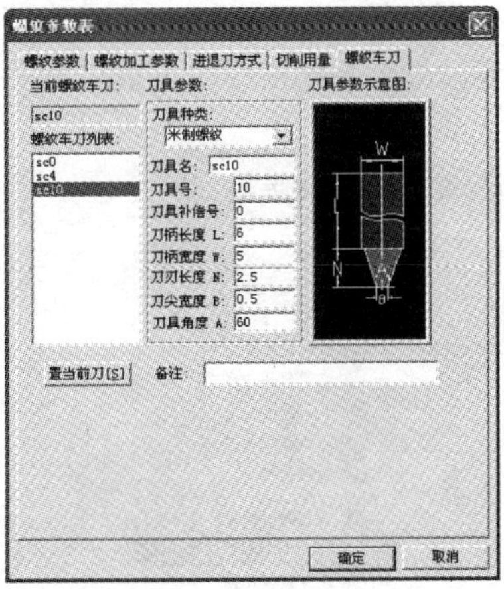

（i）

输入进退刀点:30,2.5

（j）

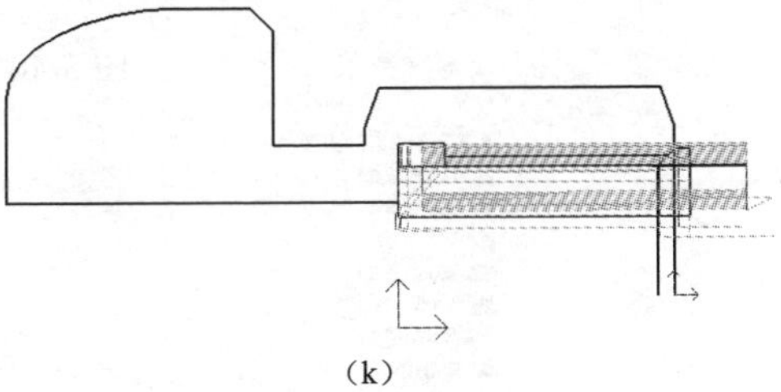

（k）

图 3-39　生成车内螺纹加工轨迹（续）

弹出“螺纹参数表”对话框，有五个方面的参数需要填写，分别是螺纹参数、螺纹加工参数、进退刀方式、切削用量和螺纹车刀，同时，状态栏提示“请填写加工参数表：”，如图 3-39（d）、（e）所示，根据加工要求填写“螺纹参数表”对话框中的各个参数。注意：加工参数选项中，“螺纹类型”应单击选择“内轮廓”，如图 3-39（f）～（i）所示。

然后单击“确定”按钮，状态栏上提示“输入进退刀点：”，输入“30，2.5”，然后按 Enter 键确认，这样就生成了车内螺纹加工轨迹，如图 3-39（j）、（k）所示。

9）生成数控程序，先单击菜单【数控车】/【后置设置】，弹出“后置处理设置”对话框，填写各个参数，然后单击“确定”按钮，完成后置处理设置，如图 3-40 所示。

然后单击菜单【数控车】/【机床设置】，弹出“机床类型设置”对话框，填写各个参数，然后单击“确定”按钮，完成机床类型设置，如图 3-41 所示。

再单击菜单【数控车】/【代码生成】，弹出“选择后置文件”对话框，填写文件名，然后单击“确定”按钮，弹出确认创建文件的界面，单击“确定”按钮，完成后置文件的创建，文件被默认保存在 C：/CAXA/CAXALATHE/Cut 文件夹中，如图 3-42（a）～（d）所示。

状态栏提示“拾取刀具轨迹：”，单击依次选择加工轨迹。注意：一定要按加工顺序选择加工轨迹，镗孔粗加工—镗孔精加工—切内沟槽—车内螺纹，选择结束后，右击确认，就生成了工件左端加工数控程序，如图 3-42（e）～（g）所示。

（a）

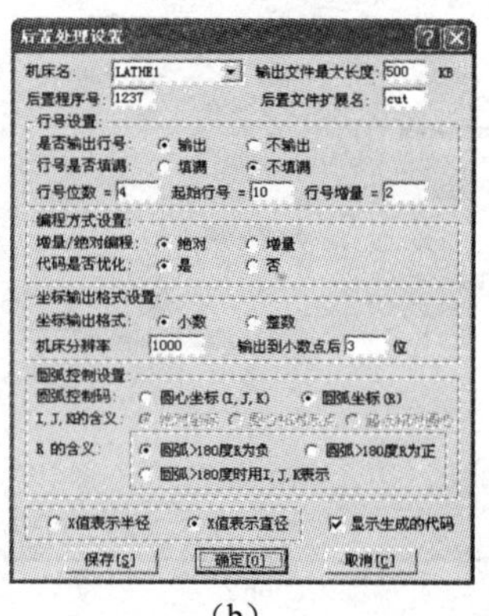

（b）

图 3-40　后置处理设置

（a）

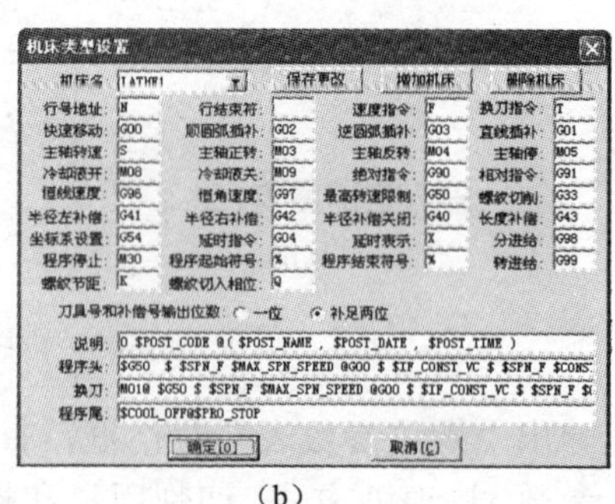

（b）

图 3-41　机床类型设置

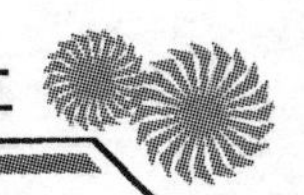

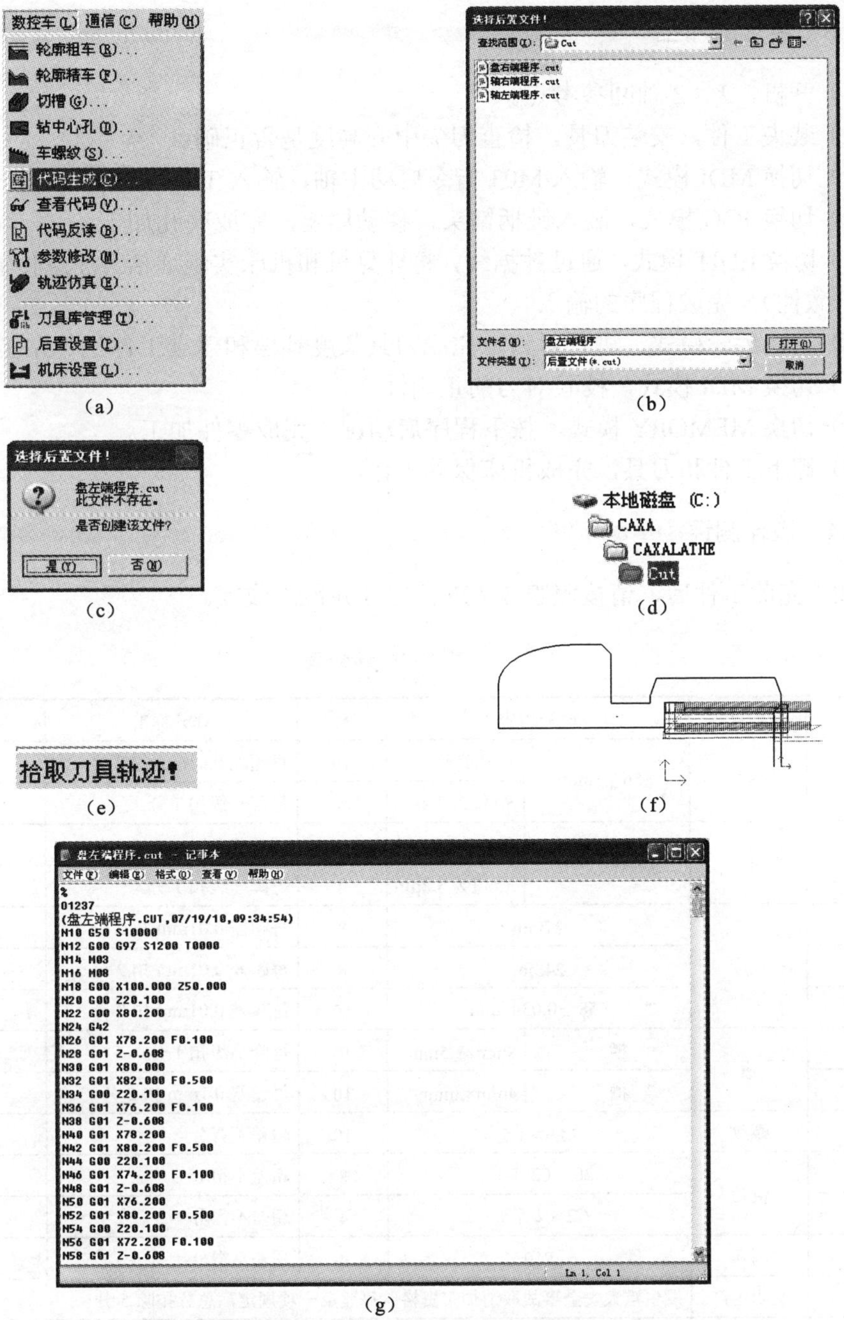

数控车(L)　通信(C)　帮助(H)
轮廓粗车(R)...
轮廓精车(F)...
切槽(G)...
钻中心孔(D)...
车螺纹(S)...
代码生成(C)...
查看代码(V)...
代码反读(B)...
参数修改(M)...
轨迹仿真(E)...
刀具库管理(T)...
后置设置(P)...
机床设置(L)...

（a）

选择后置文件！
查找范围(I): Cut
盘右端程序.cut
轴右端程序.cut
轴左端程序.cut
文件名(N): 盘左端程序
文件类型(T): 后置文件(*.cut)
打开(O)
取消

（b）

选择后置文件！
盘左端程序.cut
此文件不存在。
是否创建该文件?
是(Y)　否(N)

（c）

本地磁盘 (C:)
CAXA
CAXALATHE
Cut

（d）

拾取刀具轨迹！

（e）

（f）

盘左端程序.cut - 记事本
文件(F)　编辑(E)　格式(O)　查看(V)　帮助(H)

```
%
01237
(盘左端程序.CUT,07/19/10,09:34:54)
N10 G50 S10000
N12 G00 G97 S1200 T0000
N14 M03
N16 M08
N18 G00 X100.000 Z50.000
N20 G00 Z20.100
N22 G00 X80.200
N24 G42
N26 G01 X78.200 F0.100
N28 G01 Z-0.608
N30 G01 X80.000
N32 G01 X82.000 F0.500
N34 G00 Z20.100
N36 G01 X76.200 F0.100
N38 G01 Z-0.608
N40 G01 X78.200
N42 G01 X80.200 F0.500
N44 G00 Z20.100
N46 G01 X74.200 F0.100
N48 G01 Z-0.608
N50 G01 X76.200
N52 G01 X80.200 F0.500
N54 G00 Z20.100
N56 G01 X72.200 F0.100
N58 G01 Z-0.608
```

Ln 1, Col 1

（g）

图 3-42　生成工件左端内轮廓数控程序

10）将加工文件及数控程序存放至指定文件夹。

3.2.3 零件的加工

1）开机，X、Z 轴回参考点。

2）装夹工件，安装刀具，检查刀尖中心高度是否正确。

3）切换 MDI 模式，输入 M03 指令启动主轴，输入 T 指令选择刀具。

4）切换 JOG 模式，装入锥柄钻头，移动尾座，完成底孔加工。

5）切换 EDIT 模式，通过数据线，将计算机和机床实现通信（注意传输参与双方要保持一致性），完成程序的输入。

6）切换手轮模式，进行对刀，完成刀具长度补偿和建立工件坐标系工作。

7）切换 MDI 模式，校验对刀的正确性。

8）切换 MEMORY 模式，按下程序启动键，完成零件加工。

9）卸下工件和刀具，完成机床保养工作。

3.2.4 操作测评

加工完此工件后，请按照表 3-7 进行评分并得出成绩。

表 3-7 评分表

序号	项目	检验内容		分值	评分标准	实测	得分
1	外圆	$\phi56_{-0.03}^{\ 0}$mm	尺寸公差	10	每超差 0.01mm 扣 2 分		
2			*Ra* 值为 3.2μm	4	每降一级扣 1 分		
3	内孔	$\phi22_{\ 0}^{+0.033}$mm	尺寸公差	10	每超差 0.01mm 扣 2 分		
4			*Ra* 值为 3.2μm	4	每降一级扣 1 分		
5	长度	27mm		8	每超差 0.01mm 扣 2 分		
6		24mm		8	每超差 0.01mm 扣 2 分		
7		（58±0.03）mm		10	每超差 0.01mm 扣 2 分		
8	槽	槽一	8mm×3.5mm	10	每降一级扣 1 分		
9		槽二	4mm×2mm	10	每超差 0.1mm 扣 2 分		
10	螺纹	M30×1.5		10	超差不得分		
11	倒角	20°（2 个）		8	超差不得分		
12		*C*2（2 个）		4	超差不得分		
13	圆弧	*R*10		4	超差不得分		
14	文明生产	发生重大安全事故取消加工资格；每违反一项规定，总分扣除 5 分					
15	其他项目	工件不完整，局部有缺陷（如夹伤、划痕等），酌情扣分					
16	程序编制	程序中严重违反工艺规程的取消加工资格；其他问题酌情扣分					
合计							

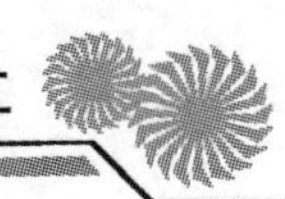

3.2.5　相关知识

1. 轮廓拾取工具

由于在生成轨迹时经常需要拾取轮廓，在此对轮廓拾取方式做专门介绍。

轮廓拾取工具提供三种拾取方式：单个拾取、链拾取和限制链拾取。

“单个拾取”需用户挨个拾取需批量处理的各条曲线，适合于曲线条数不多而不适合于“链拾取”的情形。

“链拾取”需用户指定起始曲线及链搜索方向，系统按起始曲线及搜索方向自动寻找所有首尾搭接的曲线，适合于需批量处理的曲线数目较大且无两根以上曲线搭接在一起的情形。

“限制链拾取”需用户指定起始曲线、搜索方向和限制曲线，系统按起始曲线及搜索方向自动寻找首尾搭接的曲线至指定的限制曲线，适合于避开有两根以上曲线搭接在一起的情形，以正确地拾取所需要的曲线。

2. 轨迹参数修改

对生成的轨迹不满意时可以用参数修改功能对轨迹的各种参数进行修改，以生成新的加工轨迹。

操作步骤：单击菜单【数控车】/【参数修改】，状态栏提示“拾取刀具轨迹:”，单击选取需要修改的刀具轨迹，然后按 Enter 键确认，如图 3-43（a）～（c）所示。弹出“粗车参数表”对话框，同时，状态栏提示“请填写加工参数表:”，可以对加工参数进行修改，参数修改完毕单击“确定”按钮，即依据新的参数重新生成该轨迹，如图 3-43（d）～（f）所示。

（a）

拾取刀具轨迹!

（b）

图 3-43　刀具轨迹参数修改

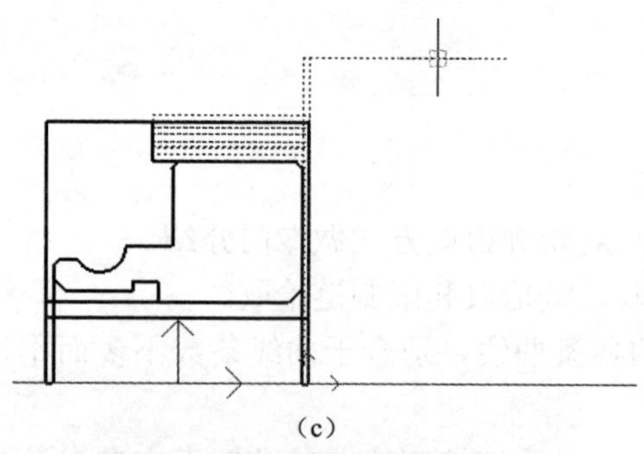

（c）

请填写加工参数表:

（d）

（e）

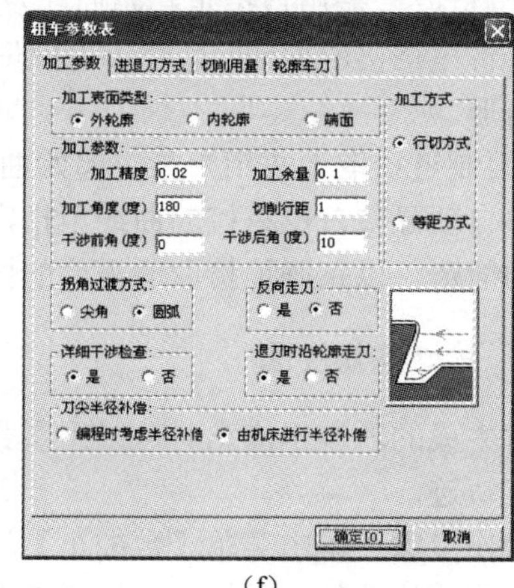

（f）

图 3-43　刀具轨迹参数修改（续）

3.2.6　注意事项

1）内孔加工时，所画毛坯轮廓必须和实际的底孔直径一致。

2）内孔加工参数设置时，特别要注意退刀量的大小，要考虑底孔直径和内孔刀的实际尺寸，必须保证在退刀范围内刀具不会和工件发生碰撞。

3）内孔加工时由于在半封闭的切削环境中进行，所以在大余量的加工时要在编程时考虑安排刀具退出内孔清除多余铁屑的动作。

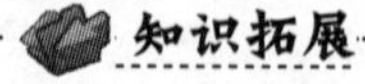

工业机械臂

机械臂（图 3-44）是“robotarm”一词的中文译名。由于影视宣传和科幻小说的影响，人们往往把机械臂想象成外貌似人的机械和电子装置。但事实并非如此，特别是工业机械臂，与人的外貌往往毫无相似之处。

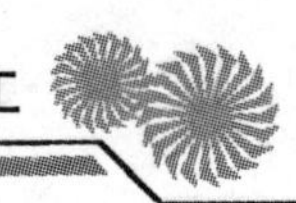

图 3-44　工业机械臂

根据国家标准，工业机械臂定义为：其操作机是自动控制的，可重复编程、多用途，并可以对 3 个以上轴进行编程。它可以是固定式或者移动式，在工业自动化应用中使用。操作机又定义为一种机器，其机构通常由一系列相互铰接或相对滑动的构件所组成。它通常有几个自由度，用以抓取或移动物体（工具或工件）。所以对工业机械臂可能理解为：拟人手臂、手腕和手功能的机械电子装置；它可把任一物件或工具按空间位姿（位置和姿态）的时变要求进行移动，从而完成某一工业生产的作业要求。如夹持焊钳或焊枪，对汽车或摩托车车体进行了点焊或弧焊；搬运压铸或冲压成形的零件或构件；进行激光切割、喷涂；装配机械零部件等。

思考与练习

一、填空题

1．自动编程又称为________。其定义是：利用计算机（含外围设备）和________、________对零件源程序或几何造型进行处理，以得到加工程序和数控工艺文件的一种编程方法。

2．自动编程根据编程信息的输入与计算机对信息的处理方式不同，可分为________、________、________。

二、判断题

1．图形交互自动编程方式生成的程序可调用 CAD/CAM 所提供的加工仿真模块进行程序的校验，编程人员可根据具体要求选择相应的或全部的刀位轨迹进行检查，编程人员可观察到实体加工仿真刀具的实际加工情况以及是否发生刀具干涉现象。
（　　）

2．由于图形交互自动编程软件在编程过程中可在计算机内自动造成刀位轨迹图形文件和数控指令文件，所以程序的输出也可通过计算机的各种外部设备进行。对于有标准通信接口的机床，可用通信线与计算机直接相连，实现计算机与机床控制系统的程序相互传输。（　　）

三、简答题

1．试简要说明 FANUC 数控车床程序的传输输入过程。

2．简要说明自动编程的基本过程。

3．利用仿真系统加工如题图 3-2 所示工件（毛坯尺寸为ϕ60mm×82mm，预钻内孔ϕ20mm，材料为 45 钢）。

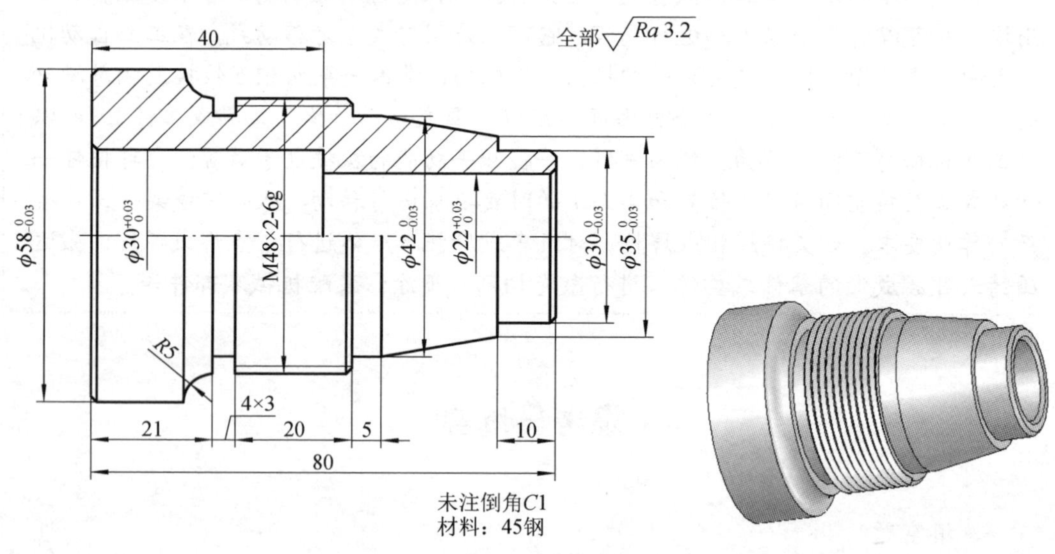

题图 3-2　工件图样

主要参考文献

陈志伟．2003．数控机床与数控编程技术[M]．北京：电子工业出版社．

沈剑锋．2011．数控机床编程与操作（数控车床分册）[M]．3 版．北京：中国劳动社会保障出版社．

唐应谦．2000．数控加工工艺学[M]．北京：中国劳动社会保障出版社．

周晓宏．2011．数控车削加工[M]．北京：中国劳动社会保障出版社．